U0174008

国家自然科学基金项目“中国传统力学知识体系的重构”成果
内蒙古自治区科学技术史一流学科建设经费资助

中国古代力学知识

仪德刚 冯书静 著

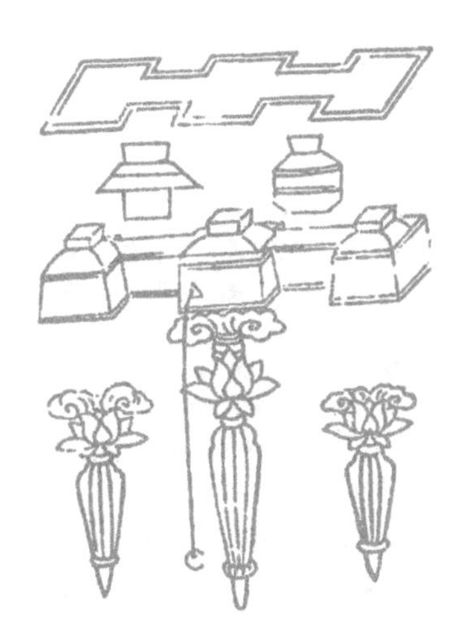

科学出版社
北京

内 容 简 介

近半个多世纪，中外学者对力学史研究倾注了大量心血和精力。学者们在研究中发现中国古代力学知识发展不同于西方近代经典力学体系，笔者借鉴科技训诂、发生认识论和原始思维等研究方法，从直觉知识、理论知识和实践知识等方面对中国古代力学知识进行文本分析，术语、思想探源和力学实践探讨，尝试建构中国古代力学知识体系。研究发现，中国古代力学知识的产生及传承与古代传统思维紧密相连。中国古代传统思维由直觉思维、类比思维、经学思维、整体思维、辩证思维等多种思维模式融会贯通而成，力学知识正是在此传统思维框架内发生、发展和传承下来，因而产生了直观、生动又实用的中国古代力学知识。多元一体的文化传统，孕育出不成体系但又独特的中国传统力学知识。

本书可作为物理学史等科技史同行的参考书，亦可以作为高等院校物理学、力学等相关专业的参考书，同时可供科技史爱好者参考使用。

图书在版编目(CIP)数据

中国古代力学知识 / 仪德刚, 冯书静著. — 北京 : 科学出版社, 2023.6
ISBN 978-7-03-075516-2

I. ①中… II. ①仪… ②冯… III. ①力学－物理学史－中国－古代 IV. ①O3-092

中国国家版本馆CIP数据核字(2023)第083944号

责任编辑：刘红晋 陈晶晶 / 责任校对：韩 杨
责任印制：徐晓晨 / 封面设计：有道文化

科学出版社 出版
北京东黄城根北街16号
邮政编码：100717
http://www.sciencep.com

北京建宏印刷有限公司印刷
科学出版社发行 各地新华书店经销
*

2023年 6月第 一 版 开本：720 × 1000 1/16
2024年 3月第二次印刷 印张：15
字数：270 000

定价：118.00元

（如有印装质量问题，我社负责调换）

序

力学是近代科学兴起的先头学科之一。它源自人们的生产实践。如何用力？用多大力？如此之类的问题在生活中不断被问。因此，在近代科学诞生之前，人们所持有的力的相关知识极为丰富。一旦将这些知识以文述之，它就成了可以代代传授的学问，并随着实践的丰富而逐渐发展。

仪德刚先生和冯书静博士合作的本书，虽不是一本力学通史，却含有力学知识的方方面面，精彩纷呈。在投射体力学上，讲述弓箭的相关知识和历史进展，精深地阐述了富含力学意义的中文字词，如“力”“势”和“功”的起源及其相关的学科含义，在西学东渐过程中的含义演变，彰显了本书特色。在关于杠杆、古代水平仪和天体视运动等方面，作者们也有极好的论述。

仪德刚先生还是一位身体力行的实践者。我们相识是由他制造的弓箭为媒介的。其时，我惊讶、赞佩他所制作的弓箭，静静地听他讲述相关知识。今日读他的书，了解他的弓箭制造技术和总结文字，一个从实践者到相关文化专家的产生过程闪烁于我的脑海。哲人云：实践出真知；又云：三人行必有吾师。这些哲理让我在与仪德刚先生交往中一一得到体认。

爰为之序。

戴念祖

2019 年 5 月 16 日于北京

目　录

绪　论

一、怎样认知中国古代的力学知识

一门学科史，对于了解这门学科的过去与现在，对于正确评价学科的教学和研究的成果，对于预测学科的未来发展和制定学科的发展规划，都是非常重要的。因此世界各国在各个学科的研究成果中，都很重视其学科的历史研究。力学是自然科学中较早精确化的学科，现代自然科学始于欧洲文艺复兴时期的力学，中国古代虽然没有现代意义上的自然科学或力学，但我们不缺乏对中国传统力学知识史的研究。

李约瑟在《中国科学技术史》物理学部分集中梳理了中国古代物理学知识，特别是集中论述了诸子物理学思想产生的社会根源，但缺少对这些有为的自然观与实践知识的互补推理性研究。中国学界对力学史的研究，通常以研究经典力学在中国的发生及发展为主，或突出研究中国古代杰出自然哲学家们的物理学成就，或探寻西方力学引入中国的车辙马迹。如武际可的力作《近代力学在中国的传播与发展》（2005 年，高等教育出版社），充分论述了从明末清初开始的西方力学知识的传入以及新中国力学教学与研究队伍的形成等内容，使学界对力学学科在中国的建立和发展有了深入了解。戴念祖的两部著作《中国力学史》（1988 年，河北教育出版社）和《中国物理学史大系·力学史》（2001 年，湖南教育出版社），广泛收集了散落于典籍中，与当代力学科学接近的知识点；这两部著作极具史料价值，但在如何理解和使用这些史料上尚有一些争议。关增建的《中国古代物理思想探索》（1991 年，湖南教育出版社）是较早讨论中国物理思想史的著作，其特点是对中国古代物理学思想的阐述。2001 年张柏春曾与德国马普科学史研究所建立力学伙伴研究小组，专门就中国力学知识的发生与发展以及中西方力学知识的交流与互动进行过综合研究，完成了诸如中国传统实践力学知识的调研、中国传统数学中力学问题的研究及建立相关文献信息库等多项成果。

此外，还有对中国古代是否早于胡克一千五百多年发现弹性定律的争议，如仪德刚和李银山等学者对此曾公开发表过文章，并引起诸多反响。近几年还有一批硕士、博士学位论文在明清力学知识探讨方面积累了一定成果，如白欣、韩礼刚、高海、段海龙、咏梅、聂馥玲、邓亮、李媛等的论文分别对明清时期的重心问题，《格物入门》《格物测算》《格致汇编》中的物理学知识，《中西闻见录》中的科技知识，饭盛挺造《物理学》中译本，艾约瑟（翻译了《重学》、编纂了《西学启蒙十六种》等）、顾观光与晚清力学，晚清科学译著《重学》的翻译与传播等内容进行了研究，上述研究涉及的或是部分力学知识，或是某一部力学著作，或是某一种期刊中的物理学知识，多侧重于力学传入的具体知识内容。

纵观人类力学知识的整体发展情况，大致分为直觉力学知识、实践力学知识和理论的力学知识三种模式。我们除了十分关注西方经典力学产生的理论的力学知识外，还应加强研究中国传统力学知识的表达方式和文化特性，即直觉力学知识和实践力学知识的表达方式及其文化传统。梅森在《自然科学史》导言中曾有论述：科学主要有两个历史根源：一个是技术（或工艺）传统，一个是精神（或哲学）传统。直觉力学知识以人类自身的行为获得的经验认识为基础，广泛存在于不同的文化传统中；其中包括人们对天体及自然运动的感知、对客观物理存在方式的感知、对人体本身的力学特性及身体行为的感知等内容。这些直觉力学知识既是人类实践活动的基础，亦构成了力学科学理论的基础论据。同时，它们被人们广泛地共享，并在古希腊的自然哲学家及中国古代思想家那里不断得到升华，他们对诸如落体运动、抛物运动及天体运动等都做出过相当多的讨论。

实践力学知识是基于工匠们制作及使用各种生产工具时，于实践中应用的力学知识。虽然与直觉力学知识不同，这类知识已不再广泛地被人们所分享；但是，它们与那些从事生产和使用工具的专业人群紧密相联，并伴随历史发展而不断演进。这类知识通过实践者直接参与特定工具的生产过程或口头讲解，而在历史中得以传承。基于文艺复兴时期建设大规模工程项目的背景，人们普遍认为实践力学知识对前经典力学知识的出现具有重大意义。在不同的地域或不同的历史时期，力学知识的这三种发生模式相辅相成，各有优势。理论的力学知识产生，正是源于直觉力学知识及实践力学知识在人类思想认识中的不断升华；从文艺复兴工程师达·芬奇到力学巨匠牛顿，理论的力学知识通过他们得到飞跃发展。

与西方不同，中国古代更为多见的是直觉力学知识和实践力学知识，或者说在中国古代没有形成现代意义上理论的力学体系，但我们不能忽视这些自然知识的文化价值。那么，如何认识和重新理解那些散落于中国典籍中大量的科技史料和各种各样的实践经验？同时，针对明清学者为排斥西方力学体系而重构中国传统力学的努力，因最终失败而全面消退的现象，我们又该如何理解？这些都需要我们以全新的视角来重构中国传统力学知识体系。

二、前人研究综述

自 20 世纪中叶以来，科技史界对中国古代力学知识的探讨一直延绵不断，为我们考察中国传统的直觉力学知识和实践力学知识，以及西学东渐中理论的力学知识的演变提供了方便。下面将从专著、期刊论文和学位论文三方面，简要回顾关于中国传统力学知识和西学东渐中的力学知识的研究文献，以及中国传统思维方面的相关研究。

1. 专著

关增建的《中国古代物理思想探索》[①]，作为广泛、系统和深入地研究中国古人物理思想的著作，以中国传统社会文化背景为基础，深层次探讨了古人观察和认识自然界的思维方式和思想脉络。

刘长林的大作《中国系统思维——文化基因探视》[②]，认为系统思维是中国传统思维方式的主干，以生物遗传基因类比文化发展的基因，探索在中华民族的文化和历史发展过程中，人们产生了怎样的心理底层结构和传统思维方式。同时，作者详尽描述了中国传统文化中整体性的各种表现，包括整观宇宙中的“意象思维的实践与理论”、整体与局部的关系，统筹管理中的“不责人而求势的势论”，生态农学中的“关于‘天－地－人’与思维方式”，以及古代科技系统思维例举等内容。作者通过对中国传统的哲学、医学、管理学、农学科技和美学的系统探讨，将中国传统思维方式归纳为组成中国文化基因的十个方面，其中与本书相关的有：强调自然整体，以天人合一、主客一体的方式审视世界；重视意象思维，善于将意象思维与抽象思维融会贯通；长于直觉思维和内心体验，弱于抽象形式的逻辑推理。正是在这样的传统思维方式下，中国传统力学知识注重直觉和实践，而弱于理论探讨。

---

① 关增建 . 中国古代物理思想探索 . 长沙：湖南教育出版社，1991.

② 刘长林 . 中国系统思维——文化基因探视 . 北京：社会科学文献出版社，2008.

郭金彬在《中国传统科学思想史论》[①]中讲述“力学知识与科学思想”时，从“力”的抽象概括和广泛应用两方面，探讨中国古人从机械制造和原动力的利用及平衡状态考察中，由最原始、最直接、最直观的人力、畜力、风力、水力等自然力概括抽象出传统的直觉力学知识。作者以古文献记载为基础，从不同角度分析“力”的定义，梳理“力”的多种内涵，总结出我国古代的力学知识，正是在具体实践—抽象研究—再具体实践的过程中，得以世代传承、丰富和深化。

李志超在《天人古义——中国科学史论纲》[②]中介绍“周髀与基础科学的发生”时，以提问的方式简要提到“力”这个概念的抽象化问题。胡化凯的《物理学史二十讲》[③]在讲述“中国古人对力学现象的认识”部分，探讨了“力与势”的概念及关系，分别论述了人们对《墨经》中“力，刑之所以奋也”以及汉代以后人们对“积力”的认识；并探析了典籍中“势”的物理内涵，认为其含有朴素的控制论思想；同时，阐述了“重心与平衡”和“弹性知识”等内容。另外，胡化凯在《中国古代科学思想二十讲》[④]中，从自然观、方法论和科学观三个方面，探讨了中国古代科学思想，包括重要的概念、理论、自然感应观、自然规律观、先秦儒墨道诸子的技术观等思想观念以及中国古人对事物的性质、规律的认识方法等内容。这些对我们了解中国传统文化和科学思想背景大有裨益。

王平《〈说文〉与中国古代科技》[⑤]一书，从汉字研究的视角对《说文解字》中蕴含的古代科技知识进行探讨，其中对“力”的解释，分别从文字学和训诂学入手，梳理“力”字从古至今的字形和字义的演变。同时，对古人长期在社会实践中的对力学在“箭”“秤”及简单机械中的应用进行举例分析，由此阐述古代发明和创造中所蕴含的力学思想。

戴念祖、老亮的《中国物理学史大系·力学史》[⑥]，开篇对“力学”的词义演变进行了梳理，并将中国传统文化里的“力学”理解为“努力学习”，认为不含近代科学上的任何意义。同时，书中考察了西学东渐中科技译著中的“力”与“重”的演变过程，而且在介绍动力学知识时，从“力”字的起源到《墨经》和《论衡》对“力”的定义，再到对《考工记》《淮南子》《王祯农书》等古代自然科学、哲学著作中的“力学应用”，进行了分类细致讨论。该书按照近现代的

① 郭金彬 . 中国传统科学思想史论 . 北京：知识出版社，1993.
② 李志超 . 天人古义——中国科学史论纲 . 郑州：大象出版社，1998：103.
③ 胡化凯 . 物理学史二十讲 . 合肥：中国科学技术大学出版社，2009.
④ 胡化凯 . 中国古代科学思想二十讲 . 合肥：中国科学技术大学出版社，2013.
⑤ 王平 .《说文》与中国古代科技 . 南宁：广西教育出版社，2001.
⑥ 戴念祖，老亮 . 中国物理学史大系 · 力学史 . 长沙：湖南教育出版社，2000.

力学学科对散落在典籍里的古代传统力学知识进行分类研究，具有很高的史料价值。

武际可的《力学史》[①]探讨了古今中外力学知识的发展脉络，对“力学”概念及其分期进行阐述，且对中国传统力学的发展和西学东渐中西方近代力学在中国的传播过程进行了梳理，并分析经典力学没有在中国产生的原因等内容。同时，该书大篇幅讲述西方古今力学的发展史，尤其对近现代力学发展过程的探讨，可谓是浓墨重彩。另外，武先生的《近代力学在中国的传播与发展》[②]一书，对力学作为一支独立的科学和教育力量在中国的发展进行分期，即明末清初外国人送上门来的力学知识、清末中国思想界及学界主动翻译学习西方科技知识、民国期间近代力学在中国的现代大学里的初步发展、新中国成立以来的力学发展四个历史时期；并对近代力学在中国的传播与发展概况进行了充分论述，使我们对近代力学学科在中国的建立和发展脉络有了深入理解。同时，武际可《力学史与方法论论文集》中的《中国古代为什么没有力学》[③]一文，从早期中国的力学是由外国人送上门讲到为什么中国古代没有力学，并以西方力学的发展为比较对象，从五个方面探讨了中国没有精密自然科学的原因，归纳起来即政治、经济、教育等对科学的影响，亦即统治者与社会各界对权力的追逐和傲慢的态度以及对自然科学知识的偏见。而后，武先生在第二届全国力学史与方法论学术研讨会论文集《古今力学思想与方法》中发表《1920 年以前力学发展史上的 100 篇重要文献》，文中主要梳理了西方从古希腊亚里士多德的《论天》到格里菲斯（Griffith）的《固体的流动与断裂现象》，对两千多年来西方力学发展史上起重要作用的 100 篇文章进行简要阐释，其中介绍兰金（Rankine）《应用力学手册》，人们至此才把能量与势能区分开来。这一点有助于我们认识西学东渐中西方力学知识中的“势”概念与中国传统力学知识中的“势”内涵的交融与会通。

2001 年 7 月，德国马普学会科学史研究所—中国科学院自然科学史研究所伙伴小组（中德马普伙伴小组）正式成立，张柏春、田淼、邹大海及德国合作者专门对“中国力学知识发展及其与其他文化传统的互动”进行了综合研究，课题组的诸多学者及研究生对中国古代的力学知识相关概念、实践力学知识及中西文化传统下的力学知识交流均有深入研究。同时，课题组以《远西奇器图说录最》

---

① 武际可 . 力学史 . 重庆：重庆出版社，2000.

② 武际可 . 近代力学在中国的传播与发展 . 北京：高等教育出版社，2005.

③ 武际可 . 中国古代为什么没有力学 // 武际可，隋允康 . 力学史与方法论论文集 . 北京：中国林业出版社，2003：1-13.

为中西知识传播与互动的主要研究对象，对该书进行了全面、系统而又细致的分析与探讨，最终著成内容详尽且丰富的《传播与会通——〈奇器图说〉研究与校注》[①]一书。该书上卷“王徵对力艺之学的注释”一节，对本书探讨“力”和“势”的中西知识会通有学习和借鉴意义。

王冰所著《中国物理学史大系·中外物理交流史》[②]，着重论述16世纪末到20世纪初期的三百多年来，西方物理学知识在中国的传播和传教士在华的科学、教育及翻译活动；并简要介绍此期间西方人士对中国传统物理知识的研究；同时，讲述17世纪初期至20世纪初期中国与日本之间的物理学知识交流情况。熊月之的著作《西学东渐与晚清社会》[③]，以西学东渐与晚清社会的关系为研究对象，全面、系统地对晚清西学传播的过程进行分析，为我们全面而深入地了解那段波澜壮阔的历史提供了很大便利，让我们进一步理解了该时期的历史文化背景。另外，咏梅所著《中日近代物理学交流史研究：1850—1922》[④]，系统地论述这段历史期间中日两国物理知识的传播与交流情况，总结两国物理学知识交流的特点与历史经验。以上三本书为本书查找西学东渐中与物理学知识相关的科技译著提供了线索。

2. 期刊论文

钱临照、洪震寰、王仙洲、方孝博、李祖锡、钱宝琮、徐克明等前辈在他们的文章中对《墨经》中的“力”定义及力学知识均有探讨。

丁光涛的《〈物理小识〉中的流体力学》[⑤]探讨了《物理小识》中包含的流体静力学、运动学和动力学知识，尤其对“水行洊势”思想进行了深入分析，并与伯努利原理进行对比，指出该思想是伯努利原理的雏形。

白尚恕在《〈九章算术〉中“势”字条析》[⑥]一文中，通过对“势”字在数学中的语境及其词性进行详细分析，得出“势”字在秦汉时期的数学含义，即“率、比率”“值、分数值”“关系”。

20世纪90年代，王冰对我国早期物理学名词的翻译、演变、审定与统一作

---

① 张柏春，田淼，马深孟，等. 传播与会通——《奇器图说》研究与校注. 南京：江苏科学技术出版社，2008.

② 王冰. 中国物理学史大系·中外物理交流史. 长沙：湖南教育出版社，2001.

③ 熊月之. 西学东渐与晚清社会. 修订版. 北京：中国人民大学出版社，2011.

④ 咏梅. 中日近代物理学交流史研究：1850—1922. 北京：中央民族大学出版社，2013.

⑤ 丁光涛.《物理小识》中的流体力学. 物理学史，第1、2期合刊，1991：23-27.

⑥ 白尚恕. 中国数学史研究——白尚恕文集：《九章算术》中“势”字条析. 北京：北京师范大学出版社，2008：142-152.

过详细论述，而且对晚清中日物理学知识的交流进行了探讨，这些文章的精髓后被吸收到其著作《中国物理学史大系·中外物理交流史》中，前已讲述，此处不再重复。

牛亚华在《〈势力不灭论〉与能量守恒原理在中国的传播》[①]一文中，从三个方面对《势力不灭论》进行了研究，首先考察了该译文的底本及原作者，其次探讨它的内容，最后论述译著的特点与价值；而且非常敏锐地注意到当前在科学史界很少关注王国维的《势力不灭论》这篇著述，并对该译著所涉及的科学问题进行探讨。

邹大海在"The Concept of Force（li 力）in Early China"一文中将"势不可"和"势不便"两处的"势"均理解为条件、形势、局势。他认为战国时期人们没有用"势"的概念去解释"不能自举其身"这个谜或问题，而是把这个问题作为一个例子来说明即使一个有能耐的人也需要依靠他人的协助才能体现出自己的能力或才能。此外，文中解释说，当中国古人遇到没有人能自己举起自己这样的疑惑时，他们引入了一个模糊概念"势"来解释力所产生的不同效应，即力的效果依赖于"势"这个条件是否便利。但是在有限的文献古籍中又找不到任何一个古人对"势"的定义，也没有清晰的描述以说明"势"如何影响"力的效果"，因此在物理或机械现象中"势"比"力"更难定义。

施若谷的《晚清时期西方物理学在中国的传播及影响》[②]和咏梅的《中日近代物理学交流史研究综述》[③]均对本书查找相应时期的物理学译著提供了线索。另外，田淼、陆岭、韩毅合作《填补科技史名词空白展现中国古代科学技术》[④]一文，探讨了科技史名词的特殊性、规范化、审定及在不同学科中的应用问题。这就引发人们思考：内涵丰富的"势"字是否也可以称为科技史名词？当然，这需要另作进一步研究。

王前的《中国古代科技思维方式刍议》[⑤]从宏观角度总结出中国古代科技思维方式的三个基本特征，即心的思维、象的逻辑和术的标准。文中首先对比西方文化中脑的思维和形式逻辑，阐释了心的思维方式以人的身心活动为认知活动的参照物，寻求心物贯通，从而达到物我合一或知行合一，因此中国古代科技大都

---

① 牛亚华.《势力不灭论》与能量守恒原理在中国的传播.西北大学学报（自然科学版），2005（2）：239-243.

② 施若谷.晚清时期西方物理学在中国的传播及影响.自然辩证法研究，2004，20（7）：85-88.

③ 咏梅.中日近代物理学交流史研究综述.广西民族大学学报（自然科学版），2012（1）：34-40.

④ 田淼，陆岭，韩毅.填补科技史名词空白展现中国古代科学技术.中国科技术语，2007（2）：46-48.

⑤ 王前.中国古代科技思维方式刍议.自然辩证法研究，1993（3）：22-26.

在这种感官、经验和心的思维框架范围内产生，形成直观经验知识；而脑的思维则是将对象化的客观事物作为认知参照物，把认知的主客体分开，进行分析，产生逻辑抽象。其次，文章深入探讨“象—心的思维”的认识对象和结构所反映的整体观在中医和古代算学等领域中的运用，阐明象的逻辑贯穿于中国传统文化的各个层面，体现出中国先贤们的哲学智慧。最后，作者提出“‘术’的标准是由‘象’的逻辑与‘心’的思维所决定”，即思维方式决定价值取向。正是中国传统的“心”的思维方式和“象”的逻辑形式使古代科技成果取向各种各样的“术”，诸如“方术”“算术”“医术”“占星术”等等。同时，该文揭示出“心的思维”和“象的逻辑”对中国古代科技以及受传统文化影响的今日科学技术的阻碍作用。像该文如此深入探讨中国古代科技思维方式的书籍和文章并不多见，正是我们所要学习和借鉴的。

3. 学位论文

肖运鸿的博士论文《17—18世纪传入的西方若干力学理论知识及其与中国传统知识的互动》[①]主要就17—18世纪西方杠杆、比重、流体等方面的理论知识的传入及其与中国传统知识的互动问题进行了研究，试图探讨这些西学知识对当时中国的影响及互动，并探析中西力学知识在思维模式上的异同。该论文在有关中国古代流体知识的介绍中，讲述了古人对水的直觉认识，即物体能否浮于水面与“有势”“无势”有关。聂馥玲在《晚清科学译著〈重学〉的翻译与传播》[②]中系统梳理《重学》的内容，全面考察其文本及其在当时的传播情况，细致研究《重学》中力学知识、力学术语的翻译及本土化特征等内容。白欣在硕士论文《明清重心知识研究》[③]中深入研究了我国明清时期出版的科学文献中的物体重心概念及相关知识，将重心知识在明清之际的发展过程梳理出一个完整且系统的历史脉络。韩礼刚的硕士论文《〈格物入门〉和〈格物测算〉的物理学内容分析》[④]对丁韪良的物理知识及其对当时我国的教育贡献进行了考察，并在综合考察明清科技文献中物理学内容的基础上，对《格物入门》和《格物测算》中的机械力学、运动学、流体力学、热学、光学、电学和声学进行了系统分析。同时，韩礼刚发现《格物入门》中物理学名词使用较为混乱，如“分量”既指质量

① 肖运鸿．17—18世纪传入的西方若干力学理论知识及其与中国传统知识的互动．北京：中国科学院研究生院，2004.

② 聂馥玲．晚清科学译著《重学》的翻译与传播．呼和浩特：内蒙古师范大学，2010.

③ 白欣．明清重心知识研究．呼和浩特：内蒙古师范大学，2003.

④ 韩礼刚．《格物入门》和《格物测算》的物理学内容分析．呼和浩特：内蒙古师范大学，2006.

又指重力，“力”既表示动量又表示能量还表示力。咏梅在硕士论文《饭盛挺造〈物理学〉中译本研究》[①]中，对饭盛挺造《物理学》中译本的内容、原文与译文的比较、物理学术语的整理分析及其在当时乃至现今对物理学科影响的研究，可谓是当前对该书进行过的较为全面、深入、系统的研究。高海的硕士论文《〈格致汇编〉中物理知识的研究》[②]对《格致汇编》中的物理学知识进行了梳理和分类整理，并论述该期刊对当时物理学的传播作用及社会影响，同时又从期刊学角度对其进行分析得出它是中国第一份科技期刊。段海龙的硕士论文《〈中西闻见录〉研究——以科技内容为中心》[③]以《中西闻见录》的科技内容为中心，对该期刊中的天文、数学、物理、医学、机械技术及相关科技史内容进行了梳理分析；对其中与科技相关的新闻报道进行了归类，指出它们在当时所起的作用及对科技传播和社会的影响。高俊梅在硕士论文《晚清译著〈力学课编〉研究》[④]中着重阐述《力学课编》的内容，并归纳分析此书与晚清其他译著及现代教材的异同点；且在《重学》《格物入门》《格物测算》《物理学》《谈天》《高等小学理科教科书》的基础上，深入探讨了其中的内容和符号及其传承特点。

在科技史研究领域之外，黄侃、陈正俊等人对“势”字之源也有过探讨，但我们综合采用文字学、音韵学和科技训诂的方法对“势”进行考察时，得出了与他们相左的结论。涂光社的力作《因动成势》[⑤]，从书法、绘画、文学以及古代艺术动力学的视角，对中国古代传统文化中的“势”概念进行了系统阐述。此外，诸多学者对诸子百家的著述或文人书画家的作品中的“势”字进行了不同层次的探究，对“势”观念的形成、思想文化渊源等进行过梳理论证。如：兵家学说赋予“势”以“形势”“态势”之义，表示事物客观的、不可抗拒之力；法家思想中常见的“势”观念乃“权力、权势”之义；书法之“势”约创制于东汉时期，当时出现了一批论述书法体制、笔法的著作，并取书名为“势”；而约产生于魏晋南北朝的绘画论之“势”，除含笔墨骨趣之“势”外，主要指画面结构布局之“势”；随着书画艺术领域之“势”内涵的丰富，文学之“势”也逐渐产生于魏晋南北朝，发展于唐五代，兴盛于清朝；同时，学者们对刘勰《文心雕龙》之“定势”和王夫之“诗势”也有较为深入的研究。本书尽管重点考察“力”和

① 咏梅．饭盛挺造《物理学》中译本研究．呼和浩特：内蒙古师范大学，2005.

② 高海．《格致汇编》中物理知识的研究．呼和浩特：内蒙古师范大学，2008.

③ 段海龙．《中西闻见录》研究——以科技内容为中心．呼和浩特：内蒙古师范大学，2006.

④ 高俊梅．晚清译著《力学课编》研究．呼和浩特：内蒙古师范大学，2011.

⑤ 涂光社．因动成势．南昌：百花洲文艺出版社，2001.

“势”在物理知识中的内涵演变，但为了能全面梳理“力”和“势”概念在中国传统力学知识及文化里的发展演变，也将概述这两个概念在文史哲、政治、军事、书法、绘画等领域的内涵及其变化。

李约瑟在《中国古代科学思想史》① 中，从诸子百家中的儒、道、法、墨家到汉儒思潮，再到宋明理学，系统地考察了中国古代哲学对科学思想的发展影响。尽管书中存在一些对中国传统文化理解上的不足，但是作为西方汉学家，李约瑟以第三者的视角来审视中国古代科学思想的发展脉络，有很多值得我们学习和借鉴的地方，譬如书中对“与科学思想有重要关系的象意字之字源”的梳理。

法国当代学者余莲（Jullien）的力作《势：中国的效力观》②，引导我们用中文里的“势”字对静与动二元之间的事实进行思考，作者不仅考察了中文字典和词典里对“势”的解释及其内涵，而且从策略、政治、书法、绘画、文学、历史演变趋势和自然的演变七个视角，阐释中国人的势的逻辑及其所蕴含的“从变化的角度思考现实”内涵。同时，向我们展示了中国人怎样有策略地运用势、发展势，使其产生最大的效力这样一种东方智慧和艺术。

沟口雄三和小岛毅两位日本汉学家在《中国的思维世界》③ 中期望通过研究中国而使欧洲标准相对化，从而使亚洲培养出与欧洲比肩的新的历史意识，逐渐树立起新的国际秩序观念。他们对中国在世界历史中的重新定位，为的是将历史世界认识相对化，从而使世界认识多元化。该书作者抱着这样的态度或标准来重新建构中国的历史，在以中国古典文献为基础的研究中，不乏新的视角和观念。譬如，对古汉语中的“自然”概念在中国思想中的产生背景及其思想内涵、意义和所起作用的分析；对“力与公正——关于吕坤的全体生存构想”的探讨，尤其对吕坤的著作《势利说》中引入的“力”概念的详细分析，描述了一个用“力”概念来保证全体生存的理论框架。尽管书中研究这些内容的目的不在于阐述中国古代的科技思想，但是从另一个角度考察了“力”和“势”的概念在中国古代所蕴含的政治思想内涵，同样让我们有耳目一新的感觉。

德国法兰克福大学科技史家阿梅龙在“Weights and Forces：the Reception of Western Mechanics in Late Imperial China”一文中，首先讲述明末以来传入中国的西方力学知识中 Mechanics 术语的翻译情况；其次，探讨“重学”和“力学”

---

① 李约瑟 . 中国古代科学思想史 . 陈立夫，等译 . 南昌：江西人民出版社，2006.

② 余莲 . 势：中国的效力观 . 卓立译 . 北京：北京大学出版社，2009.

③ 沟口雄三，小岛毅 . 中国的思维世界 . 孙歌，等译 . 南京：江苏人民出版社，2006.

在中西方力学知识中分别表示的含义，以及与“力”相关的如 force、dynamics、cohesion 等术语的翻译情况，并结合明末至晚清的翻译著作和人物思想与《墨经》力学诸条进行对照，展现出当时西学中源说的范围之广；最后，论述西方力学思想对当时政治界的影响。

日本学者钱鸥在《“势力”一词与『势力不灭论』》中讲到“势力”和“势力不灭”两个概念，在日本的自然科学名词领域无人专门探讨，她在王冰对近代中日物理学交流史的研究基础上，考察王国维在翻译亥姆霍兹（Helmholtz）的英译本 *On the Conservation of Force* 中，将 force 译作“势力”、the conservation of force 译作“势力不灭”时，是否已经存在其他的译法或术语。同时，她通过比较 19 世纪以来相关科技名词术语的各类辞书，针对“势力”和“势力不灭”两个词语，给出实证史料，深入探讨它们的概念生成语境、演变轨迹及其反映出的学术理论和思想互动情况，得出“促成‘势力’这一创译的不是王国维，而是明治日本”的结论。此外，钱鸥针对王国维翻译“势力不灭论”前后的译法和译介活动，考察了 19 世纪后期至 20 世纪初能量守恒在中国的译名演变过程，认为王国维在翻译时，对何处的 force 译为“力”，何处的 force 或 power 译为“势力”即能量进行了悉心分辨，提出王氏对能量的概念及其守恒的理解较之同时代的其他译者更准确和深刻。最后，她指出王国维对“势力”一词的运用，不仅出现在译著中，也体现在伦理学、哲学和美学领域内，它已不再是汉语古已有之的“势力”（即力量）所能涵盖的概念。钱鸥对“势力”概念的日译语境及演变过程的探讨相当精细，同时对此概念的汉译考察也很深入，对本书研究西学东渐中中国传统“势”概念的演变大有裨益。

瑞士著名儿童心理学家 J. 皮亚杰与科学哲学家及科学史家 R. 加西亚在《心理发生和科学史》一书中讲道，发生认识论者的主要任务就是要阐明：一般概念的系统以及理解的形式和范畴，是由个体的行为建构而成的，而不是从外部世界的永久性中得到的。另外，还需要阐述和证明“普遍性是由经验所致”，我们可以以经验论的形式对其加以理解，其中一般性的范畴是通过日常经验获得的。这就奠定了他们的研究内容、视角和方法的基调，即在对儿童心理发生和思维发展的实验观察基础上，考察从亚里士多德、中古力学到牛顿物理学、解析几何和代数学的发展，再到物理知识的心理发生，探寻科学概念的发展历史和儿童思维的心理发生之间的关系，提出儿童知识的增长与人类科学知识的增长遵循相似的发展过程。

通过对上述外文文献和译著的阅读和理解，我们领略到了海外中国哲学、科学技术史和文化研究的图景以及西方学者对科学技术史的研究方法和视角之别；同时，有益于我们拓展研究思路和方法。

以上著作和论文的内容皆是本书的研究基础，由于诸位学者研究视角各异，因此目前尚有一些问题需要深入研究。首先缺少对直觉力学知识方面的认识，诸如对传统的“力”和“势”概念的发生、发展及传承和演变过程有待深入探讨，对“力”“势”“势力”等概念之间的相互关系有待进一步梳理。其次，对实践力学知识的研究也有待具体案例的探究。另外，对西方理论的力学知识在近代中国的传播研究，亦有缺漏，譬如当前少有学者对王国维的译著和底本进行对比研究。

第一章

中国传统的“力”概念及其相关知识

现代力学知识中的“力”是一个极具抽象意义的概念，而原始的人力、畜力则不能用来构造精确的科学，这种力多歧义、多变化，难于比较研究。[①]中国古代“力”有关的词义丰富，用法灵活，且没有统一量度标准，因而不易抽象、量化为理论体系。作为近现代物理学基本概念之一的“力”，它是怎样从人力、畜力演进到力学意义上的力呢？其形成在整个物理学发展中经历了一个漫长的过程，直到16、17世纪，西方物理学家们才对“力”做出一个相对准确的定义。据考古所知，在中国古代文化中，“力”最早见于殷商时期的甲骨文“[illegible]”。春秋战国时期，中国古代力学已进入形成时期，表现为两种发展趋向：一是以《考工记》为代表的实用力学知识的积累，诸如物体的滚动、箭矢的飞行、物体的沉浮等现象的知识；二是以《墨经》为代表的理性力学的萌芽，如时空与运动、力与重、重心和平衡、简单机械原理等方面带有理论性的粗浅概括。[②]随后，“力”的字形和字义在历史长河中不断发展演变，其内涵涉及社会、政治、经济、文史哲、天文、物理等多个领域的文化理念。本章以古文献为基础，梳理“力”概念的内涵演变及相关知识，以期探寻其所反映的古代力学经验和知识进化的文化传统。

---

① 李志超．天人古义：中国科学史论纲．郑州：大象出版社，1998：103.

② 申先甲．中国春秋战国科技史．北京：人民出版社，1994：187.

第一节　古人对自然现象中的“力”描述

我们首先来看“力”的字形演化，见表 1-1。[①]

表 1-1　“力”字形演化表

表 1-1 反映出“力”从具体形象的图形到抽象符号，再到概括性文字的发展过程。（本书部分古字，不改为其通假字）从文字的长期发展过程可以看出，“力”原始字形和意义都有所湮没，要逐一识别出来殊非易事。然而，自古以来人们并没有因此而放弃对“力”的本质、概念形成及其思想文化渊源等不同层面的探究。如墨家学说言“力，刑之所以奋也”[②]；社会政治领域讲，“力”乃“权力、势力”也，见汉晁错《论贵粟疏》：“因其富厚，交通王侯，力过吏势”；教育领域云，“力，勤也”，即努力学习之义，(《荀子·劝学》言：“真积力久则入”，杨倞注：“力，力行也。诚积力久，则能入于学也”)；经济领域谓“力”有“物力、财力”之说；生产实践中“力”即“自食其力、劳力”等义；近现代自然科学领域讲“力”有“引力、重力”等含义；科学技术史领域的学者们多言伽利略及牛顿之后成熟的力学概念及其引申义。邹大海在“The Concept of Force（li 力）in Early China”一文中，对中国先秦和汉代时期知识分子所理解的“力”概念及其应用范畴的变化情况进行过梳理，认为先秦学者把力作为一个宽泛、普遍存在的概念去解释物质世界的力现象；从汉代起力的概念有所变化，在汉代的文学著作中“力”的概念更多被用于解释运动和“change”。邹大海还指出中国古代没有人详细说明力与运动的关系以及力的作用效果，古人只是有意识或无意识地用“力”解释自然界各种力学现象，但就是没有抽离出理论的或公式化的力学知识。纵观前人对“力”的探讨，这些诠释均有一定的时代背景和文化语境。

一、古人对“力”概念的形象描述

关于汉字形体构造，传统有六书的说法：象形、指事、会意、形声、转注、

① 汉语大字典编辑委员会 . 汉语大字典 . 八卷本 . 成都：四川辞书出版社，1986：364.

② 高亨 . 墨经校诠 . 北京：科学出版社，1958：13.

假借。前四种是造字之法，至于转注和假借，则是用字之法。象形是文字创造初期最基本的原则，象形文字以图画为基础，但图画绝不是文字。原始社会的图画常常是画一样东西或是表述一件事情，而不是简单地表示一个概念，更没有固定的读音；直到图画表示的概念固定了，线条简化了，成为形象化的符号，而且和语言里的词发生了联系，有了一定的读音，才成为文字。王力讲：文字学家主要是凭字形来辨别本义，这是因为汉字是属于表意体系的文字，字形和意义有密切的关系，分析字形有助于对本义的了解。①我们依此来探讨“力”字的起源问题，可以追溯到公元前13—前11世纪的殷商时期。甲骨文中，“力”写作“[illegible]”。甲骨文作为象形字，仅就其文字图形所描述对象来说，其解释界限很宽泛，没有高度抽象和明确的定义。同时图画文字具有写实性质，它能够自己说话，表达出事情的全部。②如“[illegible]”用形状像耒耜一样的劳动工具，来表达劳动的全部过程，而劳动则需要人或动物的体力，这即是上古时期人们对“力”的表述。随着其字形的演化，人们逐渐赋予“力”除“劳力、体力”以外，“效力、力援、鼎力、活力、力透纸背、力争上游、同心协力、法力、神力、足力、心力、马力、筋力”等丰富内涵。

古文献中，最早对“力”做出解释的乃是《墨经》。《经上》：“力，刑之所以奮（奋）也。”《经说上》：“力，重之谓下。舆（举）重，奮也。”③有学者因《墨经》一文前后相邻几条内容属于伦理、生理、心理，而怀疑该条所论是否为物理上的力概念。如张纯一言，《经》文依次均有脉理，上自“仁”至“勇”十四条均属伦理，下“生”“卧”“梦”“平”四条均属生理或兼心理。此条介于其间，不得专以物理为释，然亦不能外乎物理。④又如徐克明云，该条“力”是指体力，而不是指物理学上一般的力。⑤相对于张纯一的模棱两可和徐克明的否定观点，诸多学者坚持该条经文是对力的定义。如洪震寰明确讲，不论从《经》文意思看，或从《经说》把力与重联系起来这一点来看，都可以证实此条确属客观的力概念，是物理的。⑥而且多数学者从物理视角对此进行了探究。在对上面两条文字的解读中，诸学者对“刑”“奋”“重”“舆”的理解以及《经说》的断句存在不同看法。他们均认为“刑”借用“形”，古字通用，且对“形”的理解

① 王力．古代汉语．第一册．北京：中华书局，1999.

② 利普斯．事物的起源．汪宁生译．贵阳：贵州教育出版社，2010：174-194.

③ 高亨．墨经校诠．北京：科学出版社，1958：13.

④ 张纯一．墨学分科．上海：定庐，1923.

⑤ 徐克明．墨家物理学成就述评．物理，1976，5（1）：50-57.

⑥ 洪震寰．《墨经》力学综述．科学史集刊，1964（7）：29.

又各执己见。钱临照、洪震寰、戴念祖、胡化凯、方孝博、李祖锡均以为“形”是形体、物体；钱宝琮、徐克明、武际可认为“形”指身体、人体，而不是物体；且钱宝琮和徐克明都认同《经》文中的力是体力；此外，王仙洲认为“形”指物体的运动状态。[①]

同时，诸学者对“奋”字的解读亦莫衷一是。钱临照将“奋”作运动解，并解释《经》文：力是使得物体运动的。反言之，物体之所以能动，要加以外力。[②]洪震寰云，按“奋”描写动态含义极丰，计有三：①动也，振也，发也（分别见于《易传》、郑《注》《广雅·释言》《史记集解》）；②迅也（见于《礼记·乐记·注》）；③起也、翬（翚）也（分别见于《淮南子》郑《注》《说文》）；据此，《经》文意即：力是形体由静而动，动而愈速及由下升上的原因。[③]钱宝琮言，“奮”的本义是翬（翚）、大飞，引申义是体力劳动[④]；指出“力是使得物体运动的原因”，并非《墨经》本义；并在“形”指人的躯体理解基础上，释《经》文谓：“人有所动作必须运用体力”。同时，方孝博指出《墨经》作者用“奋”字而不是“动”字，并非偶然，“奋”与“动”意虽近而实有很大区别。方孝博进一步解释，“动”是“运动”，是相对于静止说的；“奋”则是“运动的变化”，就是由静止状态变为运动状态，是具有加速度的运动。因此，《经》文意谓：力才是物体运动状态发生变化的原因，也就是物体获得加速度的原因。[⑤]同样，李祖锡在前人观点的基础上，提出“奋”即“飞”的意思，引申为“运动的变化”，并解释“力，重之谓”为“力是重量的一种称谓，物体由于受重力作用而具有重量”。[⑥]李氏认为经文是在讨论力的概念，即“力是使物体运动状态发生改变的原因”，指出这同牛顿力学对力的认识是一致的，并认为《经说》是对经文的举例说明，讲“物体下落则是由于重力产生的运动的变化，物体上举则是由于向上作用的力克服物体的重量所产生的运动的变化”。

此外，戴念祖、胡化凯都认为“奋”原义指鸟类展翅飞翔，引申为状态的改变。在此理解基础上，胡化凯认为《经》文讲“力是使物体改变状态的原因。这

① 王仙洲. 中国古代力学的主要成就. 青岛教育学院学报，2001（2）：38-40.

② 钱临照. 古代中国物理学的成就 I 论墨经中关于形学、力学和光学的知识. 物理通报，1951（3）：97-102.

③ 洪震寰.《墨经》力学综述. 科学史集刊，1964（7）：30.

④ 钱宝琮.《墨经》力学今释. 科学史集刊，1965（8）：65-72.

⑤ 方孝博. 墨经中的数学和物理学. 北京：中国社会科学出版社，1983：51.

⑥ 李祖锡. 试析《墨经》中有关力学原理的论述. 安徽大学学报（自然科学版），1984（1）：80-83.

是说明力的作用”。[1] 与此不同的是，武际可言“奋”是举的意思，《经》文意为“力是身体举物向上”；并认为这里只有静力学没有运动。[2]然而，徐克明云：“举重，奋也”即举重，是克服阻抗之义；“奋”原义是鸟张大翅膀从田野里飞起，同“举重，奋也”是一致的，引申为克服阻抗；且认为鸟和人一样都是借助于自身体力克服重力的阻抗。另外，王仙洲讲，“奋”字是由静到动、由慢到快的意思，明确含有加速度的意思；并解释《经》文谓“力是物体由静到动、由慢到快做加速运动的原因”。

笔者愚见，《经》文条目中“刑”以《说文解字》来讲：“刑，刭也。从刀开声。”[3]其为形声字，造字本义为“刑罚，惩罚”，后人将其假借为“形”。假借的意义和本义是不相干的[4]，“刑”之所以具有“形”的含义，只是借用，而不是从本义引申而来。从《增韵·青韵》：“形，體（体）也”可知，古人认为“形”指形象、形体。《说文解字》言：“奮，翬也。从奞在田上。《诗》曰：‘不能奮飞。’”[5]可见，“奮”原指（鸟类）大飞、高飞、疾飞。又见《广雅·释言》：“奮，振也。”[6]《广雅·释诂一》：“振，动也。”[7]同时，《广雅·释诂一》言：“奮，动也。”[8]由此看来，“奮”的另一种解释即“动”。《说文解字》言：“動（动），作也。从力，重声。𨑳，古文動从辵。”[9]根据“動”的造字法，从力，重声，即形声字，可知，“動”源于“力”“辵”。《说文解字》又言：“辵，乍行乍止也，从彳，从止。”[10]即慢步行走，走走停停。由此可见，“動”乃指运动，与力有关。根据此连带关系可知，“奮”即“鸟振动翅膀奋飞”“运动”，且与力相关。那么，从字面意思来讲，《经》文“刑”即“形”，可指形象或场景之义，则《经上》谓“力，即用来形象地表达鸟振动翅膀奋飞或运动的原因”。古人对“力”这种抽象的概念无法准确表达，而是借鸟振翅飞翔的视觉冲击来形象地、富有艺术效果地表达他们对“力”的认知，并非对“力”下定义。因而，《墨经》采用具体思维表达方式，以形象化的、极具视觉冲击的场景来表达抽象概念“力”；此处对“力”

① 胡化凯．物理学史二十讲．合肥：中国科学技术大学出版社，2009：14.
② 武际可．力学史．上海：上海辞书出版社，2010：2.
③ 许慎．说文解字．徐铉校定．北京：中华书局，1998：92.
④ 王力．古代汉语．第一册．北京：中华书局，1999.
⑤ 许慎．说文解字．徐铉校定．北京：中华书局，1998：77.
⑥ 汉语大字典编辑委员会．汉语大字典．八卷本．成都：四川辞书出版社，1986：550.
⑦ 汉语大字典编辑委员会．汉语大字典．八卷本．成都：四川辞书出版社，1986：1879.
⑧ 汉语大字典编辑委员会．汉语大字典．八卷本．成都：四川辞书出版社，1986：550.
⑨ 许慎．说文解字．徐铉校定．北京：中华书局，1998：292.
⑩ 许慎．说文解字．徐铉校定．北京：中华书局，1998：39.

的认知为直觉物理学知识。

同样，诸学者对《经说》的校释也存在颇多说法。首先，以“重”来说，钱临照理解为“重量、重力”，他认为《经说》是在说明“物体的重量，是力的表现之一。物体只能下落，或被上举，皆重力表现之动作也”。钱宝琮也认为“重”指重量，同时认为《经说》说明了“力”与“重”的关系，“力”与“重”是用同一单位来衡量的；并释《经说》谓：“人运用体力能高举有相当重量的物体。能举起的物体有多重说明他的‘力’有多大。”[①]洪震寰则言,“重”指重物；力与重量，名异实同，物体有重亦即受力，故必下坠，故曰：“力：重之谓；下。”胡化凯与钱临照持相同观点，并补充道：《经说》用重力说明什么是力，把重物举起就要用力。徐克明同样认为“重”指重力，且指出“重之谓下”即重力的属性是方向朝下。

笔者认为愈是古老的社会，离现代专业化概念或术语便愈遥远。与《墨经》几乎同一时期的《考工记·栗氏为量》：“其耳三寸，其实一升。重一钧。”[②]由此可以看出，“重”在当时指“重量”，单位为“钧”。《经说》：“力，重之谓下。”阐述了“力”与“重”之间的一种关系，即重是力的一种表现形式，只是“力”抽象，“重”具体且在生产生活实践中常见，由此推断，古人用“重”表达“力”不无道理。此外，“重”在当时还有分量较大，同“轻”相对之义。见《墨经·经说下》：“举之则轻，废之则重，非有力也。”[③]此处说明“力”与“重”在当时并不完全等价，因此《经说》：“舆重，奮也。”进一步反映“力”与“重”的不等价关系。

其次，至于《经说》中的“舆”字解读，可归纳为两类：一类“舆”照读；一类破“舆”为“举”。再则，对于《经说》断句及校释也颇有不同。针对“舆”照读如张纯一、鲁大东、伍非百、邓高镜等，断句为“力：重之谓。下舆重，奋也”。他们的解释也相类。如鲁大东云：“凡物质形体之有重，以其受有吸力之所致也，故曰‘力，重之谓’。下者，谓物体既受吸力而生下坠之现象，此下坠与重物，是运动量（奋）之所以发生也。”读“举”者，如范耕研、谭戒甫、曾昭安、钱临照等均属之。断句为，“力：重之谓。下、举，重奋也”。诸解释亦相近。如钱临照言：物体的有重量，是力的表现之一。物体之能下落，或被上举，皆重

① 钱宝琮.《墨经》力学今释.科学史集刊，1965（8）：65-72.

② 戴吾三.考工记图说.济南：山东画报出版社，2003：49.

③ 高亨.墨经校诠.北京：科学出版社，1958：22.

力表现之动作也。[①]王仙洲言：物体的重量也就是一种力，物体下坠、上举都是基于重的作用，也就是用力的表现。[②]孙诒让、顾惕生、栾调甫、戴念祖、胡化凯断句为“力：重之谓下，举重，奋也”。且孙氏云：凡重者必就下，有力则能举重以奋也。[③]另有，高亨诠释《经说》：“所谓力者，重之发于形体者也。故曰：‘重之谓。’形体有此力之重，乃能举物之重，举物之重即是奋。故曰：‘下举重，奋也。’下举重谓自下举重也。”[④]分析诸位前辈的断句，笔者比较赞同戴念祖和胡化凯的观点，即“力，重之谓下。举重，奋也”。

此外，东汉许慎言：“力，筋也。象人筋之形。治功曰力，能圉大灾。”[⑤]许慎将“力”形象地描述为“筋”。同时，他又言：“筋，肉之力也。”[⑥]宋育仁云：“筋以束骨，故人力在筋。然不得离肉言之，故从肉。筋者，人身之物；取於（于）竹者，所谓‘远取诸物’。”[⑦]而且《太平御览》人事部一十六引《说文》作：“筋，体之力也，可以相连属作用也。”由此可见，古人非常善于形象思维，用具体的“筋”即附着在骨头上的韧带来表述“力”的客观存在，同时，说明人们在当时已经认识到“筋”是能使人或物发力的载体。古人在生产、生活中已经认识到“力”与人或动物的肌肉、韧带运动的关系，并将它们结合在一起互相解释对方，这也是古人长于具体思维的表现。

从上文的文献记载中不难看出，在中国古人的思维中，“力”是形象具体的，既可以用振翅欲飞的鸟来形象处理，也可以用“重”来相互解释，还可以用人“筋”来体会。然而古人对“力”的把握尚未达到近代物理高度，更未对其进行抽象的物理定义。“力”在物理中准确的矢量定义，需要等到笛卡儿的解析几何确立之后，在伽利略、牛顿等人的努力下才逐渐确定下来。

二、古人对“力”内涵的类化抽象描述

古人在描述力学现象时，基本未明确地讲到力的方向问题。这与中国的传统意识有关，在尊儒正统思想的引导下，人们的研究中心是“人”，而非“物”，甚

---

① 钱临照．古代中国物理学的成就Ⅰ论墨经中关于形学、力学和光学的知识．物理通报，1951（3）：97-102.

② 王仙洲．中国古代力学的主要成就．青岛教育学院学报，2001（2）：38-40.

③ 张纯一．墨子集解．成都：成都古籍书店，1988：280.

④ 高亨．墨经校诠．北京：科学出版社，1958：43.

⑤ 许慎．说文解字．徐铉校定．北京：中华书局，1998：291.

⑥ 许慎．说文解字．徐铉校定．北京：中华书局，1998：91.

⑦ 汉语大字典编辑委员会．汉语大字典．八卷本．成都：四川辞书出版社，1986：2968.

至有时不分“吾”与“非吾”，因此，人们在解决物体的受力方向问题时，则采用另外一种方法，即创造新的术语“挈、引、收”等来描述力的方向。此外，这种以人为中心的思想，促使古人在对自然现象描述时，总要自觉不自觉地与自身联系在一起，用类比的方式表达观点或认识。由此可见，中国古代未能出现经典力学知识，与我们的传统文化密切相关。不过这样的传统思想文化并不影响古人对生活和生产实践中有关力现象的描述。

《孟子·告子下》言：“有人于此，力不能胜一匹雏，则为无力人矣；今曰举百钧，则为有力人矣。”此处“无力”“有力”之力均指人的力量、力气、体力，并以其具体作用效果——胜一匹雏、举百钧——形象地说明力量、力气之大小。《荀子·子道》云：“虽有国士之力，不能自举其身，非无力也，势不可也。”此处“力”也指力量、力气、体力，同时反映“力”与“势”的关系，即有力而无势（有利条件）一样不可成事。尽管这两段文字的主旨均借用具体事例来表达他们对“不胜”和“弗为”的观点，但是在描述人之力量、力气、体力大小的同时或多或少体现了古人对施力物（人）、受力物（百钧重物）的认识。同时，古人认识到在“自举其身”时，自己既是施力者，又是受力者，即使有大力士的力气，也不能自举其身，反映古人对内力与外力作用效果不同的朴素认识。

《淮南子·主术训》曰：“故积力之所举，则无不胜也；众智之所为，则无不成也。……力胜其任，则举之者不重也；能称其事，则为之者不难也。”“积力”即合力，这里“积力”与“众智”类比，突显合力的作用效果“无不胜”。然而古人在此默认积力大于分力，且并未说明积力的方向与大小关系问题，即各分力的方向一致或不同会影响合力大小及方向，会产生不同的作用效果。明代茅元仪云：“合力者，积众弱以成强也。今夫百钧之石，数十人举之而不足，数人举之而有馀（余），其石无加损，力有合不合也。故夫堡多而人寡者必并，并则力合，力合则变弱为强矣。”[①]戴念祖言，茅元仪以力学现象说明军事道理；合力的概念在当时是众所周知的；《武备志》中未进一步涉及力的方向问题。[②]茅元仪以人的力气、力量的大小聚合类比军事力量的寡众之分，突出合力力量大的特点。戴念祖讲，这里没有给出力的方向，笔者认为这不必勉强，《武备志》和《淮南子》一样，原本都不是力学著作，仅是引用生活实践中的“力”现象更直观形象地说明军事力量合并的重要性及众智的能力之大。古人认识到“积力、合力”，然并未对其进行细分，可见，当时人们对力的认知尚未达到精致的、科学的理

① 《武备志·卷百十四》.

② 戴念祖，老亮. 中国物理学史大系·力学史. 长沙：湖南教育出版社，2000：170.

论分析。《淮南子·兵略训》谓：“假之筋角之力，弓弩之势，则贯兕甲而径于革盾矣。”用现代物理知识解释“筋角之力”，则表现的是“筋、角”材料的物理性质，即弹力。当然，古人的认识尚未达到这种高度，但是人们的思维和认识往往离不开与自身生产和生活密切相关的具体对象，因此他们在生活实践中能观察、注意到“筋角之力”这种现象，并发现借助此力和“弓弩之势”可达到穿甲破盾的效果。同时，可以看出，古代人们的社会历史实践和有限的自然科学知识，限制了他们对周围世界的深层次认识。

《九章算术·方程》言：“今有武马一匹，中马二匹，下马三匹，皆载四十石至阪，皆不能上。武马借中马一匹，中马借下马一匹，下马借武马一匹，乃皆上。问武、中、下马一匹各力引几何？答曰：武马一匹力引二十二石、七分石之六；中马一匹力引一十七石、七分石之一；下马一匹力引五石、七分石之五。”如果说前文所讲述的“力”尚未表现出明确的物理意义，那么此处所讲的“力”正合近现代物理之力，并且给出力在当时的单位“石”。可以推断，当时人们对“力”的物理意义认识逐渐清晰，并赋予其单位“石”。另外，《考工记·弓人》云：“量其力，有三均（钧）。”郑玄给这句话注释时用的单位也是石。明朝宋应星也讲道：“凡造弓，视人力强弱为轻重。上力挽一百二十斤，过此则为虎力，亦不数出；中力减十之二三；下力及其半。”[①]此处“力”的单位为“斤”。可见，古人对“力”的物理意义的认识延绵不断，并在特定的语境中将其量化，赋予其物理单位“石”“均”“斤”等。

在中国古代，人们无论是对“力”的形象描述，还是对其作用效果的类化抽象描述，均没有给其一个数量化或公理化的抽象定义，这与古人的知识结构、思维方式及其处理问题的方法有关。古人的类化抽象思维不是科学意义上的抽象思维，它的基本要素还不是概念，而是在形象思维活动中，经过各种各样的联想、类比活动产生的意与境、客观世界与主观情思相统一的知觉意象基础上所形成的、带有社会性的、类化了的意象。[②]尤其是在一个以算术为主，缺乏几何模型的知识背景或思维模式下，中国古代未能产生像西方近代力学这样的公理化、数量化的科学知识也不足为憾。每种文化体系都有其各自的特点，我们应以包容之心来待之，尊重不同文化的发展。

① 宋应星．天工开物（下卷）．兰州：甘肃文化出版社，2003：348.

② 张浩．思维发生学：从动物思维到人的思维．北京：中国社会科学出版社，1994：3.

第二节　与“力”相关的其他知识

我们在上一节已探讨过古人对自然现象中“力”的认识，然而无论是对其的形象描述还是类化抽象的描述，皆是定性的，接下来我们将探究古人对“力”的定量表达方式及与其相关的“重”“重量”单位，“功”“劲”“运动”等知识。同时以王充的《论衡·效力》为例，从“力”的外延考察古人的关联思维模式。

一、古人对“力”与“重”关系的认识

在上文中，我们已对《墨经》“力，重之谓下。與（举）重，奋也”中“力”与“重”的关系进行了简要分析。尽管力与重没有明确的数量关系，但就古人当时的认知水平以及掌握的知识量来讲，他们在实践中能直觉地认识到“力”与“重”的异同也是一大进步。

首先，我们来看一下《墨经》中对“重”的叙述，《经说下》曰：“凡重，上弗挈，下弗收，旁弗劫，则下直。扡，或害之也。”高亨言：“挈与引之别，挈者以绳系物，人自上提之也；引者以绳系物，物向下引之也；挈引之别，即挈系人用力，引系人不用力。”[①]由此可见，古人已经意识到“挈、引”之别，这也意味着他们开始认识到力的方向问题。但是当时人们的认知水平和科学知识储备量不足，因此未能进一步具体细化力的方向，更未上升到近现代力学中的施力物、受力物和力的矢量分析。“力”与“重”在此没有明确的指代关系，但古人对“重”所隐含的“力”作用的认识却是显而易见的。

另外，《荀子·儒效》言：“故能小而事大，辟之是犹力之少而任重也，舍粹折无适也。”尽管此处借“力少”和“任重”来解释“能小”与“事大”的问题，却反映出古人对“力”与“重”的直觉认知，即二者存在正相关。当然，古人是没有这种力学意识的，但他们在生活实践中发现“力”与“重”存在一种尚未理清的关系。同时，这一现象体现出中国古人的思维方式所具有的与众不同的特点，即注重具象和直观思维，强调哲理性的事件或人本精神。

此外，古人在度量衡中对“重”的认识相对清晰，然对“力”的量化及单位运用就不及“重”丰富。吴承洛云：“自来我国言度量衡者，概托始于黄钟，黄

① 高亨．墨经校诠．北京：科学出版社，1958.

钟为六律之首。自度量衡之事既兴，黄帝始为度量衡之制，其定制之始，一出于数，定制之準（准），一本于律。……据籍载中国最古度量衡之制，本于黄钟律，度本于黄钟之长，量本于黄钟之龠，权衡本于黄钟之重；故黄钟之器盖为中国最古之度量衡原器。”①此文献表明，自上古以来，我国用黄钟权衡物体之“重”，且“权衡之名中，铢、两、斤、钧、石，发生最早”。②中国古代度量衡命名通考见图 1-1。

中国古人对“重”和“力”的关系已有直觉性认知，但并未认识到它们之间的数量关系。至于对“力”的准确衡量及其单位的确定，乃是西方近代科学发明弹簧秤之后的事。古人对于“力”的量化及单位的认知多借助于“重量”，如弓力、弩力、马力。对于“弓力、弩力”计量单位的研究，笔者有详细叙述，即中国古人在计量弓力时，曾使用过两类不同性质的单位：第一种是直接使用重量单位如“钧”“石”“斗”“斤”等；第二种是独特的表示方法如“个力”“力”“个劲儿”等。③从文献记载看，中国古人早在先秦时期就已用“钧、石”做“弓力”的单位④，此时人们借用重量单位“钧”(均）来计量“弓力”的大小。又如“魏氏之武卒，以度取之，衣三属之甲，操十二石之弩”。⑤秦朝以后人们依然沿用此法。居延汉简中以“一石弩、二石弩、三石弩”来计量“弩力”⑥；宋代沈括言：“挽蹶弓弩，古人以钧、石率之”(《梦溪笔谈》)，以“钧、石”计量弓弩之力；《宋会要辑稿》云：“弓，步射一石一斗力，马射八斗力……”可见，在宋代及其以前，人们用“钧、石、斗”来计量弓弩的弹力大小。

沈括在《梦溪笔谈》中对弓弩的弹力计量方法进行解释：“钧石之石，五权之名。石重百二十斤，后人以一斛为一石，自汉已如此，饮酒一石不乱是也。挽蹶弓弩，古人以钧、石率之，今人乃以粳米一斛之重为一石。凡石者，以九十二斤半为法，乃汉秤三百四十一斤也。今之武卒蹶弩有及九石者，计其力乃古之二十五石，比魏之武卒人当二人有余。弓有挽三石者，乃古之三十四钧，比颜高之弓人当五人有余。”文中提到，石是一种计量单位，1 石重 120 斤，这种使用

① 吴承洛．中国度量衡史．上海：上海书店，1984：1-3.

② 吴承洛．中国度量衡史．上海：上海书店，1984：107.

③ 仪德刚．中国传统弓箭技术与文化．呼和浩特：内蒙古人民出版社，2007：173-200.

④ 戴吾三．考工记图说．济南：山东画报出版社，2003：94.

⑤《荀子·议兵》.

⑥ 仪德刚．中国传统弓箭技术与文化．呼和浩特：内蒙古人民出版社，2007：173-200.

方法自汉代已有。明朝唐顺之《武编》中出现了特殊的“弓力”表示方法，即：“况镞重则弓软而去地不远，箭重则弓硬而中甲不入。旧法，箭头重过三钱则箭去不过百步，箭身重过十钱则弓力当用一硕。是谓弓箭制。”文中讲到旧法弓箭制的标准是：弓力 1 硕配箭的重量要超过 10 钱。《武编》又言：“古者弓矢之制，弓八斗，以弦重三钱半，箭重八钱为准”，按其文中所述弓力与箭重的配比情况为：弓力八斗配箭的重量八钱，推测“硕”的量值应与“石”相近。我们可以从《武编》中看出，明朝对弩力的计量单位分别有“钧、石、斤、硕、斗”，而它们均是借用于重量单位。(图 1-1)

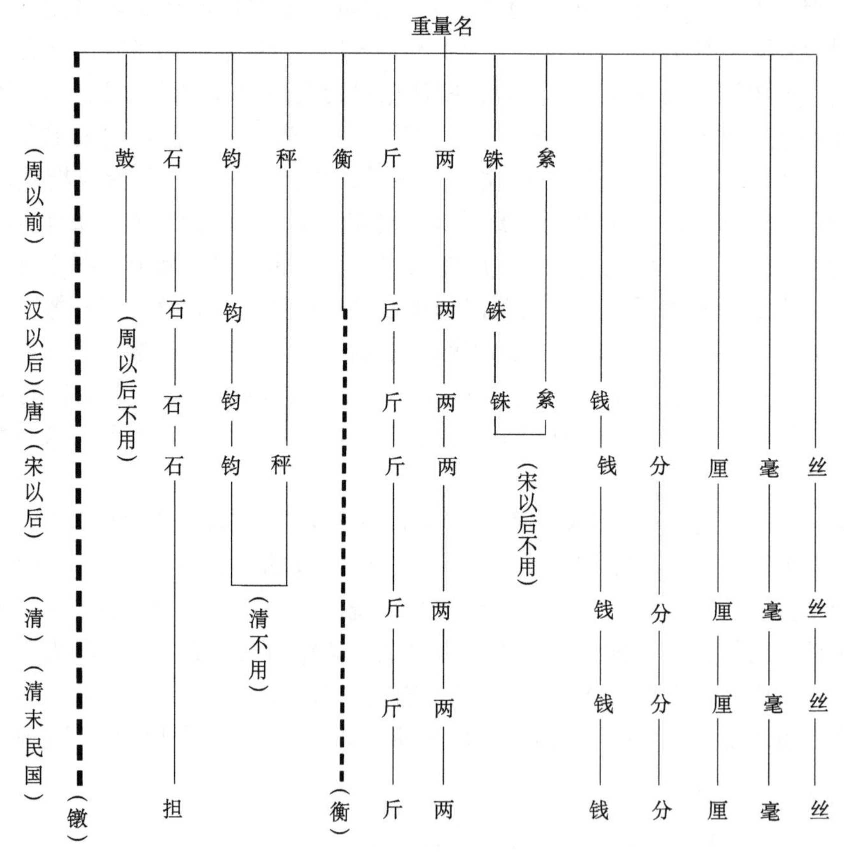

图 1-1　中国古代“重量名”[①]

① 改自：吴承洛 . 中国度量衡史 . 上海：上海书店，1984.

自明代以后，人们开始使用一些特殊的单位如“个力”“力”等描述弓力。如明代李呈芬《射经》言：“古者，弓以石量力。今之弓以个量力，未详出处。然相传九斤四两为之一个力，十个力为之一石。或曰，九斤十四两为之一个力云。凡弓五个力而箭重四钱者，发去则飘摇不稳。而三个力之弓，重七钱之箭，发之必迟而不捷。何哉？力不相对也。”从原文中看出李呈芬提到明朝以前用“石”作为弓力的单位，在明朝以“个”来计量弓力，相传1个力相当于9斤4两（或9斤14两），10个力相当于1石。然而，今天我们已无从查寻此种计量方法源于何处。

另有《清史稿》记载，康熙十三年恢复武举考试时，重新规定了考试内容，以“八力、十力、十二力之弓，八十斤、百斤、百二十斤之刀，二百斤、二百五十斤、三百斤之石”作为考试标准。这里用“力”来计量“弓力”的大小，用“斤”来计量“刀”和“石”的重量，明显反映出人们当时对“力”与“重量”的计量分析尚不清晰，然而这些并未影响他们在生活实践中对其的应用。

对于“马力”的认识，上文在对古代“力”的作用效果描述中有所提及，如《九章算术·方程》中对“马力”的计算及其单位计量“石”；又如《战国策·楚策》言：“今为马多力则有矣，若曰胜千钧则不然者，何也？夫千钧非马之任也。”此处乃以“钧”计量马力的大小。

通过对“重”和“力”的比较可知，在精确计量“力”大小的工具——弹簧秤——出现之前，人们借用“重”的部分单位“钧、石、斤、硕、斗”来计量“力”的大小。自上古以来，人们对重量的认识较充分，对其有细化的计量单位，然而对于“力”的认识较之“重”，有所欠缺，尤其是对其量化及其单位的认知，多借助于“重”。尽管如此，古人在生活、生产实践中，随着对“重”单位的借鉴引用，他们对力的认知及运用越来越清晰，且其内涵及单位也逐渐丰富起来。

二、古人对“力”与“功”“劲”“运动”关系的认识

在近现代力学中，我们知道功的大小等于作用力与在力的方向上物体移动的距离的乘积。中国古人在关联思维或整体思维模式下，尚未认识并抽离出力与功的量化关系。古人只是凭感性认识，直觉地体会到“力”产生的作用效果或结果即功。

古籍有言："治功曰力，战功曰多。"[1]《说文解字》云："功，以劳定国也。从力从工，工亦声，古红切。"[2]"功"指功绩、功业；又指功效、功劳。"治功曰力"反映出先秦学者们已认识到力的效果，并将做出的功绩、功效称为"力"。

又如："天下有信数三：一曰智有所有不能立，二曰力有所不能举，三曰强有所有不能胜。……有乌获之劲，而不得人助，不能自举……"[3]此处"有乌获之劲，而不得人助，不能自举"与"力有所不能举"相呼应，"劲"乃指"力、力气"。古人对这些现象的描述来自直接体会，并无抽象思维的参与，因而提出的"力"与"劲"没有逻辑关系，仅处于感性知识阶段，尚未达到知性知识，更未提升到科学概念。当时人们尽管未能明确抽离出"力"与"功""劲"之间具体的量化关系，然而能以直觉思维模式思考、总结生活生产经验，进行哲理性思考，已属不易。

古代汉语中多单字，"运"与"动"也不例外。《说文解字》言："运，迻（移）徙也。从辵军声。"[4]又曰："动，作也。从力重声。古文动从辵。"[5]中国古代人们的形象思维较之抽象思维要活跃，从"运"和"动"与"辵"有关可看出，"运、动"与足、走路相关，走路要消耗体力、力气。

我们以《淮南子》为例，简要分析"力"与"运动"的关系。其言："夫举重鼎者，力少而不能胜也，及至其移徙之，不待其多力者。"这句话不仅描述"力少"不能"举重鼎"，而且表达"移徙"后"不待其多力"。古人通过感性认知定性描述力量大小与举重之间的关系，由于人们尚未形成惯性运动的概念，因此他们凭直觉认为"物体运动过程中"要比"使物体运动"需要的力少，即古人对"力"与"运动"的确切关系仍处于模糊认知阶段，抑或感性认知阶段。

中国古人由于受当时认知水平的限制，同时对"力"的认识缺乏抽象思维，因此尚未认清"力"与"运动"的本质区别和联系，也未能把"力"与"运动"的关系具体抽离出来。我们通过对"力"与"重""功""劲""运动"关系的简要探讨，可以初步看出，古人在有限的知识和感性认知水平下，对于生活、生产实践中的现象总结，还处在感性知识阶段，有一小部分可被认为上升到知性知识

---

① 《周礼·夏官司马》.

② 许慎．说文解字．徐铉校定．北京：中华书局，1998：292.

③ 《韩非子·观行》.

④ 许慎．说文解字．徐铉校定．北京：中华书局，1998：40.

⑤ 许慎．说文解字．徐铉校定．北京：中华书局，1998：292.

（如“力”借助于“重”的计量单位，开始走上简单量化的道路），但还未能产生公理化和数量化的力学知识，即理性知识。

三、“力”的泛化：以王充《论衡·效力》为例

王充言“力”，乃借用自然界现象之力引出人的“才力、才干、能力”，而非专论物理现象之力。现对《论衡·效力》之“力”加以分类，试探讨王充对“力”的认知，以观古人对“力”外延的认识和运用。

王充在文中多处言自然界现象之力，有“地力、水力、山力”等。如“地力盛者，草木畅茂。……苗田，人知出谷多者地力盛”讲地力肥沃，则谷物多产；“河发昆仑，江起岷山，水力盛多，滂沛之流，浸下益盛，不得广岸低地，不能通流入乎东海”言水力大小；“小石附于山，山力能得持之；在沙丘之间，小石轻微，亦能自安。至于大石，沙土不覆，山不能持，处危峭之际，则必崩坠于坑谷之间矣。大智之重，遭小才之将，无左右沙土之助，虽在显位，将不能持，则有大石崩坠之难也”言山力，以类比人之智力、才力。可见王充在文中用自然现象阐述人自身相类的道理，由此反映出他对“力”的认知；而且可以看出古人的这种关联思维模式对生活的影响。

同时，王充在《论衡·效力》中多处讲到人的“力气、力量”大小和畜力的大小，还以人的引弓之力类比知人用人之理。如“长巨之物，强力之人，乃能举之。重任之车，强力之牛，乃能挽之”表述人和畜力的力量及能力大小。又如“引弓之力不能引强弩，弩力五石，引以三石，筋绝骨折，不能举也。故力不任强引，则有变恶折脊之祸；知不能用贤，则有伤德毁名之败”讲述人力不胜弩力而强行引之，便会伤筋折骨；并由此类比用人之理，即若不能知人善任，则会导致“伤德毁名”。另外，王充以人之“力气、力量”引申到人的“才力、才华、才能、能力”大小，文中此类讲述有“夫壮士力多者，扛鼎揭旗；儒生力多者，博达疏通”，以壮士之力气类比、推引出儒生的才华、能力；“夫能论筋力以见比类者，则能取文力之人，立之朝庭。故夫文力之人，助有力之将，乃能以力为功”和“孔子能举北门之关，不以力自章，知夫筋骨之力，不如仁义之力荣也”，两处皆以筋骨之力类比文人的才学、才干、能力。

此外，王充直言人的“才力、才干、才华、才能、能力”之处也颇多，至少有九处。如“程才、量知之篇，徒言知学，未言才力也。人有知学，则有力矣”，王充言人的才力、才干可以通过学习得以提升。“文吏以理事为力，而儒生以学问为力”，王氏认为不同职业的人有其各自的才能，文吏有办事能力，儒生

有做学问的才干。由“有人于斯，其知如京，其德如山，力重不能自称，须人乃举，而莫之助，抱其盛高之力，窜于闾巷之深，何时得达”和“人力不能举荐，其犹薪者不能推引大木也”两处可以看出，王充还认识到即使一个人“知如京，德如山”，然无人扶持、帮助，其才能、才干也无用处，只能没于闾巷。“桓公九合诸侯，一匡天下，管仲之力。管仲有力，桓公能举之，可谓壮强矣。吴不能用子胥，楚不能用屈原，二子力量，两主不能举也”“韩信去楚入汉，项羽不能安，高祖能持之也。能用其善，能安其身，则能量其力、能别其功矣”“夫萧何安坐，樊、郦驰走，封不及驰走而先安坐者，萧何以知为力，而樊、郦以力为功也”，这三处皆言人之才力、能力须有人荐之，明主识之，方可得以实现。“案仪律之功，重于野战，斩首之力，不及尊主。故夫垦草殖谷，农夫之力也。人生莫不有力，所以为力者，或尊或卑”，此言人皆有才力、能力，只因人的身份、地位、境遇不同，而表现出不同的才干、能力。

王充整篇文章言“力”，但其含义不尽相同。他由直接描述自然之力以类比人的才干、能力，逐渐引入人的力气和器具隐含的力量，到最后用“力”直言人的才华、才能、能力。王氏不仅表述了自然中的事物各有其美，而且还讲到需要人们“美人之美”方能使每个人的才干、才华、能力得以展现。此外，《论衡·效力》中在讲述自然界存在的“力”及其在物理知识以外的引申义时，皆是定性描述，尚未表现出中国古代有力学知识体系。此时，人们有的仅是对“力”感性的、经验的认知，换句话说，古人所具备的只是“力”的直觉、感性知识。可以说，中国古代的力学知识乃是感性的、直觉的、经验的，并非如西方建立在逻辑推理上的对近代力学知识的理论总结。

第三节　小　　结

虽然中国古人不太做物理或力学知识的抽象思维，但是人们的形象思维和关联思维非常活跃，这源于中国古代丰富多彩的人文知识。中国古代的文字记载多是哲理性的，然其反映出的古人思想却未有显著的“我”与“非我”之别；古人即使在讨论自然界中物理的或力学的现象时，都是以人为中心，而非物。同时，古人在探索大自然现象中形成的直觉思维，在对“力”的认知过程中多有体现。人们无论是对“力”的形象描述，还是对“力”的作用效果的描述，都是采用直观的、形象化的方式来表达。古人由于在探究自然知识中缺乏数学推演，只是借助直觉思维和关联思维发现了自然现象中与“力”相关的诸多问题，但未能根据逻辑推理得出解决问题的方法，因而没有提出或抽离出“力”及其相关的理论化定义。尽管古人借用“重量”单位赋予“力”，使其开启量化之路，但在这样一种注重人事而不重探究自然现象逻辑关系的传统文化中，依然很难推动“力”的物理定义的产生。

我们不应该用西方近代科学的思维方式，更不应该用现代科学的逻辑去评判中国古代自然科学，尤其是对中国古代“与力相关的知识”的认识，我们要尝试用古人的思维方式和看问题的角度去竭力探索和呈现古人的思想。我们不仅要探讨古人做了什么，描述了哪些现象，而且要追溯他们在当时的行为根源，即为什么。

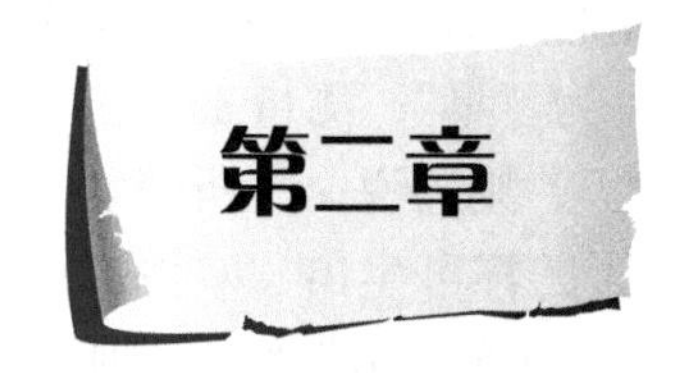

第二章 中国传统的“势”概念及其相关知识

“势”字在中国传统文化里具有举足轻重的地位，它涉及军事、政治及文史哲等多个领域的文化理念。20 世纪 80 年代以来，诸多学者对“势”字进行了不同层次的探究，对“势”观念的形成、思想文化渊源等进行过梳理论证。多数学者从诸子百家的著述和文人书画家的作品里来考察“势”。此外,《韵会》有“外肾为势”，此义为中医沿用至今。追本溯源，“势”字从最初古人用于表达种植的体力扩展到实践中无法明确表达出来的各种抽象力，再引申出反映某种客观实在的情形状态、客观条件或不可逆转的趋向等，是一脉相承的。下面我们以文献为基础梳理“势”概念演变及其反映出来的中国古代力学经验和知识进化的文化传统。

第一节 “势”字之源再考

“势”字之源，历来受到学者们的关注。黄侃对“势”的考释较为详细，他在《文心雕龙札记·定势第三十》中言：“《考工记》曰：审曲面势。郑司农以为审察五材曲直、方面、形势之宜。是以曲、面、势为三，于词不顺。盖匠人置槷以县，其形如柱，傳（剸）之平地，其长八尺以测日景，故势当为槷，槷者臬之假借……”[①]黄侃认为“势”当为“槷”，是测日影的工具，且槷是臬的假借，本字就是臬，并言臬、槷、埶出自一处，即槷、埶都是臬的假借字。陈正俊持不同观点，认为：按黄侃之说“审曲面势”之“势”为“臬”，测量工具，一种长八尺的垂直立木；而《说文》释势为“盛力，权也”，则《说文》所释之“势”显与黄侃不同；从逻辑的观点看，很难设想测日影的杆可生出“盛力，权也”的内涵，黄侃的解释与《说文》的以“力”为中心内涵释“势”实在有距离。[②]可见陈正俊并不赞同黄侃解说“势”源于“臬”“槷”之说，他认为黄氏的解释存在逻辑关系不清的问题。同时，陈氏从甲骨文、金文及《考工记》考查，认为“势”源于“埶”，为种植义；与“蓺”“艺”同源；也应与“槷”同源；“臬”与势不同源，但由于种种原因混用、借用了。[③]

对“势”探源，我们必然要考虑到文字学。李零言：“古文字学的‘运用之妙’是什么？是想象。而想象总是包含了猜测的成分。”[④]由此看来，考释古文字不可避免会带有人的主观想象，如何才能更客观地对古文字进行追根溯源？裘锡圭认为：“考释古文字的根据主要是字形和文例。”[⑤]我们对“势”的考释，首先从字形来看它有多种语源演变的历史。《甲骨文字典》[⑥]中不存在“势”字，不过《新编甲骨文字典》认为“[illegible]”为“势”之古字，并解释为：像一人下蹲培植木苗之状。[⑦]而且清段玉裁《说文解字注》：“《说文》无势字，盖古用埶为之。”即埶是势之古字。随历史的发展，“埶”字形演变过程见表 2-1。[⑧]

表 2-1 “埶”字形演化表

[illegible]	[illegible]	[illegible]	[illegible]	[illegible]	[illegible]	[illegible]	[illegible]	[illegible]	[illegible]	[illegible]

由表 2-1 可以看出，“埶”字最早出现于甲骨文，与种植和劳力有关。因此，“势”作为“埶”的演化字，也蕴含有力之义。

---

① 黄侃 . 文心雕龙札记 . 上海：上海古籍出版社，2000：110.

② 陈正俊 .“势”源考——兼论“审曲面势”涵义 . 苏州大学学报（工科版），2002（6）：14-16.

③ 陈正俊 .“势”源考——兼论“审曲面势”涵义 . 苏州大学学报（工科版），2002（6）：16.

④ 李零 . 李零自选集 . 南宁：广西师范大学出版社，1998：263.

⑤ 裘锡圭 . 以郭店《老子》为例谈谈古文字 //《中国哲学》编委会 . 郭店简与儒学研究 . 沈阳：辽宁教育出版社，2000：180-188.

⑥ 徐中舒 . 甲骨文字典 . 成都：四川辞书出版社，1988.

⑦ 刘兴隆 . 新编甲骨文字典 . 北京：国际文化出版公司，1993：147.

⑧ 汉语大字典编辑委员会 . 汉语大字典 . 八卷本 . 成都：四川辞书出版社，武汉：湖北辞书出版社，1986：455.

其次，从文例来看，《汉语大字典》八卷本讲：“‘势’同‘勢’。《宋元以来俗字谱》：‘勢’，《列女传》《古今杂剧》《三国志平话》《太平乐府》《金瓶梅》《岭南逸事》作‘势’。今为‘勢’的简化字。”[①]由此条目可知，“势”是“勢”的简化字，在宋元以来民间俗字中，将“勢”用作“势”。同时，《汉语大字典》对“勢”解释：“《说文新附》：‘勢，盛力，权也。从力，埶声。’郑珍新附考：‘勢，经典本皆借作埶。古无勢字，今例皆从俗书。《史》、《汉》尚多作埶。《外黄令高彪碑》、《先生郭辅碑》并有勢，是汉世字。’”[②]该文例讲道，古代并没有“勢”字，在经典的著作中都借作“埶”，而且《史记》《汉书》中也多为“埶”，“勢”是俗书中的用字，且其始于汉代民间。无论是从字形还是从文例史实方面对“势”考察，我们逐渐梳理清楚其都源于“埶”，同“勢”，是“勢”的简化字。而并非黄侃所言，“势”源于“臬”与“槷”。尽管陈正俊已否定黄侃的观点，认为“势”与“臬”不同源，而源于“埶”，然而陈正俊仍然赞同“势”与“槷”同源。对该观点还需进一步考证，为此我们除采用上文讲到的字形和文例之法外，还需加上一条：音韵。在《广韵》中“埶”为鱼祭切，去祭疑。“臬”和“槷”均为五结切，入屑疑。可知，“埶”与“臬、槷”音韵不同。另外，《汉语大字典》中讲“埶”通“臬”，然而所谓古音通假，就是古代汉语语言里同音或音近的字的通用和假借。[③]“埶”和“臬”在古代观测日影的标杆这个意义上是相通的，看来似乎像同源字，但是“埶”的造字源于种植，而“臬”乃射準的，它们的造字渊源不同，因此严格来讲，“埶”与“臬”不同源。至于“埶”与“槷”的关系，则是通过“臬”搭桥引线联系起来的，尽管它们字形相近，然从文例和音韵角度讲，它们不存在相同或通用的关系。

综上所述，“势”源于“埶”，为种植之义，与“勢”同源，又是“勢”的简化字。“势”与“臬、槷”不同源，只是“埶”与“臬”在表示古代测日影的工具这一意义上通用，并无字源瓜葛；而“槷”与“埶”的关联更是微弱。《说文解字·附检字》：“埶，种也，从坴、丮，持亟种之。书曰我埶黍稷。”[④]从这里可以看出，“埶”蕴含“种植”之义。“种植”作为劳动，其本身潜在有劳力或人力之义。另外《说文解字·附检字》：“勢，盛力权也。从力，埶声。经典通

① 汉语大字典编辑委员会．汉语大字典．八卷本．成都：四川辞书出版社，1986：369.

② 汉语大字典编辑委员会．汉语大字典．八卷本．成都：四川辞书出版社，1986：377.

③ 王力．古代汉语．第二册．北京：中华书局，1999：546.

④ 许慎．说文解字．徐铉校定．北京：中华书局，1998：63.

用埶。”[①]从这里可以看到，无论是“埶”还是“势”的解析中，都隐含“力”之义。同时，“势”字的应用范围远远超过“力”字本身。它不仅被用于描述自然现象中与“力”“能量”等相关的知识，而且随着历史文化的变迁，延伸到文学、艺术、哲学以及政治、社会、军事等领域，其表达的内涵逐渐演化，愈加丰富多样。

第二节 “势”在自然现象中的概念及变化

在人们的传统观念中“势”更多被用于表达政治、军事、社会及文史哲等领域的现象和知识，而且在这些领域中其内涵也相当丰富。本节以考查自然现象中“势”的概念及其相关知识为主，系统梳理“势”在自然现象中的含义及变化，尝试以一种新的视角来探寻中国古代力学知识中“势”概念的演变脉络。

一、 古人用“势”描述与力有关的自然现象

从前文对“势”源的考证，我们已经知道，“势”之古字乃“勢”，源于“埶”，隐含人在种植过程中的劳力或能力之义。古人朴实的意识或观念中，“势”的概念及其含义并非一成不变，而是十分灵活多变。随着古人对生产实践中各式各样的力及其潜在能量之义的认识增加，人们逐渐引入“势”来解释各种单纯用一个“力”字或相关术语所无法表达的自然现象。

1. 用“势”描述与弹力相关的现象

早在先秦时期，人们对“势”隐含的“弹力”之义已有所认识，如《考工记·弓人》言：“凡析干，射远者用势，射深者用直”“凡相角……柔故欲其势也，白也者，势之征也”。[②]这两处均是对选用制弓材料、胎木和牛角的方法评述，对其中势的理解至关重要。原文中“远”与“深”相对，“势”与“直”相对，因此，从字面理解，“势”应为弯曲、形变之义。然在实际操作中，弓胎木最好是采用反曲度较大的材料，即以选用弹性较好的木材为原则。同时，还有一个相对性原则，即同样厚度的木料，一般认为反曲度大的材料其弹性好。例如，人们通常认为竹子的弹性比杨木的好，但并非说杨木不适合做弓，而是要看如何处理杨木片的厚度，才能达到所需效果。弹性稍弱的木料适合做硬弓，弹性好的木料适

① 许慎．说文解字．徐铉校定．北京：中华书局，1998：63，293.

② 戴吾三．考工记图说．济南：山东画报出版社，2003：89.

合做大拉距的射远弓。有射箭经验的人会知道，韩国等亚洲传统角弓，反曲度大，射得很远；欧美单体木弓反曲度较小但力量很大，可射入箭靶很深，然而射程通常不远。因古人尚未有“弹力”概念，所以“弹力”一词在中国古代一直鲜有使用。在描述牛角的性能时，“势之征也”也是牛角弹力好的表征。

另见宋代江少虞在《事实类苑》中记载：“魏丕作坊使，旧制床子弩止七百步，上令丕增造至千步，求规于信。信令悬弩于架，以重坠其两端，弩势圆，取所坠之物较之，但于二分中增一分，以坠新弩，则自可千步矣。如其制造，果至千步，虽百试不差。”其中“弩势圆”之势，字面乃指形状、形变，即张起的弩弓形状如圆，亦为拉满弓体。依近现代力学来看，弩之形状、形变不同所含的弓力大小不同，即弹力不同。尽管当时人们尚无“弹力”的概念，然从文献记载看，他们已经意识到弓弩形变影响其弓力、射程大小。同时，人们巧妙地运用“势”来表达弩的形变隐含力之义，亦即“势”蕴含“弹力”“张力”之义。

从《考工记》和《事实类苑》均可以看出，古人从材料的形状变化中已认识到反曲或“形变”能产生“力”，即现代物理意义上的“弹力”，但这个力的强弱一般用“势”来描述，人们并未使用“弹力”“弹性”或另造新术语。

2. 用“势”描述与材料应力变化相关的现象

在中国传统的力学知识中，人们尽管没有“应力”概念，但却智慧地运用“势”描述应力变化的现象。譬如《考工记》中“审曲面势，以饬五材，以辨民器，谓之百工”。这里“曲”和“势”相对，字面含义中“曲”指材料的自然弯曲，“势”指材料的非自然弯曲。在近现代力学中，“势”引申为应力或应变能。李志超先生认为“审曲面势”的“势”“是更具体的物理或工程概念，在材料而言是应力或强度，如张紧的弓”。[①]以近现代力学角度看，李先生对“势”的“应力”分析很对。

又如《列子·仲尼》云：“发引千钧，势至等也。”戴念祖和老亮将“势至等”理解为应力均匀分布之义，即“势”乃应力。[②]此处可解释为绳、发承载千斤重物而不绝，是受力均等的原因。根据近现代物理学分析，此“势”和“审曲面势”一样蕴含应力之义。此后，北宋李诫《营造法式》记载：“凡构屋之制，皆以材为主……凡屋宇之高深，名物之短长，曲直举折之势，规矩绳墨之宜，皆以所用材之份，以为制度焉。”原文讲述建筑中选材定制的相关内容，提到“曲直举折之势”，该“势”指建筑材料因拉、压、扭等，产生不同形变（曲、直、

① 李志超．科技训诂一例——面势考．安徽大学学报（哲学社会科学版），1996（6）：22.

② 戴念祖，老亮．中国物理学史大系·力学史．长沙：湖南教育出版社，2000：386.

折）而表现出不同的应力特征。“势”在以上文例中的用法、含义相同，均蕴含材料“应力”或“应变能”之义。尽管古人对材料没有这种清晰明确的应力和应变能认识，但他们已经意识到材料形状的变化对器材功用的影响。或许这就是古人对“势”蕴含的应力和应变能的最原始的模糊认识。这些文例也说明在中国古代“势”没有一个明确的物理定义或概念，人们对其应用较为灵活多变。

严格讲，在宋朝以前，古人并没有“应力”意识，因此，人们对“势”的理解依然指蓄而待发之力，尚未具体到其所隐含的“应力”之义。此外，古人对“势”之力义的理解只是一种对客观事物的主观认识，并未上升到理性认知，更没有达到理论化、量化或赋予“势”一个具体的单位，如在材料力学或弹性力学中应力的单位为兆帕或帕。也就是说，古代“势”之力义，既不是一个无量纲的量，也不是一个有单位的量，而是一种观念或意识。

3. 用“势”描述与浮力相关的现象

古人在生活、生产实践中对浮力的观察非常仔细，而且认识也相对深刻，如《韩非子·功名》记有“千钧得船则浮，锱铢失船则沉，非千钧轻锱铢重也，有势之与无势也”。从字面讲，千斤的重物在船的承载下能浮于水面，而很微小的重物没有船的支撑则会沉入水底，这并非千斤重的物体轻而微小的物体重，而是有势与无势的原因。以现代力学视角看，此现象反映物体所受浮力与重力之和，即合力不同，其在水中的沉浮效果不同。此处表明，古人虽然没有明确的浮力概念和理论，却有浮力意识，他们依据经验总结出实用知识，并将“势”灵活地用来描述物体在水中受力的作用效果。

另见西汉刘安《淮南子·齐俗训》言：“夫竹之性浮，残以为牒，束而投之水则沉，失其体也；金之性沉，托之于舟上则浮，势有所支也。”此处讲，竹子本性易于漂浮，将其做成竹片并捆绑在一起投入水中，则会沉下去，是因为竹子失去了它的本性；金属本性易于下沉，用舟承载之，则会浮于水上，是“势”的作用，即浮力大于重力作用的效果。当然，在当时的历史背景下，人们不会有如此清晰的认识和概念，但他们懂得用“势”这个模糊的概念来描述力学现象。

又如唐代马总《意林》记载：“鸿毛一羽，在水而没者，无势也。黄金万钧，在舟而浮者，托舟之势也。”[①]“势”不单纯表现水之浮力，而反映物体所受重力与浮力之和的整体作用效果。明朝庄元臣《叔苴子内编·卷三》言：“水能浮千钧之舟，而不能浮锱铢之金，非千钧轻而锱铢重也，势也。”该“势”与《韩非

① 杨泉《物理论》. 引自唐代马总《意林》卷五（四部备要本）.

子·功名》所讲“有势与无势”及马总《意林》讲“托舟之势”意思相近，皆有重力与浮力之和的整体作用效果之义。

“势”不仅蕴含浮力之义，在不同的语境下，也表达浮力与重力之和的作用效果，而且古语有时表达较模糊或更具深层含义。如《孙子兵法·兵势》里记载：“激水之疾，至于漂石者，势也。”即湍急的流水能使石头漂浮于水上，是由于水的浮力和冲击力的作用。此处对“势”的理解不能单纯地认为就是“浮力”的作用，否则漂石在激水与静水中的效果相同。古人可能已认识到激水漂石是水的浮力和冲击力双重作用的结果，这种双重作用即为“势”。由此看来，古人应用“势”之力义更为广泛和灵活多样。

4. 用“势”描述星体间相互运动趋势

尽管古人用“势”描述星体间相互作用的现象不多，但在没有万有引力知识和速度概念的背景下，人们能认识到星体间运动趋势的存在，实属不易。如五代王朴云：“星之行也，近日而疾，远日而迟；去日极远，势尽而留。”[①]戴念祖等认为王朴在当时发现了行星视运动速度变化的实质。[②]原文谓，行星运动过程中，在靠近太阳运动时速度快，在远离太阳的运动中速度慢；当行星离开太阳非常远时，因行星的视运动速度消失而出现视觉上的“留”。随着天文学的发展，我们知道行星运动存在“留”的现象和逆行现象。“留”是一个瞬间，是行星视运动从顺行到逆行的转折点。[③]显然王朴在文中即是以地心说的宇宙观来解说星体的视运动及其出现的“留”现象。[④]尽管古人看问题的观点有些原本就是错的，不合现代科学知识，但在当时，或许人们的理解也有它的道理。尤其在没有天文望远镜的古代，人们用肉眼观察到行星运动存在“留”现象，并且认识到该现象是由于“势尽”即星体间视运动速度消失而产生的，我们不得不称赞古人的聪慧和对自然观察的仔细。王朴在此对“势”观念的认识转向宇宙空间，用于描述行星的运动趋势。可见该时期，人们对“势”观念的认识进一步深化，而且对其运用更加灵活。

统观古人对自然现象中与力学知识相关的描述和认识，可以看出，当时人们用“势”描述和表达的力学知识未达到理性知识水平。

① 《旧五代史·历志》

② 戴念祖，老亮 . 中国物理学史大系·力学史 . 长沙：湖南教育出版社，2000：386.

③ 曲安京 . 中国古代的行星运动理论 . 自然科学史研究，2006，25（1）：1-17.

④ 感谢张琪从天文学中五星运动的“留”现象对“势尽而留”的解读，给予我们指导。

二、古人用“势”描述与能量相关的自然现象

在传统文化中，古人不仅用“势”表达与力相关的自然现象，而且用其描述与能量相关的自然现象和知识。如《孙子兵法·兵势》曰：“故善战人之势，如转圆石于千仞之山者，势也。”原文“善战人之势”中“势”指形势、情势、气势；“如转圆石于千仞之山者，势也”之“势”乃指地势、地形高下，而地形高下所含位差，正是使圆石在高山上转动的原因。众所周知，有位差就有力、能量的作用，此处“势”所蕴含的位差乃“位置储蓄力”①“位能”②，即潜在的重力势能。尽管古人对“势”的认识没有“位置储蓄力、位能”等这些现代意义上的概念，但在生活、生产实践中，他们对势的作用效果已有所认知，并意识到其所蕴含的能量及趋势。

又如《考工记·匠人为沟洫》云：“凡沟必因水势，防必因地势，善沟者，水漱之；善防者，水淫之。”文中的“水势”即水流动的趋势或趋向；“地势”即地形高下。此“水势”蕴含水的动能、动量；“地形高下”隐含重力势能之义。尽管古人没有动能、动量、重力势能等这些物理概念，但人们在对生活经验的总结中，已意识到因地制宜的重要性，例如根据水流的趋势、趋向或地形的高下，即水流的动能、动量或因地形高下而产生的重力势能来治理河道。

另见西汉刘向所撰《列仙传·师门》记载：“师门使火，赫炎其势。”此处描述古人对“火势”的一种认识，反映“势”蕴含一种强大的、不可抗拒的能量。而这种“势”不仅仅反映一种不可抗拒之力，更蕴含有强大的能量之义。这是“势”观念的进一步延伸，也是古人对“势”的深层认识。

尔后，徐干《中论·贵言》讲道：“故大禹善治水，而君子善导人；导人必因其性，治水必因其势；是以功无败而言无弃也。”徐干讲大禹善于治理水患，而君子善于教导人；教导人一定要根据他的性格，因材施教，治理水患也一样要遵循水势即水的动量或总能量（内能、动能与重力势能之和）。进一步讲，“流体总能量”和“动量”是近现代流体力学中的术语，当时人们根本没有这种意识，更没有这些概念，仅仅有对自然界水流现象的感性认知。在这里徐干要表达的就是古人“顺其自然”的一种思想，只是他采用自然界客观存在的水流趋势——流体总能量或动量，来具体形象地传达这种信息或思想。

另外，沈括《梦溪笔谈·高超合龙》记载：“超谓之曰：‘第一埽水信未断，

---

① 饭盛挺造《物理学》.

② 张含英《水力学》.

然势必杀半。压第二埽，止用半力，水纵未断，不过小漏耳。第三节乃平地施工，足以尽人力。’”李群注释为“高超回答说：‘第一埽固然没有堵住水，但水势必然减半。到压第二埽的时候，只要用一半的力，即使水流还没有断，不过是小漏罢了。到压第三埽的时候，是平地施工，可以充分使用人力。’”[①]李群在这里将“势必杀半”之“势”解释为“水势”。根据句子语境此解未为不可，从近现代物理学视角看，此处以水的“动能”或“重力势能”来理解更为恰当。且此“水势”与《中论·贵言》和《考工记·匠人为沟洫》中“水势”类同，可见，随着历史的发展，“势”的概念逐渐丰富起来，并逐代传承下来。

对于“水势”的记载，另见王祯在《农学·农器图谱集之十四》中对水碓的记述：“凡在流水岸傍，俱可设置（机碓），须度水势高下为之。”王祯讲水碓的设置位置需要考虑“水势高下”，即需考虑水位高低或水流能量大小。水位高低不同产生的动能、势能均存在差异。同时，水位的高下还蕴含有位能之义，亦即现在所讲的“重力势能”。因此，此处“水势”可理解为“水的动能”或“位能、重力势能”。当然，这些都是我们用现代流体力学术语对其解释，元代时期人们并没有这些概念，只是对“势”所蕴含的不可抗拒之力的能量有模糊的理解或认识。此外，《农学》言“势”旨在说明设置“水动力”机械时，要充分考虑“水势”高下；这里反映出人们当时出现很大的意识转变，即古人由先前的防治水患转而认识并开始利用“水势”。可见，随着古人生活、生产实践知识的增加，“势”字也逐步引申出含有能量之义的多种抽象概念。

三、古人广泛用“势”描述多种客观存在

中国古人在有限的环境内应对各种与力相关的经验和知识时，把“势”的概念进行了扩展和升华。其一是把各种不甚明晰的认识如弹力、浮力、引力、重力、动量等统一用“势”来表达；其二是把因各种力而引起的蕴含能量及变化趋向的现象也统一用“势”来描述。另外，古人也常用“势”描述一些不可改变的客观形势或不可逆转的趋势。

1. 用“势”描述“情势、形势、条件”等现象

古人用“势”描述情势、形势、局势、条件、作用点、要害等现象的事例很多，在此我们以经典文献中常见的记载为基础，考察“势”含义的多样性。如《荀子·子道》言：“孔子曰：‘……虽有国士之力，不能自举其身，非无力

① 李群.《梦溪笔谈》选读（自然科学部分）. 北京：科学出版社，1975：33-34.

也，势不可也。'”孔子说，一个人即使拥有全国闻名的大力士的力气也不能举起自己，并不是他的力量不足，而是情势或条件不利的原因。此处“势”与“力”同时出现，说明在某些情况下，古人对这两个字的意义、用法或掌握分得很清楚。又如《韩非子·观行》曰：“故势有不可得，事有不可成。故乌获轻千钧而重其身，非其身重于千钧也，势不便也；离朱易百步而难眉睫，非百步近而眉睫远也，道不可也。……因可势，求易道，故用力寡而功名立。”乌获能举千斤而举不起自己，不是他自身比千斤重，而是形势不利或不方便。邹大海将《韩非子·观行》“势不可”和“势不便”两处“势”均理解为条件、形势、局势。同时，他认为战国时期人们没有用“势”的概念去解释“不能自举其身”这个困惑问题，而是把该问题作为案例来说明即使一个有能耐的人也需要依靠他人的协助才能体现自己的能力或才能。此外，邹大海还讲道，当中国古人遇到没有人能自己举起自己这样的疑惑时，人们引入一个模糊概念“势”来解释力所产生的不同效应，即力的效果依赖于“势”这个条件是否便利。目前，我们在有限的文献古籍中尚未找到清晰的描述来说明“势”如何影响“力的效果”，因此，在物理或工程现象中“势”比“力”更难给出定义。从以上文例不难发现，正是“势”没有明确的定义，方使人们更广泛灵活地用其来表达“力”所不能及的含义。且以当今视角来看，这两处“势”的确没有力的含义，乃指形势、情势、条件。

另外，《孙子兵法·兵势》记载“势如张弩，节如机发”。其中“张”指张满，“势如张弩”形容当前的局势如拉满的弓弩一样一触即发，有开弓没有回头箭之急迫。《淮南子·主术训》有言：“故得势之利者，所持甚小，其存甚大；所守甚约，所制甚广。是故十围之木，持千钧之屋；五寸之键，制开阖之门。岂其材巨小足哉，所居要也。”此处“得势”即“居要”，指材、力作用在关键点上。根据语境和作者要表达的意思可知，该“势”蕴含“作用点、要害”等义。

2. 用“势”描述“权势、威势”等现象

此外，古人还常用“势”表达政治中的“权势、威势”等含义，譬如《韩非子·人主》言：“夫马之所以能任重引车致远道者，以筋力也。万乘之主、千乘之君所以制天下而征诸侯者，以其威势也。威势者，人主之筋力也。今大臣得威，左右擅势，是人主失力。人主失力而能有国者，千无一人。”此处“威势”乃权威、权势、势力。韩非子将抽象的“威势”比喻为具体而形象的“筋力”，充分体现战国时期人们对“势”与“力”关系的认识和运用，此时“势”的观念较之先前不同，不仅蕴含“人力、浮力、重力、应力”等自然现象之力，而且逐渐丰富起来，并被人们用于政治、社会中。

3. 用“水势”描写水中盐的浓度

我们在前文中已了解到，古人常用“水势”表达流体动力、动量、能量等含义，然而随着人们实践知识的增加，其认知和思维能力也见长，由此对“水势”的认识也逐渐丰富。如宋代姚宽《西溪丛语》记载：“元丰初，卢秉提点两浙刑狱，会朝廷议盐法。秉谓自钱塘县杨村场，上流接睦、歙等州，与越州钱清场等水势稍淡，以六分为额；杨村下接仁和县汤村，为七分；盐官场为八分；并海而东，为越州余姚县石堰场、明州慈溪县鸣鹤场，皆九分；至岱山、昌国，又东南为温州双穟、南天富、北天富十分，著为定数。”戴念祖等将此“水势”理解为“水溶液中盐的浓度”。[①] 通过对整段话的理解，可以看出姚宽的确在讲水的含盐量问题，即水盐比例问题。姚宽能在前人对“水势”的理解基础上，将其用于新的方面的确不易。同时说明，该时期人们对“势”概念的认识更深入细微，也表明人们对“势”观念的认识与实际生活、生产实践密切相关。

4. 用“地势”描写地形高下

古人对“地势”的认识更早也更深刻，如《象》曰：“地势坤，君子以厚德载物”，尔后人们将“地势”多用于描述地形高下。譬如北宋沈括《梦溪笔谈·测量汴渠》言：“地势，京师之地比泗州凡高十九丈四尺八寸六分。……验量地势，用水平、望尺、干尺量之，不能无小差。……乃量堰之上下水面，相高下之数会之，乃得地势高下之实。”沈括将“地势”指地形高下，并讲述如何测量“地势”，即两地高度差。与《考工记·匠人为沟洫》中“防必因地势”之“地势”相近而又不同。沈括讲“地势”乃地形高低，而《考工记》讲“地势”除此义外，还隐含“力”或“位能差”之义。可见，不同时期，人们对“地势”一词的含义进行了选择性的继承和应用。

5. 用“势”描写不可逆转的客观趋势

自古以来，“势必”表达不可逆转趋势的用法从未停止，而且该词在今天已成为人们的日常用语。接下来我们看古人是如何用“势”描述不可逆转的情形。《战国策·范雎至秦》言：“五帝之圣而死，三王之仁而死，五伯之贤而死，乌获之力而死，奔、育之勇焉而死。死者，人之所必不免也，处必然之势。可以少有补于秦，此臣之所大愿也，臣何患乎？”范雎以“死者，人之所必不免也，处必

---

① 戴念祖，老亮．中国物理学史大系·力学史．长沙：湖南教育出版社，2000：386.

然之势”来述说圣人先贤依然无法避免死亡这样的生命规律，从而表达自己对秦国的忠贞和为国家利益不畏牺牲的精神。古人用“势”表述生死自然规律，足以凸显“势”所反映的不可逆转的客观趋势。另见，西汉刘安在《淮南子·原道训》中记载：“圆者常转，窾者主浮，自然之势也。”此处“势”乃指自然界中事物的一种本性。具体到“圆转、窾浮”则分别隐含“重力、浮力”倾向。这两处，古人用“势”来描述自然界中这种自然而然的不可逆转趋向，以此反映自然规律的客观性和必然性。

第三节 “势”在其他领域中的含义及其变化

随着历史文化的发展，“势”由其本义潜在的“人力、劳力”或“自然之力”以及所隐含“能量”等义，逐渐引申到军事、政治、书法、绘画、文学、算术等领域中，并被赋予更加丰富的含义。兵家学说赋予“势”以“形势”“态势”之义；法家思想赋予“势”观念以“权力、权势”之义；书法中常以“势”描述书法体制和笔法；绘画论之“势”除含笔墨骨趣之义外，主要指画面结构布局之义；文学之“势”中的“定势”和王夫之“诗势”也深受文人学者们的关注，并有较为深入的研究。下面我们分别从不同领域对“势”含义的延伸进行简要分析。

一、兵家之“势”

通过何炳棣先生的研究，我们可以看出：《孙子兵法》成书要早于《论语》《墨子》《列子》《孟子》。由此看来，兵家之“势”要先于法家、书画、文学之“势”。

春秋末期，军事家孙武在《孙子兵法·兵势》中讲道：“激水之疾，至于漂石者，势也……故善战者，其势险……”孙武在此认为石头能在湍急的流水中漂浮，是湍流中水的浮力和冲击力使然……因此，善于作战的人，其兵力也神速、奇特。此后战国时期，军事家孙膑用兵以“贵势”著称。《孙膑兵法·势备》言：“黄帝作剑，以陈（阵）象之。笄（羿）作弓弩，以埶（势）象之。禹作舟车，以变象之。汤、武作长兵，以权象之。凡此四者，兵之用也。……何以知弓弩之为势也？发于肩膺之间，杀人百步之外，不识其所道至。”孙膑以剑、弓弩、舟车、长兵所积蓄之力，来说明阵、势、变、权四者在军事上的重要作用。而且以“弓弩”能“杀人百步之外，不识其所道至”所蓄之强大力量，来突出强调兵贵在“势”。由此看来，自古人们习惯以简单、具体的事物解释复杂、抽象的概念。正如孙武用“水”，孙膑用“弓弩”，来解释“兵势”，赋予“势”字表示事物客观存在且不可抗拒之力的“形势”“态势”之义。

春秋战国时期，“势”潜在的力义被引申为军事家的“兵势”，这与当时社会形态的发展变化分不开。春秋战国时期，是中国历史上社会政局变化最为剧烈的时期之一，而历史变迁投影于人们对事物的认识，使殷商时期的“帝”或“上帝”[①]观念和周朝的“天命观”被质疑，人们开始意识到“自身作用”，在社会活动中人的作用加强。因此，春秋战国时期，人们的自然观——“天人”关系——产生了变化，由重“上帝、神”和“天命”转向了重“人事”轻“天命”。最终，人的力量在历史运动中的地位得到肯定，这种“人的力量”投射在军事即“兵力”或“兵势”上，形成了独立于“天命”、表示事物客观且不可抗拒之力的“势”观念，即“形势”“态势”“兵势”。

二、法家之“势”

春秋战国时期，“势”除其蕴含的本义“自然之力”和引申义“形势”“态势”“兵势”之外，还被引用到政治中，表示“权力”“权势”“势位”等含义，且这层含义常见于法家之“势”论。

较早从政治角度注重“势”的，当数慎到。《慎子·威德》曰：“由此观之，贤不足以服不肖，而势位足以屈贤矣。”我们可以看出，慎到认为有道德、有才能的人并不能使不贤之人服从，但权势地位却可以使贤能之人屈服。由此看来，慎到比较重视君主在政治中的“权势、地位”，这样才能屈贤服众。法家思想的集大成者韩非子，在《韩非子·功名》中讲道：“夫有材而无势，虽贤不能制不肖。”他也赞同慎到的观点，此外韩非子在其“法、术、势”思想体系中，主张的核心思想就是“势”，即权力、权势，认为“势”是“法”和“术”的出发点和归宿；“法”构建的是“威严之势”；“术”构建的是“聪明之势”。[②]又见《韩非子·八经》云：“君执柄以处势，故令行禁止。柄者，杀生之制也；势者，胜众之资也。”这里，韩非子认为君主掌控权柄而且占据势位，所以能够令必行、禁必止；权柄是决定生杀的规章制度，势位是拥有超过众人的资本或力量。根据

① 陈美东．简明中国科学技术史话．北京：中国青年出版社，2009：60.

② 檀莉．论韩非子“势”的政治思想．理论探索，2004（1）：85.

句子语境，我们同样可以判断出“处势”和“势者，胜众之资也”的“势”即“权势”“势位”。

此外，《韩非子·难势》又言：“夫势者，名一而变无数者也。势必于自然，则无为言于势矣。吾所为言势者，言人之所设也。夫尧、舜生而在上位，虽有十桀、纣不能乱者，则势治也；桀、纣亦生而在上位，虽有十尧、舜而亦不能治者，则势乱也。故曰：‘势治者则不可乱，而势乱者则不可治也。’此自然之势也，非人之所得而设也。”由“夫势者，名一而变无数者也”可以看出，韩非子之“势”并非一成不变，而是具有动态、变化性。他还将“势”分为“自然之势”和“人之所得而设势”[①]，即“设势”或“造势”。同时韩非子继承了慎到的“势治”思想，强调君主的权势为治国之本。

三、书画之“势”

“势”的思想是一脉相承的。自先秦以来，“势”乃中国古代政治、社会、军事、哲学领域的重要范畴；在汉代，其概念逐渐发展为一个文学艺术范畴，并从书法和绘画开始。如汉代书法家蔡邕《隶势》曰：“鸟迹之变，乃惟佐隶，蠲彼繁文，从兹简易。修短相副，异体同势。”东晋顾恺之《画评》言：“画孙武，寻其置陈布势，是达画之变者。”他们分别从不同领域和角度提出了“体、势”和“布势”之说。

书法中的“势”有整体和局部之分，整体即布局；局部就是可以具体到某个字、某一笔的运力笔锋走向，即笔触飞动之骨力。书法对于“势”的追求，主要是“书势”和“笔势”[②]，其中“书势”是对书法造型的整体把握，即追求笔墨的起承转合，讲究气脉连贯、首尾呼应、整体布势；“笔势”则是点、线和笔画之间的组合，探讨书法造型的规范和法度。萧何《论书势》讲道：“夫书势法犹如登阵，变通并在腕前，文武遗于笔下，出没须有倚伏，开阖藉于阴阳。每欲书字，喻如下营，稳思审之，方可下笔。且笔者，心也；墨者，手也；书者，意也。依此行之，自然妙矣。”萧何将书法之“势”喻为用兵之“势”，讲求布阵设局；并讲求书法家“心”“手”“笔”“意”四者合一，达到一种“思行合一”、水到渠成的完美结合，从而表现出一种自然势之美，这也体现了古人的类比思维模式。同时，萧何讲书法中“势”还表现了一种阴阳结合的刚柔之势，在抑扬顿挫

① 孙非．中国古典文论论“势”．山东商业职业技术学院学报，2009（4）：96.
② 孙非．中国古典文论论“势”．山东商业职业技术学院学报，2009（4）：96.

和笔锋转折之间把“势”表现得相当完美[①]，实现动中有静、静中有动、刚柔并济的和谐之美。

书画同源，从基础技法看，中国画讲究用线造型，古人常用“力透纸背”“锥划沙”“屋漏痕”来强调用笔，体现一种力度，即形成势的力量；同时，还讲究用皴、擦、点、染来把握画面的势。[②]那么，画家和理论家眼中的“势”究竟有哪些意蕴？我们可以从历代画论家的笔墨中略知一二。顾恺之《画云台山记》云：“东邻向者峙峭峰，西连西向之丹崖，下据绝磵。画丹崖临涧上，当使赫巘隆崇，画险绝之势。”此“势”乃指山脉的蜿蜒起伏及山石的峭拔险峻之状，含有物象之形的含义。明代顾凝远提出：“凡势欲左行者必先用意于右，势欲右行者必先用意于左，或上者势欲下垂，或下者势欲上耸，俱不可以本位径情一往，苟无根柢，安可生发。”[③]该画论中，这种欲左先右、欲右先左所产生的反差和冲突，反映出画面中一种力的倾向性和主导性，而这正是画论之“造势”或“取势”。画中取势正如乐团指挥在一个“激昂”的音符之前总要“顿一下”做出“蓄而待发之态”，而后“振臂一挥”使整个乐队的激情骤起，带动起全场的活跃气氛，在这欲动先静的冲突和反差中彰显出音乐的气势，而画中笔势的欲左先右、欲右先左的用意取向与音乐中的动静之势恰有异曲同工之妙。

另外，画论之“势”还指画面艺术效果的总体呈现。如冯起震采用留白技法所作的《雪竹图》（图 2-1），使竹枝与地面积雪呈现厚重之感。有学者认为画中雪竹昂首挺拔，体现了竹子宁折不弯的气节和境界。在这幅《雪竹图》中，除那棵娇小、微垂的竹子真正彰显了竹子在冰天雪地中那股坚韧的气势之外，其余几棵竹子画得都有些失真，不过，或许这失真正是冯起震内心的一种折射，与他在《晴竹图》（图 2-2）中的断竹一起凸显出他那顶天立地的圆浑挺劲之气势。无论是《雪竹图》还是《晴竹图》，创作者通过整幅画中的对比、反差表达竹子的倔强与挺拔、柔韧与刚健之美和一种顽强生命力之势，而这恰是“势”在画面艺术效果的总体呈现，也是“势”内涵和外延的扩展和深化。由此可见，画中“势”的意蕴，主要在于“咫尺万里”的审美张力、曲折回环的蕴蓄感和超越于笔墨之外的力度感及穿透力。

---

① 顾恺之 . 画评 // 沈子丞 . 历代论画名著汇编 . 北京：文物出版社，1982.

② 王景艳 . 浅议中国画的用笔与取势 . 大舞台，2011（5）：112.

③ 顾凝远．画引 // 王伯敏，任道斌．画学集成（明—清）．石家庄：河北美术出版社，2002：289.

图 2-1 雪竹图

图 2-2 晴竹图

四、文学之“势”

魏晋时期，势的观念逐渐丰富起来，受书法绘画等审美艺术领域论势的影响，势观念在文学领域也渐渐兴盛。宏观上讲，文学评论之“势”源于魏晋南北朝，发展于唐五代，而兴盛于明清之际。且当代文人学者对“势”的研究也大致与此一致。从 20 世纪上半期到 80 年代，人们一直倾心于《文心雕龙·定势》之“势”研究，直到 80 年代末 90 年代初，才有少数学者将研究视点转向唐、清时期。而且此时人们对王夫之的学术思想研究也由先前的政治、哲学和史学转向对其诗学思想的研究。

在文学批评中开始专门论“势”，首推南朝刘勰，其著作《文心雕龙·定势》言：“夫情致异区，文变殊术，莫不因情立体，即体成势也。势者，乘利而为制也。如机发矢直，涧曲湍回，自然之趣也。圆者规体，其势也自转；方者矩形，其势也自安：文章体势，如斯而已。”刘勰在此提出“因情立体，即体成势”的文论观点，认为文势是由文体决定的，即不同的文体所成之势不同。不过，我们从“情致异区”“因情立体”“即体成势”可以看出情乃势之动力源。同时，刘勰从“弩机”“水流”“方”“圆”的“自然之势”引申到“文势”，将“势”的具体、形象之义借用于抽象的“文体之势”，来阐述文学中思想感情的脉络和趋向。可见，刘勰文论之“势”并非文本中出现的“势”字，乃是指作者思想、感情随文章脉络结构的自然流淌，即文体的一种思想、感情的自然倾向。

文学之“势”蕴含多个层面，它既是表达意蕴的艺术技巧，又是艺术的审美境界。[①] 刘勰《文心雕龙·定势》之“势”主要是一种感情的表现方式；而王昌龄的“十七势”、释齐己的“诗有十势”讲的则是一种诗词的表意方式。唐代诗词中对“势”的讨论由魏晋时期的整体探讨转向结构理论的探究，基本集中于各种诗格著作中诗法的形式技巧，及具体到对字、词、句、篇章结构的探讨。王昌龄云：“诗有学古今势一十七种，具列如后。第一，直把入作势；第二，都商量入作势；第三，直树一句，第二句入作势；第四，直树两句，第三句入作势；第五，直树三句，第四句入作势；第六，比兴入作势；第七，谜比势；第八，下句拂上句势；第九，感兴势；第十，含思落句势；第十一，相分明势；第十二，一句中分势；第十三，一句直比势；第十四，生杀回薄势；第十五，理入景势；第十六，景入理势；第十七，心期落句势。”[②] 王昌龄总结了十七种作诗方法，并大致分为诗歌的开头与结尾、诗中情与景的关系、上下句的关系、一句的结构与作法、句中修辞的运用等五个方面。其中前两个方面可称为“章法”或“篇法”，后三个方面都属于“句法”。[③] 可见，王氏的“势”论讲述诗歌创作中一些极为具体的章法和句法，这和刘勰的体势论明显不同。

明清文学势论在继承前代的基础上，逐渐转向哲理思索的发展，尤其以王夫之为代表，且可以说他乃是古代势论的集大成者。[④] 王夫之评卢象《永城使风》曰：“笔端但有留势。非二谢操觚之才，无宁章短而意直。”他认为势在诗中的体现，不应是一览无余的奔进冲荡，而应有峰回路转的曲折蕴蓄之力，在诗尾处留有回旋感[⑤]，从而产生一种艺术张力，即创作者通过“空缺”而造成的“有余”之势。此外，当前诗学界对王夫之“诗势”的观点，主要表现在两方面：①文学审美中的“神韵说”；②抒情诗歌的动态结构说。[⑥] 如许山河认为“势”是一种与“神韵说”相近的文艺观，就是神理；叶朗认为“势”是艺术审美表现的客观规律性；而张兵则认为“势”是诗歌的动态结构，既有动态性，又有合规律性，“取势”即营造诗歌的结构，创造诗歌的意境。[⑦] 同时，王船山在《姜斋诗话》卷

---

① 孙非．中国古典文论论“势”．山东商业职业技术学院学报，2009（4）：95-97.

② 张伯伟．全唐五代诗格汇考．南京：凤凰出版社，2002.

③ 李江峰．唐五代诗格中的体、势诸范畴．山西师大学报（社会科学版），2012（2）：74.

④ 孙开花．论文学之势．济南：山东师范大学硕士学位论文，2004：25.

⑤ 王夫之．船山全书（十四）．长沙：岳麓书社，1996：942.

⑥ 彭巧燕．论王夫之诗学研究术语中的“意”与“势”// 2008 年湖南省船山学研讨会船山研究论文集，2008：92-95.

⑦ 张兵．王夫之诗论摭谈．苏州大学学报（哲学社会科学版），1996（1）：60-64.

二《夕堂永日绪论内编》中讲道："把定一题、一人、一事、一物，于其上求形模，求比似，求词采，求故实，如钝斧子劈栎柞，皮屑纷霏，何尝动得一丝纹理？以意为主，势次之。势者，意中之神理也。唯谢康乐为能取势，宛转屈伸以求尽其意，意已尽则止，殆无剩语；夭矫连蜷，烟云缭绕，乃真龙，非画龙也。"王氏在此提出"取势"的观点，他要求艺术形象具有巨大的表现力和感染力，有言外之意和象外之旨，如同朱光潜所说的"在刹那中见终古，在微尘中显大千，在有限中寓无限"。[①]

综观文人学士们对"势"的认识，无论集中于"体势""诗势"，还是"神韵说""动态结构说"，其实诗文中"势"之意境均是创作者思想、感情寄予文字的外在表现趋向，并因此而感染读者，使读者在这种"势"的影响下，与创作者产生共鸣，然而不同读者对诗文中思想情感的理解体会也各有差异，因而对"势"的把握也各有千秋。

此外，通过前文对书画和文学中"势"的探讨，可以看出，我们欣赏书画，还是文学作品，都会遇到让我们眼前一亮的那一笔、一画或一字、一句，而这些正是书法和文学"势"之所在，也是创作者所要达到的预期效果。因此，书画和文学之"势"便是能触动我们灵魂深处的那一笔、一画、一字、一句，能引起我们的共鸣，并唤起我们无限遐想的丰富意象。

五、古代算术之"势"

在秦汉时期，"势"的观念不仅用于军事、政治、社会领域，而且最晚在东汉成书的《九章算术》中也多处用到"势"字，尔后，刘徽注文中就有九见，李淳风注文两见。[②]当今，杜石然率先提出该书中的"势"字含义，主张"高"的意思，该观点被后来的部分学者所接受。另见祖暅原理（刘祖原理）："夫叠棊（棋）成立积，缘幂势既同，则积不容异。"[③]又名"等幂等积定理"，如果将"势"字解释为"高度"，其意义是：所有等高处横截面积相等的两个同高立体，其体积也必然相等。[④]也有学者从数学史的角度看，认为"势"字在秦汉至南北

---

① 朱光潜 . 诗论 . 桂林：广西师范大学出版社，2004：35.

② 白尚恕 . 中国数学史研究——白尚恕文集：《九章算术》中"势"字条析 . 北京：北京师范大学出版社，2008：142-152.

③ 《九章算术》卷四 .

④ 感谢罗见今教授帮助解读"祖暅原理"中的这句话，并帮忙把关"势"在中国古代数学中的含义分析。

朝时期表示一种比率、分数值、关系（比例关系、正负关系）。[①] 按比例关系来理解“势”字时，相比较的两个物体的体积之比，就不仅包括1∶1，也包括某种比例，祖暅原理的内容就更加宽泛。如白尚恕和刘洁民分别对古代算术中的“势”进行了不同层次的研究。

白尚恕在《〈九章算术〉中“势”字条析》一文中，对“势”字在数学中的语境及其词性进行了详细分析，得出“势”字在秦汉时期的数学含义为“率、比率”“值、分数值”“关系”。例如，对于“句股章句股容方术下”，刘徽注称：“幂图方在句中，则方之两廉各自成小句股，而其相与之势不失本率也。”白先生解释“相与之势”应是相与之率，实即比率，那么此处“势”显然是一名词，应理解为率或值。又如“方田章合分术下”，刘徽注称：“凡母互乘子谓之齐，群母相乘谓之同。同者，相与通同共一母也。齐者，子与母齐，势不可失本数也。”白尚恕认为“本数”即是通分前之分数；“失”是得之反义词，“不可失”即等于，那么该句“势”字当是一名词，又因“相与之势不失本率”与“势不可失本数”相类，前一“势”是一名词，后一“势”也当是一名词，因此，后一“势”字应理解为“分数值”。另见“商功章阳马术下”，刘徽注称：“是为别种而方者率居三，通其体而方者率居一。虽方随棊改，而故有常然之势也。”李迪在《刘徽的数学思想》[②]一文中对其解释为，别种立方与通其体立方恒有3∶1之关系，纵然方随棊改，恒有这种关系或这种比率。白尚恕认为，按照李迪所释，“常然之势”之“势”，应理解为“关系”，或理解为“比率”。对于“少广章开立圆术下”，李淳风注称：“夫叠棊成立积，缘幂势既同，则积不容异。由此观之，规之外三棊旁蹙为一，即一阳马也。”白尚恕解释为：把截开之棊叠置成立体，在两立体中，若处处横截面面积之关系相同，则两立体体积间之关系不可不同。根据这一原理可知，外三棊集成之立体，其体积等于倒立阳马之体积。同时，白先生通过作图计算得出：“幂势既同”之“势”字应理解为关系，“幂”字应理解为截面面积，“幂势”则应理解为截面面积间之关系。“缘幂势既同，则积不容异”应是：在两立体中，若对应截面面积间之关系相同，则其体积之间必有同一关系。此外，白尚恕同样赞成杜石然的观点，并解释“幂势既同，则积不容异”为：等高处之截面面积既然恒相等，则二立体之体积不容不等。同时，他又提出：在刘徽注文中，涉及“势”字虽有九处，但是根据刘注所论内容及其上下文进行分析，并无

① 刘洁民．“势”的含义与刘祖原理．北京师范大学学报（自然科学版），1988（1）：81-88.

② 李迪．刘徽的数学思想 // 自然科学史研究所数学史组．科技史文集（八）．数学史专辑．上海：上海科学技术出版社，1982：67-78.

一处能释“势”为高。另外，他认为“开立圆术下”李淳风注引祖暅之说“不问高卑，势皆然也”。其中“高卑”即指截高而言，而“势”字绝非指高。因而可证此处所用之“势”字，祖暅之原意并非指高。最后，白尚恕对“势”字做总结时，认为我国原无“势”字，大约至春秋战国时代才由“埶”字逐渐形成“势”字。从春秋迄隋唐，古籍中多处用到“势”字，然而尚未发现以“高”释“势”之处。他的这种观点尚需继续探讨，因为在前面我们已经讨论过“势”之“地形高下”义，这一解释能否支持以“高”释“势”，仍值得继续研究。

刘洁民在《“势”的含义与刘祖原理》①一文中，首先对“势”字本义进行简要溯源；其次通过经典例证探讨“势”如何由生活语言演变为古代算术名词，并对刘徽、李淳风所注《九章算术》中的“势”字进行概述，得出与白尚恕相同的结论，即“势”可释为数值、比率和关系；然后对刘祖原理中的“势”进行仔细探讨，指出前人将原理中的“势”理解为高存在的 3 点不妥，并旁征博引得出刘祖原理中的“势”只能理解为“关系”。

通过“势”在古代算术中的运用，可以看出语言的发展存在一定的历史继承性和相对稳定性。另外，我们对术语、概念的理解也不能离开其产生的特定语境，否则会毫无意义。

第四节 小　　结

“势”是一个运用广泛的多义字，从古至今，人们认为它不可或缺，但又无法给出其整齐划一的确切含义。从上文关于“势”的各种解说可以看出：“势”在自然界中蕴含着改变事物的一种潜在动力或持续作用的一种助推力，由此引申到人们的社会生活中，演变为对事态产生加速、阻遏或改变行进方向等作用；另外，“势”在军事、政治、社会生活等领域又代表事态正在发生改变的过程。

“势”由一种单纯的生活语言逐渐演化为关涉文史哲等多学科的抽象含义，有其独特的东方文化传统。这种文化传统体现在两方面。首先，其有历史继承性，本书通过对“势”字形、含义探源及梳理其演化过程，发现“势”含义的发展变化像一个倒立的金字塔，由其最原始的种植之力义，逐渐引申到社会、军事、政治、艺术、文学、数学和物理等各领域中，其衍生含义包罗万象，而且指

① 刘洁民．“势”的含义与刘祖原理．北京师范大学学报（自然科学版），1988（1）：81-88.

代关系愈加丰富。综其所指，均表述各自领域的要害或关键之处，特别是很多寓意关涉外力或由此衍生出的能量范畴，比较多家著述可见其历史继承性较明显。当然这种历史继承性本身也是中国古代汉语语义相对稳定性的表现，相近的语言环境会造成相近的语言习惯，“势”作为一个力学术语也不例外。其次，中国古人善于用“势”，从而将很多无法描述或解释清楚的现象用“势”来说明，从现代自然科学知识的发生及认知规律上来看，这也许多少阻碍了人们探究事物本原的动力。

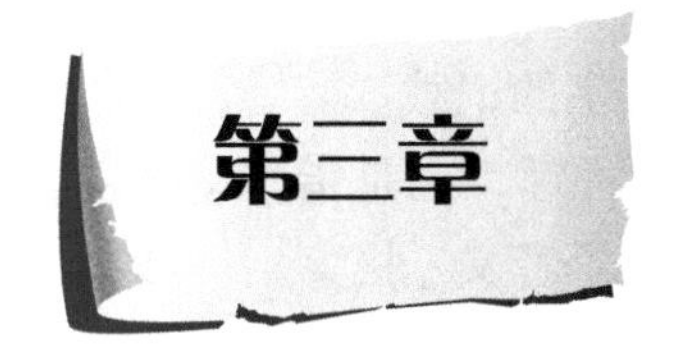

第三章 中国古代对杠杆的直觉经验和实践认知

古人在生产生活中逐渐形成了对于杠杆知识的初步认识与特有表述，并且随着人们对原始杠杆工具的使用以及对其认识的不断加深，各种杠杆工具相继在我国古代手工业和工程建筑等领域中出现。许多古籍对传统杠杆知识的应用有记载，诸如《墨经》《庄子》《汉书》《说苑》《天工开物》等文献中都有关于杠杆知识的详细记载。形而上者谓之道，形而下者谓之器。我国古代杠杆知识是否像其他传统知识一样形成独特的体系？是否存在清晰的发展主线？如果有，那么古代杠杆知识的传承脉络究竟是怎样的？在杠杆发展的过程中，古人是如何认识杠杆知识的，是否存在形而上与形而下平行的发展方式？除了一些被人们所熟知的社会因素以外，是否存在一些独特的因素，使得杠杆知识独特发展？杠杆知识与我国传统力学知识有多少关联性，能否为力学知识重构带来一些新的思路？本章通过梳理我国古代各种杠杆工具在社会生产生活中的应用，试图厘清传统杠杆知识的发展脉络和特点，以期通过我们粗浅的分析，对传统杠杆知识与传统力学知识的相互作用得到一些启示。

第一节 早期对杠杆知识的直觉认知与经验表述

从我国最早对杠杆的文字记载中可以找寻到一些先民对其认识的踪迹。从早期的《周礼》到后期的《墨经》等文献都可以看到有关杠杆的记载。这些文字记载涉及方方面面，从不同角度对杠杆加以诠释，也说明对杠杆的认识已经进入了经验性认识的领域。

早期有关“权、衡、机、枢、桥”等杠杆文字的记载。

“权”在古代人民日常生活应用中，一是指秤锤，二是指移动秤锤，亦即移动秤锤在秤杆上的位置。陆德明《经典释文·庄子音义·胠箧》：“权衡”。注云：“权，秤锤；衡，秤衡也。”权指秤锤。

“衡”就是一条横木。《墨子·备城门》：“郭门在外，为衡，以两木当门”。《诗·陈风·衡门》：“衡门之下”。朱熹《诗集传》说：“衡门，横木为门也。”就是说衡原义为横木。横木可为杠杆。古代称物的天平，杠杆用横木，因此称天平为衡是有一定依据的。①

古人称支点为枢，所以与“中枢”“枢纽”等词语联系使用。移动杠杆，古人称为机。《庄子》又曰：“其发若机括。”弩，《说文》：“弓有臂者。”《楚辞·哀时命》：“外迫胁于机臂兮。”王逸注：“机臂，弩身也。”

杠杆还有支点在两头，着力点在中央的，古人称为桥。桥在古代指用横木行走，故曰：徒杠，亦曰桥梁。《孟子》有云：“十一月徒杠成。”《诗·大雅·大明》曰：“造舟为梁。”孙炎曰：“造舟，比舟为梁也。”比舟于水，加板于上，今浮桥也。《墨子·备城门》曰：“断城以板桥。”《墨子间诂》曰：“连板为桥，架之城堑，以便往来。”桔槔用木，桥亦用木。两者俱为杠杆。故桔槔又称为桥。《说苑·反质》：“为机重其后，轻其前，命曰桥。”桥或为桔槔二字的合声。桥是架在河道两旁的。两岸是支点，人行走处是桥上的着力点。但杠杆也有架在人的两肩的。肩舆的功用在力学意义上和桥梁类似，所以古时也可称为桥。②

周文王为了笼络天下民心，采取了敬天保民的政治思想，在经济制度和政治文化上都比商朝有了很大的进步。《尚书》作为我国最早的一部史书，真实地记载了有关西周的政治思想，如：

> 徽柔懿恭，怀保小民，惠鲜鳏寡。
>
> 继自今文子文孙，其勿误于庶狱庶慎，惟（唯）正是义之。

周天子认为庶民是天生的，自己是上天派下来统治庶民的，如果天子荒淫无度就会受到上天的惩罚。周朝为了吸取商朝的教训，采取了厚民的政策，对于

---

① 刘操南 . 释“权、衡、机、枢、桥”. 东岳论丛，1982（2）：109-112.

② 刘操南 . 释“权、衡、机、枢、桥”. 东岳论丛，1982（2）：109-112.

农奴也较商朝更为宽厚。周朝王室的生活也没有商朝奢侈，同时周朝十分重视农业，也导致了农具的大发展，百工和商业在周朝也有所发展。随着蛮族的入侵，周王室逐渐衰微。大国并起，周王室对于各个诸侯的统治逐渐失去，很多贵族破产，宗族土地被出卖，私有土地制度逐渐兴起。宗族制度逐渐被打破，各个诸侯国为了扩大自己的实力，对于农业的生产极为重视，除了对于农作物、天时的认识逐渐积累以外，农具也有了进一步的发展，更多的铁器用在了农业生产上，同时畜耕也出现了。社会的变革导致了各种阶层的出现，对于度量衡的应用需要更多的杠杆知识。东周时期是社会的大变革时期，各个诸侯国的战争是主要原因。杠杆工具的进步使得生产力得以大大提高，宗族的土地制度被破坏后，私人所有制得以发展。

从以上有关社会背景及杠杆的相关分析，可以看出杠杆知识的利用是有着延续脉络的。在没有类似于杠杆原理的指导下，我国早期的杠杆工具的发展完全依靠经验的总结，用重新认识的经验来修正原有错误或不完善的经验认识。

第二节　文献记载的杠杆知识

阿基米德的给支点可撬动地球的传说流传得十分广泛，以至于很多人都误以为阿基米德是最早认识杠杆原理的人。其实这种说法并不准确。首先《墨经》和《荀子》对于杠杆原理的表述较为详细。有关《墨子》的成书年代有许多不同的说法，至今没有定论。而《墨经》作为《墨子》的一部分，其篇章安排和内容完全不同于《墨子》，于是关于《墨经》的成书年代说法更多。有的说法是《墨经》为墨子本人所著。也有的说法认为墨子只著有《经上》和《经下》，而《经说上》和《经说下》是墨子口述、墨家弟子记述的。更多的学者采纳最后一种说法，即《墨经》是墨家后世传人所著。综上所述，如果《墨经》是墨子所著，那么成书年代应当在公元前5世纪后期。如果最后一种说法是准确的，《墨经》的成书不会晚于战国末期。总的来说，可以肯定《墨经》作于我国先秦时代，成书年代大约在公元前5世纪后期与前3世纪之间。关于《荀子》的成书年代，目前学界也存在争论，有的说法认为成书年代晚于战国时期，有的认为成书于西汉，等等。王冉冉和张涛在《〈荀子·尧问〉篇与〈荀子〉成书问题》[①]一文中有过详细的表述。

① 王冉冉，张涛.《荀子·尧问》篇与《荀子》成书问题.理论学刊，2012（6）：111.

其次，墨子生活年代大约是公元前476年至公元前390年，而荀子的生活年代约是公元前313年到公元前238年，单就年代相比就比阿基米德早（阿基米德生活在公元前287年到公元前212年）。

从现有的记载来看我国最早关于杠杆原理的认识早于阿基米德。但就像上文所说，两者之间不具有可比性。古希腊对于杠杆认识的更早文献也可能有所遗失，也并不排除这种可能。总的来说，我国最早的关于杠杆的认识是通过对各个时期的生产经验的总结独立发展起来的。

一、《墨经》对于杠杆知识的认识

墨子，名翟，战国时期著名的思想家，墨学创始人。他精通木工，相传就是一位手工业者，墨家学派的弟子也大都是手工业者，更多地参与生产实践。墨学对于当时思想界有很大的影响，并与儒学一起称为“显学”。现存的《墨子》五十三篇，其中有关自然知识的都记录在《墨经》中。有关物理方面的约二十条，其中就有关于杠杆知识的表述，是研究者的重要参考材料。《墨经》中有关杠杆知识的《经下》和《经说下》中说：

> 负而不挠，说在胜。
>
> 负，衡木。加重焉而不挠，极胜重也。右校交绳，无加焉而挠，极不胜重也。

负就是负担的意思，见于《列子·汤问》中的“命夸娥氏二子负二山，一厝朔东，一厝雍南”以及《孟子·梁惠王上》记载的“颁白者不负戴于道路矣”。“挠”的意思是弯曲，《周易》中的“栋挠”以及《考工记·轮人》中的“其弓畜，则挠之”都是这样的意思。“胜”的意思是能承担，诸如《管子·入国》中“子有幼弱不胜养为累者”和杜甫《春望》中“白头搔更短，浑欲不胜簪”都有这样的表达。这一段话是有关杠杆平衡的表述，挑夫用木杆挑负重物，木杆是处于平衡状态的。如果一边加重，那么另一边就要翘起，木杆处于不平衡状态。挑夫通常把重量更重的一边靠近身体，使其“胜重”。没有加重物品重量而翘起，是因为不平衡。

另有《经下》和《经说下》中说：

> 衡，加重于其一旁必捶（垂）。权，重相若也。相衡，则本短标长。两加焉，重相若，则标必下，标得权也。

这段话大概是说在一根横杆的一旁加上重物后，这旁的横杆就要垂下。如果两旁的重物重量相等，两旁的杆长必须是一长一短。如果此时在两旁加上相等的重量，那么长杆一端必然会下垂。“若”的意思是相当，韩愈《师说》中说的“彼与彼年相若也”和《孟子》中说的“布帛长短同，则贾相若”都是这样的意思。“捶”的意思就是垂下。有关“衡”的意思目前有较多的争论。“衡”在字典中大概有衡木、秤杆、平衡、衡器等解释。比如，《说文解字》中“衡，牛触，横大木其角”，以及《庄子·马蹄》中“加之以衡扼”和《论语·卫灵公》中“则见其倚于衡也”都是第一种意思。《韩非子·扬权》中的“衡不同于轻重”指的是衡器的意思。“衡”也有称量的意思，如《礼记·经解》中“犹衡之于轻重也”和《庄子·胠箧》中“为之权衡以称之，则并与权衡而窃之”。

本段中衡的意思的解释有很多种。第一种看法是，钱临照先生认为的杆秤和天平，持此观点的还有谭戒甫、刘东瑞等。第二种观点是徐克明提出的不等臂秤。而杜石然提出衡是衡器的简称。

二、《荀子》等典籍对于杠杆知识的认识

《荀子》中的《礼论》篇讲“衡者，平之至”，《荀子》中《正名》篇又对天平的平衡做了辩证的解释“衡不正，则重县于仰，而人以为轻；轻县于俛（俯），而人以为重”。除了《荀子》《墨经》等文献，古代还有其他文献记载了对于杠杆知识的认识，但是认识高度都不及前者，在此不再赘述。

我国古代的“士”阶层最早对于生产生活中的自然科学知识并不是十分关心，但由此并不是就可以断言在春秋战国时期以后一段时期杠杆知识的发展就停滞了。的确，在春秋时期杠杆知识的认识达到了一定的高度，以至于有很多学者将其与阿基米德杠杆原理进行比较。但是中国古代对于杠杆知识的表述似乎只停留在一定层面上，如果按照西方物理学发展的轨迹，到了宋应星时期似乎是应该达到近代力学水平。

宋应星无愧于“中国的狄德罗”这一称号。但是，在《天工开物》中似乎缺少了对于杠杆知识的总结以及由文字表述升华到数理表述这一过程，文中更多的是对于杠杆知识应用的实物考察。从春秋时期到宋明时期，对于杠杆知识的认识过程似乎出现了断档，并没有随着时间的更替产生知识升华，当然这只是在知识认知层面上的看法。如果按照知识在实践中的发展脉络看，我国古代对于杠杆知识的认识并没有中断，并且是在不断地进行知识更新。为了解释这一问题必须要

引入两个概念，即直觉物理学知识和实践物理学知识。[①]

直觉是人类一种本能的对于外界事物的感知，从原始先民用木棍撬起重物到把石斧的把手延长达到省力的效果都是一种本能的趋势。在这一点上人类是有着同一性的，无论地域、语言、文化等方面是否存在差异。前两章就是在通过一些历史证据来说明这一点，古希腊时期的攻城设备与我国的十分近似，古埃及的农业生产的工具所应用的杠杆知识和我国先民当时对于杠杆的应用也是大同小异的。

人们在生产中通过不断应用工具从而对于相应的知识的认识不断升华加深（后文中将会有详细的表述）。在实践力学方面，我国最显著的就是工匠阶层在某些领域起到了知识传递与延续的作用。由于工匠始终处于社会的相对底层，社会局势以及社会生产都会对其产生深刻的影响。我国的杠杆知识的认识与应用更多倚重于这个群体。而西方更加偏重于数理层面的发展，理论知识建立在生产实践与丰富经验的基础之上。

从知识发展的规律来看，只能说这样的发展途径更加适合我国古代社会的发展状况。社会动荡时期，一些有识之士更加关注休养生息，发展生产成为首要目的，这就是为什么墨家更多地关注自然知识方面，而这种关注也能够被社会所认可。而当国家趋于统一，治理国家成为帝王将相的首要目的，而生产实践的任务自然交给了工匠阶层。这一社会分工无疑是合理的，这也可以解释为什么我国古代封建社会的文明程度要远远高于西方。杠杆知识作为社会发展的产物是不可能脱离社会单独发展的。

第三节　农业生产中的杠杆知识

一、耒耜和耕犁

传说神农氏是我国农业的始祖，《周易》记载关于神农氏“包牺氏没，神农氏作，斫木为耜，揉木为耒，耒耨之利，以教天下，盖取诸益”的传说。耒耜就是对杠杆知识的利用，正所谓“入土曰耜，耜柄曰耒”。[②]耒是按照杠杆的知识将

---

① 考察力学知识发生及发展的阶段及模式系中德马普伙伴小组项目“中国力学知识发展及其与其他文化传统的互动”（2001—2006 年）。

② 《国语·周语》记载：“民无悬耜，野无奥草。”韦昭注：“入土曰耜，耜柄曰耒。”

木柄弯曲成一定的角度，以达到省力的目的。对于荒田的开垦成为发展农业的首要任务，耒耜等杠杆工具的应用源自农业开荒的必然需求。

开荒面对的主要问题就是砍林为田，清理杂草，原始农业先使用的是石斧、石铲等费力杠杆工具。随着经验的积累，人们对杠杆知识不断认识，逐步加长了手柄和改变了木柄的曲直，以达到省力，使效率最大化，正所谓："民无悬耜，野无奥草"。奥草就是茂盛的野草，耒耜的出现对于农田开垦发挥了极大的作用，使得先民逐步放弃了原始的刀耕火种，协作耕种增多，记载有关"协田""耦耕"的甲骨不断被人们发现。"协田"在甲骨中记载："协田，其受年？十一月"。大概的意思就是大王命令人们在十一月间进行众人耕作劳动。"耦耕"也是指众人协作耕地，相关的解释有很多：汉代的经学家郑玄注释《考工记》，认为耦耕是两人分别持一工具共同耕作[①]；陆懋德认为耦耕是犁耕的原始形态；孙常叙认为耦是两人使一工具；万国鼎认为耦是一人翻土另一人整理土地；等等。早期的杠杆工具主要是骨质、石质工具，金属工具使用得比较少，杠杆工具多用于开荒。我国农业的历史有上万年，文字记载的历史有几千年，战国时期随着井田制的破坏，私有制的发展，以家庭为单位的生产方式需要更为有效的翻土工具。铁器的使用是伴随着冶铁技术发展的，大量出土的文物就证明了这一点。于是犁代替耒耜等，畜力的使用使得犁得以发展。耒耜等逐步被更为有效的工具替代，才使得以家庭为单位的生产成为可能。

古代先民在耒耜柄的一端拴上麻绳，由另一个人向前拉动。这就是耕犁的原始雏形。但是犁头与地面接触的角度几乎垂直，犁头插入土以后，人拉起来十分费力，根本达不到省力的目的。于是人们想到了用牲畜来代替人力，但早期的犁还较为简单，而且比较笨重，翻地的效果还比较差，通常需要两头牛才能完成。后来江东犁的出现解决了这一问题，江东犁作为耒耜这样杠杆工具的变形，从中似乎可以找寻到杠杆知识发展的些许脉络。江东犁是江南地区的主要生产工具，是伴随着南方农业发展的。在秦汉以前，南方人口较少，农业发展远远不及中原黄河流域。《史记》记载："楚越之地，地广人稀，饭稻羹鱼，或火耕而水耨"。北方的畜耕技术随着流民南迁被带到了南方并为了适应南方的地理环境，做出了技术上的改变。南方多雨，土地比北方多泥泞、耕地面积小山地多，江东犁因操作便捷、效率高得以被广泛应用，《耒耜经》有关于江东犁的详细记载。杠杆知识的传递得以延续，但是人们对于杠杆的认识并没有在耕犁中进一步体现，是因

① 杨宽．古史新探．北京：中华书局，1965：42-43.

为江东犁在农业发展的过程中逐步被铁搭取代。铁搭是一种铁质的翻土工具，在战国时期就有使用。铁搭的大量使用导致了农业耕种中复杂杠杆工具逐渐被取代，简单的杠杆工具又被广泛应用。南方多以种植水稻为主，杠杆农具多为适应南方水田。

简单杠杆工具的悄然复兴完全是社会实际的需要，与我国先民对于杠杆的认识水平无关。

二、其他农业耕作工具

随着耒耜和犁的使用，其他杠杆工具也被发明创造出来，这些工具大多是耒耜或是犁的变形。耙是一种破土工具，可以把土壤中的大小土块打碎，让作物更好地生长。如果土地出现板结情况，特别是在北方干旱地区，土壤表层很容易丢失水分导致种子无法出芽。贾思勰的《齐民要术》中就有关于耙的记载，《王祯农书》记载了方耙和人字耙。

在贾思勰的《齐民要术》中记载了另一农具——“耢”，是一种整地工具。耢的作用机理和耙是很相近的，制作材料多是竹条或是藤条，在魏晋时期的壁画中就有相关的描述。《王祯农书》中也记载了耢这样的工具。在整地之后的播种过程中，耧车的使用也是先民对于杠杆知识的应用。耧车是在犁的基础上发展而来，在原始犁的上面加上一个原始的撒种器。按照《王祯农书》中的描述来看，其基本的作用机理也是杠杆原理，耧车下面有耧脚用来划破土地，同时震动使放在盒中的种子播撒在土沟中。在嘉峪关魏晋墓壁画中可以看见先人使用耱来进行农业活动。耱也是一种应用杠杆知识的改进工具，其主要的作用就是在播种好的土地上覆盖薄薄的一层土，这符合现代农业知识。精耕细作在我国成为农业的主要方式与杠杆工具的广泛使用是分不开的。

上文中提到了南方农业的发展，整地平地则需要用到耖、耘等工具。耖是一种类似于北方的耢的工具，主要用于破碎土中的土块，并用于对田地的平整。其器形与耢十分相似，只是由于南方土地松软，耖需要垂直深入土中，才能更好地发挥作用。耘是一种近似于石铲的工具，主要用于中耕除草。

无论是早期的耒耜、原始犁还是耙、耢、耱、耖、耧车等改良工具都是杠杆知识在应用中的不断改良、不断创新。这说明了杠杆知识在从意识形态的知识应用到器物形态的过程中，更多是在适应生产活动，器物的改良使得人们对于知识的广度得以增加，可以把原有的杠杆知识加以利用并推广到更广的领域中；但是对于知识的深度并没有巨大的影响，使得先人对于杠杆知识的表达还停留在言语表述阶段。

三、桔槔等提水工具

桔槔是一种提水工具，在农业为本的古代社会，从河流中和深井中汲水灌溉是十分重要的。桔槔在古代许多文献中都有记载，例如，《墨子·备穴》中就有关于桔槔的记载。桔槔早在商周时期就有过记载，用一根木棍作为支撑点，另一根木棍搭在其顶端并拴上重物。对于桔槔的起源众说纷纭，也许是原始人为了使剩余猎物免于被动物吃掉，而将猎物用木棍挑起。后来将木棍搭在树枝上，另一头坠有石块，使木棍达到平衡状态。在有了杠杆平衡的初步概念之后，杠杆平衡逐步应用到了农田灌溉领域，而不仅仅在于提升重物。从出土的汉代石像中可以看出人们利用桔槔从井水中取水。汉代刘向在《说苑·反质》中记有：

> 卫有五丈夫，俱负缶而入井灌韭，终日一区。邓析过，下车为教之，曰：为机，重其后，轻其前，命曰桥。终日灌韭，百区不倦。

文中的桥就是桔槔，说明在春秋末年，桔槔并没有被广泛地推广使用，其原因可能是前文中提到的社会生产环境。春秋末年，东周的土地制度并没有完全遭到破坏，农田多由农奴集体耕种，肩挑手提的取水方式可以满足农田灌溉的需要。只是随着社会变革，农田不断扩大以及土地私有制兴起，桔槔这样的高效取水工具得以广泛应用。《庄子·天地》中记载有这样一段文字，记载了汉阴丈人的轶事：

> 子贡南游于楚，反于晋，过汉阴，见一丈人方将为圃畦，凿隧而入井，抱瓮而出灌，搰搰然用力甚多而见功寡。子贡曰："有械于此，一日浸百畦，用力甚寡而见功多，夫子不欲乎？"为圃者仰而视之曰："奈何？"曰："凿木为机，后重前轻，挈水若抽，数如溢汤，其名为槔。"为圃者忿然作色而笑曰："吾闻之吾师，有机械者必有机事，有机事者必有机心。机心存于胸中，则纯白不备；纯白不备，则神生不定；神生不定者，道之所不载也。吾非不知，羞而不为也。"

从这段文字可以看出随着农业的发展，桔槔等提水工具得以普及。南方等地区为了适应当地条件逐渐发展了水田耕作，《王祯农书》中记载了在水田中先民利用肩挑来灌溉。扁担一般由竹片削制而成，两头拴上木桶用来盛水。扁担挑物利用的就是杠杆平衡的知识，并且在行走的过程中，扁担由于弹性作用会上下起伏，使得人们在行走过程中肩部的压力得以分担。可见在杠杆知识的应用过程中也会涉及对于材料知识的认识。

第四节　其他传统手工制作中的杠杆知识

一、制陶和食品加工

在我国古代，先民通过对于杠杆知识的认识还有意地利用不等臂杠杆两端作用力不同的原理，制造出费力杠杆，如水碓、脚踏碓、槽碓就是这样的工具。在《王祯农书》中就有关于脚踏碓的描述（图 3-1）。脚踏碓是在力臂不等长杠杆上，长臂一端装上重杵，另一端用人力压下使另一端抬起，然后利用重力作用使杵落下，打碎或捶打物品。脚踏碓也许最早用于南北方的食品生产领域，现在还有用木杵来打年糕的场景。这是古人在不断的生产实践中总结出来的：石杵一端如果力臂短则石杵抬升的高度小，那么石杵下落的势能就小，尽管省力但是达不到碾碎物品的作用；如果作用力臂过长，尽管会达到击打效果，但是人们在踩压过程中过于费力势必也会降低劳动效率；只有力臂长度适中，既可以保证人们操作轻松也可以使石杵有一定的压力，才可以提高劳动效率。

图 3-1　脚踏碓

图 3-2　槽碓

在脚踏碓的使用过程中，先民们只有逐渐对于物品的密度、强度等材料力学知识有了一定的积累，才可以找到石杵与臂长的最佳匹配。从这一点可以看出，我国对于杠杆的认识是一个逐步发展的过程，在生产过程中对于其他力学知识的认识和应用都在相互影响，彼此之间并不是孤立发展的。《王祯农书》中对于槽碓的描绘便是很好的印证（图 3-2）。槽碓是利用水的重量将石杵抬起，等待水满自溢之后，石杵自然下落。槽碓比脚踏碓的先进之处在于它借助了自然的力量，也同样达到了节省人力的目的，这是因地理环境而异的，在南方多河流的地方就近而建。其同脚踏碓道理一样：石杵一端如果力臂短则石杵抬升的高度小，那么石杵下落的势能就小，尽管省力但是达不到碾碎物品的作用；如果作用力臂过长，尽管会达到击打效果，但是水的重量不足以将石杵抬起，在抬升过程中过于费力势必也会降低效率；只有力臂长度适中，才可以有效地提高工具的效率。水的重量和石杵的配比问题，以及杠杆两端臂长的分配都是要考虑的因素。这首先得益于对于整体密度的认识；盛水的器具的容积的大小以及器具本身的重量都要计算。另外在石杵的升起与落下过程中杠杆所承载的冲击力是否达到杠杆本身的承受极限，与杠杆材料的选择和杠杆形状都有关，这就需要先民具有一定的材料力学认识。这当然是通过长期的生产得来的经验，其中的知识传递过程更多是蕴藏在器物之上的。

脚踏碓、槽碓的作用就是碾压物品，除了用于食品的制作，凡打碎物品都可以使用。我国古代陶器制作过程中就需要将陶坯反复捶打，这样才能在之后的制胎过程中使得胎体细腻。这一过程需要时间和力，槽碓和水碓的使用可以很好地解决这一问题。随着水运转轮的发明及应用，许多复杂机械应运而生。水运连碓就是将杠杆工具和水运转轮两种机械加以组合的复杂工具。水运连碓的动力机构是转轮，作用机构是几个杠杆，由转轮的木杆上的木榫连动。它除了具有槽碓节省人力、效率高的优点以外，还具有几个石杵同时作用的优点，这样就可以连续不间断地制作陶坯。这是和当时的生产方式分不开的，陶器的烧制过程是十分漫长的，需要几天几夜才可以完成，而且烧制的过程中窑门始终是要关闭的，这就需要尽可能多制作出陶坯。另外古代的烧制过程中，出品率是相对较低的，这也需要尽可能多制作出陶坯，通过增加基数来提高出品量。连动杠杆就很好地解决了这样的问题，南方的很多窑如浙江的龙泉窑、福建的泉州窑等，都采用了这样的杠杆工具。

二、纸、布、酒生产

造纸术作为我国古代四大发明之一，也有先人对经验技术不断改进的漫长过程。无论造纸的原料的选择和制作工艺多么不同，其中都需要用到杠杆工具。在造纸的过程中，无论选用树皮还是其他原料都需要对原料进行预处理。树皮在经过碱水浸泡和大锅熏蒸之后，须用木槌捶打，之后才能在漂洗过程中使杂质完全分离，留下造纸需要的纤维成分，这一过程称为“打粑”。而槽碓和水运连碓这样的工具就自然应用到了造纸术中。

明代宋应星在《天工开物》的《杀青》中对造纸术有详细记载。现在有许多学者重视对于造纸流程的复原，这才使得造纸过程中对于杠杆工具的应用被重新认识。王诗文《中国传统竹纸的历史回顾及其生产技术特点的探讨》、陈登宇《纳西族东巴纸新法探索》、潘吉星《中国造纸技术史稿》以及李晓岑和朱霞《云南少数民族手工造纸》等对我国传统造纸工艺做过研究。

火药也是我国古代四大发明之一，火药的发明过程中并没有应用杠杆知识，但是在火药各种组成成分的配比过程中需要较为准确的称量工具。杆秤与天平自然会被应用到这一过程中，有文献中就记载了唐代先民使用杆秤称量火药组分。在火药的使用方面，单梢炮就是一种利用杠杆知识制作的攻击工具，使火药在攻击过程中发挥威力。《武经总要》中对单梢炮进行了描述，单梢炮就是在古代投石机的基础上配以火药，是杠杆工具的改良。

杠杆工具的特点逐渐被人们所认识，使得杠杆工具更多地被使用到更加复杂的机械中。纺织技术在我国古代十分发达，部分得益于纺织机的广泛使用。除了先民们最初使用的作为纺织机的雏形的原始腰机以外，踏板织机记载于《列子·汤问》之中：

> 偃卧其妻之机下，以目承牵挺。

这是说纪昌为了练习射术就躺在织机下练习眼睛注意力的故事。踏板织机的踏板通过杠杆与织机综片相连。元代薛景石的《梓人遗制》中有所记载。中国丝绸博物馆的赵丰等学者根据描述复原了一种踏板织机。另外一种踏板卧式织机至今依然在湖南、陕西等地区使用。此外，随着纺织技术的发展，更多的纺织机被制造出来，其中都包含了杠杆机构，比如提花机，在古代文献《蚕织图》中就可以看到束综提花机，《天工开物》中就有许多对于束综提花机的描述。随着提花技术的发展，很多大型提花机应运而生，大花楼束综提花机就是标志性的代表。

另外在印染工艺中也有许多杠杆工具的应用。

从上述领域中的工具来看，杠杆知识的应用技术的流通与传播似乎比预想的要更加广泛和迅速。知识蕴含在器物之中，使得相应的知识的传播更加广泛，从这一点看我国杠杆知识的实用性，或者说力学知识的实用性，优势大于劣势。先前的很多观点是在说明我国古代技术的实用性是阻碍其向前发展的根本原因，但是从杠杆知识本身的发展过程中看，实用性反而能更好地使知识转化为技术成果，在技术转化为应用工具的同时，活动经验又对原有的知识进行修正，实用性与知识的形而上的形式似乎是统一的。这一论点将在之后的章节中继续分析。在我国的酿酒作坊中，也有相似的杠杆工具。在酿酒的过程中，蒸馏是十分重要的步骤。在此过程中需要较大的蒸笼，因为蒸笼盖体积庞大，同时由于蒸汽的作用酿酒工不可能徒手操作。在作坊中需要将蒸笼盖用一个等臂杠杆吊在作坊房梁上，另一端的配重重量与蒸笼盖的相同，这样才能保证杠杆的平衡。在杠杆平衡的状态下，酿酒工只需要用很小的力量就可以操作蒸笼盖，这样不但节省人力还避免了酿酒工被蒸汽烫伤。杠杆工具在此时早已改变使用目的，从省力的基本生产工具转变为改进其他技术的工具。工具与其自身所蕴含的知识、工具与其他知识、工具与其他工具、工具与其他技术之间产生了相互作用与影响。

三、船舶

我国内陆河流众多，我国古代就有很多造船的遗迹，浙江河姆渡遗址中的木桨就是先民利用杠杆工具的佐证。原始先民利用木桨划水，木桨和耕犁很相似，一方面接触的角度很大，另一方面划水的幅度很小。所以使用起来十分费力而且效率不高。《周易·系辞》中就有相关的记载："刳木为舟，剡木为楫，舟楫之利，以济不通。"基于先民对于杠杆知识的认识，手摇橹的出现很好地提高了效率。手摇橹也是一种费力杠杆，但是效率比原始木桨有很大的提高。从两方面来分析，第一，手摇橹采用的是坐姿，划桨时手臂摆动时所受到的阻力可以依靠身体的前后摆动来抵消，这样就比跪姿划桨单独依靠手臂要省力；第二，手摇橹被固定在船舷上，形成杠杆，手臂控制的动力臂短于划水的阻力臂。尽管是费力杠杆，但是手摇橹在使用中，阻力臂的摆动幅度大于动力臂，这样就可以提高划水的效率。同时手臂划水的幅度远远小于原始木桨，使得空间狭小的木船可以有更大的活动空间，也为一船多橹提供了可能。

我国古代手摇橹的应用时间不晚于公元 1 世纪，而另一项技术船尾舵也是在1世纪左右就已应用在造船技术之中。[①]船尾舵的原型应该是船工撑船的竹篙，一端由船工掌握，另一端深入水中依靠摆动来控制船的行进方向，竹竿中间的一处搭在船尾。这样便形成了一个不等臂杠杆。随着造船技术的发展，船体越来越大，对于船尾舵的要求就越高，原有的简易舵不能满足要求。我国江河众多，很多河流地势复杂，船体的转向灵活是造船工艺的必然要求。从《武经总要》中对于楼船的描绘来看，船尾舵已经有了明显的改良，更加注重船尾舵的可操作性和转向的灵活性。从有关古籍中可以看出船尾舵的水下部分不断加长，尽管杠杆由省力杠杆变成费力杠杆，但是船舵的转向十分灵活。

四、建筑领域

随着魏晋时期我国宗教的盛行，许多宗教建筑出现。在多层的建筑如木楼阁、木塔等的建造中，由于结构复杂则需要更多的力学知识，其中就有对于杠杆知识的应用。我国的建筑学家梁思成在《广西容县真武阁的“杠杆结构”》一文中对楼阁式建筑中的杠杆知识的应用进行了研究。真武阁建于明朝，除了下面的石基座，阁高13米，为全木质结构。真武阁是在玄武宫的基础之上加盖而成的，玄武宫是在早先元结所建的经略台上修建而成。由一层加盖为三层，建筑的结构坚固就更为重要了。杠杆不仅可以作为省力工具，同样可以平衡构件。从真武阁的纵面剖图可以清楚地看到杠杆平衡的应用。平衡杠杆具有一定的稳定性，真武阁就是利用这一原理，通过多重杠杆结构来增强阁楼的稳定性。真武阁的建筑结构并不是直接对于杠杆机械工具的应用，而是对杠杆受力平衡知识、材料力学知识、压强等知识的综合应用。这再一次印证了对有关力学知识的认识并不是孤立发展的，杠杆知识也是在其他力学知识的影响下，不断地被先民所认识。在《营造法式》中也有利用杠杆知识构建房屋的实例。

五、水利工程领域

我国农业发达离不开水利工程。大禹治水的传说中使用耒耜疏通河道，就是利用杠杆工具兴修水利。人口增长，就需要大力发展农田灌溉；南方等地区降雨充足，就需要修建防洪排涝的设施；有些地区水路成本低以及修陆路不易就需要开通运河；另外，城市供水等都需要兴修水利。在水利工程建设中，对于地势的考察十分重要，地面的高低走势也是要考虑的问题。庄子和墨子都提出了考察地

---

① 朱晓军，钟书华 . 从中国古代造船史看科学和技术发展的规律 . 船舶工程，2006（6）：75-77.

势水准的概念，李筌的《神机制敌太白阴经》中就记录了利用水准仪来测量地势水平。另外，《武经总要》中详细地描绘了水准仪。水准仪就是利用杠杆平衡的原理对地势进行测量。杠杆的两端是平衡的，如果地势不平，杠杆依然会保持平衡，但是与底座就会呈现一定的夹角。

六、投石机等军事领域

杠杆工具在军事中的应用最典型的就是投石机，以及后期的单梢炮。投石机和单梢炮的工作原理是将势能转化为动能，杠杆的知识已经不再是被单独应用，而是作为一种已知的原理被应用。利用杠杆知识来探求其他知识，说明了先民对于杠杆的认识已经达到了一定高度。由此看来，我国古代对于杠杆知识的认识以及知识的应用是在不断的生产生活活动中逐步积累起来的，并且在应用过程中与其他的知识相互作用。

第五节　中国古代对杠杆知识的认知与应用特点

一、杠杆应用始终围绕着农业生产

首先，前文中已经提到，我国古代的主要活动是农业生产，农业的发展与经验性的认识相互作用。杠杆等工具的发展也促使农业生产发展。《汉书·食货志》中记载有这样的文字：

> 民受田，上田夫百亩，中田夫二百亩，下田夫三百亩。岁耕种者为不易上田；休一岁者为一易中田；休二岁者为再易下田，三岁更耕之，自爰其处。

在周代我国先民生活的地方相对集中，良田应该是十分稀缺的，基于古人对于力学、杠杆知识的利用，更为有效的工具使农田的开垦更容易。

《荀子·富国》中写道：

> 则亩数盆，一岁而再获之。

我国古代农业灌溉和施肥较为广泛。《孟子·滕文公上》记载：

凶年，粪其田而不足，则必取盈焉。

《荀子·富国》说道：

掩地表亩，刺中殖谷，多粪肥田，是农夫众庶之事也。守时力民，进事长功，和齐百姓，使人不偷，是将率之事也。高者不旱，下者不水，寒暑和节而五谷以时孰，是天下之事也。若夫兼而覆之，兼而爱之，兼而制之，岁虽凶败水旱，使百姓无冻馁之患，则是圣君贤相之事也。

荀子不但提到了施肥，还提到了灌溉的重要性，在这些农事中利用了杠杆工具，如上文中提到的桔槔。此外《吕氏春秋》《辩土》篇中论述了如何耕地、松土等知识，这都依靠于杠杆工具的使用。原来商周时期的灌溉通常是在各个农田之间挖出沟渠，称为沟洫，《周礼·冬官》和《周礼·地官》分别记载有：

匠人为沟洫，耜广五寸，二耜为耦。一耦之伐，广尺深尺谓之甽，田首倍之，广二尺、深二尺谓之遂。九夫为井，井间广四尺、深四尺谓之沟。方十里为成，成间广八尺、深八尺谓之洫。方百里为同，同间广二寻、深二仞谓之浍。专达于川，各载其名。

凡治野，夫间有遂，遂上有径；十夫有沟，沟上有畛；百夫有洫，洫上有涂；千夫有浍，浍上有道；万夫有川，川上有路，以达于畿。

灌溉与水利工程息息相关，出现了很多伟大的水利工程，比如郑国渠、都江堰等。《荀子·王制》中说：

修堤梁，通沟浍，行水潦，安水臧，以时决塞，岁虽凶败水旱，使民有所耘艾……

《淮南子》：

孙叔敖决期思之水，而灌雩娄之野，庄王知其可以为令尹也。

《史记·滑稽列传》中记载有：

西门豹即发民凿十二渠，引河水灌民田。

与农业相关的铁器制造的发展也与杠杆知识的利用有很大关系，说明了我国农业发展与杠杆的应用是相互促进的。

二、杠杆知识的传承多是民间所为

我国古代对于杠杆知识的研究与记载多是民间所为，但并不是说我国古代统治者就不关心杠杆知识的利用，比如《考工记》中金有六齐：

> 六分其金而锡居一，谓之钟鼎之齐；五分其金而锡居一，谓之斧斤之齐；四分其金而锡居一，谓之戈戟之齐；三分其金而锡居一，谓之大刃之齐；五分其金而锡居二，谓之削杀矢之齐；金锡半，谓之鉴燧之齐。

这虽然是关于兵器中合金的配比关系，但却是和杠杆知识密不可分的，什么样的合金才能在战斗中发挥更大的威力，要考察士兵在使用兵器时的作用力，金属能否承载这样的力。这都需要对于杠杆知识的把握。古代文献记述百工之事较为粗泛，如《管子》中这样记载：

> 论百工审时事，辨功苦，上完利，监一五乡，以时钧修焉，使刻镂文采毋敢造于乡，工师之事也。

《吕氏春秋·孟冬》中记载：

> 工师效功，陈祭器，按度程，毋或作为淫巧以荡上心，必功致为上。物勒工名，以考其诚，工有不当，必行其罪，以穷其情。

《荀子·王制》中记有：

> 论百工，审时事，辨功苦，尚完利，便备用，使雕琢文采不敢专造于家，工师之事也。

像《墨经》中一样丰富的记载毕竟很少。到了封建时代的后期也有一些官书记载杠杆知识，但多是图片记载，文字讲述杠杆知识的书籍较少。这样就导致很多蕴含了力学知识的工具制造技术都失传了。民间对于杠杆知识的记载大多是有着生产经验的劳动者对于杠杆工具的记录，这样的记录方式是具有很大的优势的，同样也有着一定的弊端。

第一，广义上讲，手工业者对于知识的认识是十分直观的，简单易懂，有利于知识的传播。我国古代的教育机制多是私塾，教学内容多是四书五经。这就会产生一个问题，即受过教育可以识文断字的读书人有着可以承载杠杆知识传播的文化水平，但是由于其几乎没有接触过工具生产，不具有力学知识的经验背景。

另外，十年寒窗苦读、学而优则仕、修身齐家治国平天下等生活背景与处世思想导致了文化阶层与劳动阶层的生活方式与思想境遇是有着天壤之别的。农业生产、工具生产方面知识的实际传播者，却是没有受过教育的劳动者，他们的文化水平不足以用文字记录下对杠杆等力学知识的认识，更多地依靠口耳相传，言传身授。随着蕴含知识的器物与技术的流通，知识得以传递，并在相应的使用环境中得以改良，上文的江东犁等工具就是很好的例证。而其在时间上的传递是有些问题的，由于相关学者记录的缺失，有关文字的记载少，战乱、朝代更替等原因必然会导致技术与知识的湮灭。

第二，狭义上讲，杠杆知识的工匠传播具有可操作性与实用性，但易遗失。工匠只能依靠生产经验进行知识的应用与摸索。因为在我国古代没有对于工匠技艺的保护，“教会徒弟饿死师傅”这样的谚语广为流传。对知识的认识几乎全部存在于制作工具的记忆之中，毕竟像墨子这样本身就是手工业者而又为提高手工工匠的认识著书立说的人只是凤毛麟角。在制作工具的传播过程中，通常是只传家中长子并且有所保留，这必然会使得人们对于器物中蕴含的知识的认识水平是逐步减退的。在墨子生活的时期对于杠杆知识的认识已经十分清晰，对于杠杆知识的表述相当完备，但是到了宋应星的时期，有关杠杆的工具已经相当发达，而对于杠杆原理的语言表述却并没有明显的改变。就知识发展的过程来看，实用性导致了这方面发展的停止。另外，知识在技术化过程中过分注重实用性导致许多不适应生产环境的工具逐渐被淘汰。比如江东犁逐步被相对原始的铁搭所取代，表面看起来似乎是技术的倒退，所以很容易分析得出这样的结论，即我国技术的特点导致了科学知识的落后。实际上这种观点是片面的，实用性是我国杠杆知识乃至力学发展适应生产环境的必然。缺乏有效的文字方面的记载，知识只能在文化水平不高的社会底层传播，简单、直观、易懂、蕴藏于器物之中就是知识得以保存的途径。古代先民的生存环境相对恶劣，如果先进的器物不能很好地适应生产，人们只能放弃而使用适应环境的工具，这一点无可厚非。有些分析得出实用性是导致落后的原因，这样的观点似乎并不恰当。虽然我们并不否认实用性具有双刃剑的作用，但是对于先民们来说生存是第一位的，器物以及对于知识认识的实用性是首先要考虑的。同样，对杠杆认识的实用性也导致了我国手工业发达，杠杆工具种类繁多。

三、杠杆知识应用过程就是经验修正过程

对我国古代杠杆知识的认识是一个漫长的经验修正的积累过程，其起点是实

践，从世界各地的出土文物中都可找寻到这方面的证据。而杠杆知识在我国的发展由于种种原因有别于其他的文化系。代表手工业者的墨家思想在社会的变革中逐步被社会淡化，使得墨家所倡导的思想与手工业者掌握的知识只能依靠纯粹的经验性的积累。依靠经验对知识进行积累的特点就是依靠反复试验对原有的知识进行修正。这无疑是一个漫长的过程，但是有利于知识与技术应用的结合，避免了一定的矛盾。形而上的道与形而下的器是有着完全不同的形式的，知识与应用技术依靠工匠阶层进行积累，制造的器物具有独特性、个体性、创造性等特点。杠杆知识游离于封建礼教之外，尽管始终无法登入“大雅之堂”，但始终围绕着实用性发展，导致杠杆知识的应用得以充分发展。

第六节　小　　结

前面的论述可以为以下问题找到一些答案。

第一，我国先民是如何认识杠杆知识的？杠杆知识是如何通过语言与工具这样的载体被表达的？

有关杠杆的知识由原始先民在生活经验中偶然发现，以一种省力的工具的形态逐渐被我国古人所认识，在经验的积累与修正过程中，逐渐被总结与记载下来。从对于杠杆知识的应用的发展来看，这是一个逐步适应生产需要的过程。先民也在有意制造出一些费力杠杆与平衡杠杆，并应用于相应的领域。杠杆知识应用的广泛性与灵活性既是孤立发展又是联系的。工匠阶层的特性决定了杠杆知识基本脱离于文化阶层，依存于器物之中。当然这也是和杠杆知识本身的特性有关，杠杆知识相对简单，即使是《墨经》中的简单表述也可以解释清楚。但也正是这样的特点决定了杠杆知识可以依靠工匠阶层进行发展，同样杠杆作为一种工具可以更好地被先民所应用。

第二，杠杆知识与其他力学知识是否存在互动性？与传统力学体系是怎样的关系？

杠杆知识在应用过程中，与其他力学知识有着比较多的互动，如前文提到的撬杆，就需要先人对材料的选用有着一定认识。这样看来，先人对于杠杆知识的认识，可以作为研究力学知识的典型代表，由此了解杠杆知识与其他力学知识在应用中不断的相互作用，使得整个力学知识的分布更加广泛——只是由于缺乏必要的梳理与总结，显得零散，但是从一些复杂机械的力学知识分析来看，古代力学知识又是交织在一起的。

第三，我国杠杆知识的发展脉络究竟是怎样的？

就杠杆知识的认识本身而言是在工匠阶层孤立发展的，但是杠杆的应用与其他力学知识却很好地结合在了一起。我国古代力学有着其独特的发展历程，杠杆知识也是如此。工匠阶层、社会背景、封建礼教、地理因素都是影响其发展的一些原因。实用性、经验性等特点是适应生产发展的必然性。从杠杆的应用来看，杠杆知识分散于各个领域，杠杆怎样省力、如何保持平衡、牵拉作用等都被先人认识并应用于各个领域。如果把各个领域中对于杠杆知识的应用归纳起来，我国古代对杠杆知识的认识无疑是全面的。但这只是后世学者按照现代的思维模式进行的工作，古人并没有这样的认识。就杠杆知识本身的认识发展过程而言，其体系既是零散又是系统的，如果从实用性等特点以及社会背景来分析是可以解释清楚的。

由此可见，杠杆知识的认识、应用与发展脉络是具有典型代表性的（图3-3）。

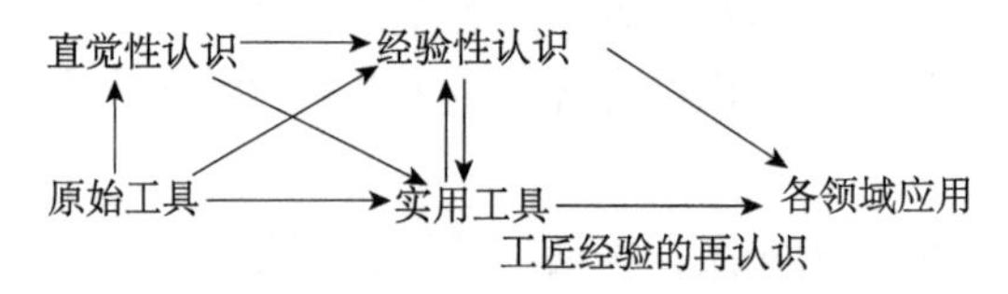

图 3-3　早期力学知识的演化图示

本章解释了杠杆知识以形而上的形态发展的脉络，即由直觉物理学知识形态不断升华，经过先人的总结，到达了一定的高度；尽管并没有到达理论力学知识的层面，但是对于我国的社会生产的发展程度来说是恰当的。前文也解释了工匠阶层的杠杆知识以实践力学知识的形态充分发展的必然性，说明了我国的工匠阶层在某种意义上促进了杠杆知识的发展，而并非阻碍其发展的因素。

第四章

中国古代描述天体视运动的模型及演化

中国古人观察天文现象时常以观察者或者大地为中心，由此观察到的日、月、五星等天体的运动实际上是地球和这些天体运动复合的结果，这被称为天体的视运动。早在西汉末年，一些关注天文的学者已经基于对天体视运动现象的观测提出了右旋说和左旋说两种直观的阐释理论。之后，历法家取右旋说，而左旋说是经宋代张载和朱熹提倡后，才开始在众多学者之间成为主流。[①] 东汉王充在描述天体视运动时，最先以“蚁行磨盘之上”的比喻（以下简称蚁磨之喻）来形象地阐释右旋理论。后来，这种以磨（或轮等结构相似的物体）的转动来形象表示天体圆周运动的比喻（简称磨—轮之喻）被我国古人广泛地用于对天体视运动的描述中。

古人有关天体左、右旋的争论包含了对于圆周运动现象的描述和分析，在一定程度上反映了他们对这种运动认识的发展。[②] 天文学史界对于相关史料的解读主要是研究盖、浑体系以及左、右旋之争的历史等。本文关注磨—轮之喻在描述

---

① 陈美东. 中国古代日月五星右旋说与左旋说之争. 自然科学史研究，1997，16（2）：147-160.

② 中国古代学者对于天体视运动的描述有两种基本方式：其一，基于观测的定量描述，常见于历算家之间，多载于历算文献之中。中国古人以分度方法确定天体的空间方位，兼以由黄道和赤道附近的天区划分而来的二十八宿为参照，建立了独特的天文坐标系，从而具备了定量描述和分析天体位置及运动情况的条件。其二，旨在明理的定性描述，常见于一般士人之间，以托喻设譬为其最常见的方式。本书论述中所择取的“蚁磨之喻”的相关史料，即以此类描述方式为主。

天体视运动中的运用情况。物理学史界有戴念祖[①]、关增建[②]等在专著中从古人对相对运动、运动迭加的认识等角度对相关史料进行了分析[③]，但笔者还发现，朱熹、黄润玉、戴震等学者在探讨天体运动问题时都运用或者发展了磨—轮之喻，并且在这个过程中表达了对天体圆周运动的不同认识。本章拟结合这些史料，对中国古人关于天体视运动的描述中特色鲜明的磨—轮之喻，以及由其发展而来的几个类似于力学模型的表述，从结构特点、模拟对象等方面进行分析，探讨其中所隐含的古人对于天体圆周运动的认识，以及磨—轮之喻在这类认识活动中所扮演的角色。

第一节　磨—轮之喻的提出

一、东汉王充提出蚁磨之喻

王充在《论衡·说日》中就儒者“日月之行不系于天”的观点进行质疑时，提出了蚁磨之喻，以之形容天和日月五星的圆周运动：

> 儒者论曰：天左旋，日月之行，不系于天，各自旋转。难之曰：使日月自行，不系于天，日行一度，月行十三度，当日月出时，当进而东旋，何还始西转？系于天，随天四时转行也。其喻若蚁行于硙上，日月行迟，天行疾，天持日月转，故日月实东行，而反西旋也。

王充将天比作圆形的石磨，将日月比作微小的蚂蚁；蚂蚁在磨盘上爬行，同时磨盘载着蚂蚁旋转。这个比喻起初并没有广泛地引起学者们的关注。[④]直到唐

① 戴念祖，老亮．中国物理学史大系·力学史．长沙：湖南教育出版社，2000：139-140，154-156.

② 关增建．中国古代物理思想探索．长沙：湖南教育出版社，1991：129-132.

③ 戴念祖先生在《中国物理学史大系·力学史》中分析了王充《论衡》、李淳风《晋书·天文志》、王廷相《雅述》中有关“蚁磨之喻”的史料。关增建先生在著作《中国古代物理思想探索》中相对更早地从物理角度讨论了李淳风《隋书·天文志》中关于天体视运动的描述。这些工作为本章的讨论打下了重要基础．

④ 笔者在《中国基本古籍库》中分别以“磨”和“硙”为关键词进行了全文检索。检索结果显示，从王充《论衡》提出蚁磨之喻到唐初李淳风在《晋书·天文志》中对之加以引用，这段时间内有两条有关蚁磨之喻的论述。一条来自西晋杨泉《物理论》：“儒家立浑天以追天形，从车轮焉；周髀立（盖）天，言天气循边而行，从磨石焉。”另一条来自《艺文类聚》，其相关论述与下文《晋书·天文志》中的内容一致，在此不赘述。

代李淳风在《晋书》和《隋书》的天文志[1]中对之加以详细引述之后[2]，这一比喻才逐渐引起人们的注意，并被引申至多种语境之中。在上述二部史书中，李淳风对蚁磨之喻形容日月随天左旋的运动，做了如下表述：

> 周髀家云：天圆如张盖，地方如棋局。天旁转如推磨而左行，日月右行，随天左转，故日月实东行，而天牵之以西没。譬之于蚁行磨石之上，磨左旋而蚁右去，磨疾而蚁迟，故不得不随磨以左回焉。

在分析这段史料之前，需要特别指出的是，右旋说与左旋说在描述日月五星的视运动时，所选取的参考系是不同的。两种观点都认为天每日自东向西旋转一周，都是以静止的大地为参考系来描述天的转动。右旋说认为（日月五星附着于天），太阳每日随天左旋的同时还右移一度，即日一日行天一度。这是以转动的天壳为参考系来描述太阳的运动。左旋说认为（日月五星不附于天），太阳每日顺天左旋，只是转动的速度每日较天迟一度，如朱熹云："盖天行甚健，一日一夜周三百六十五度四分度之一，又进过一度。日行速，健次于天，一日一夜周三百六十五度四分度之一。"《朱子语类》可见，左旋说论者在描述日月五星的视运动时，则是选取静止的大地为参考系，与描述天的转动时相同。

在蚁磨之喻的这段议论中，对天体运动的描述以磨与蚁的运动进行类比，应选择与原型（右旋说中的天和日月的运动）相同的参考系。上述史料中的"磨左旋而蚁右去"即是如此。但紧接着的"磨疾而蚁迟"却在描述蚁的运动时，转以大地为参考系。欲比较两个运动的速度大小，自应选取同一参考系，因而古人此处的参考系变换是没有问题的。这里的"疾"和"迟"，实际上是指磨盘边缘和蚂蚁的线速度大小，故可以转化为物理量"线速度"来描述。

自李淳风《晋书·天文志》开始，有关蚁磨之喻的论述渐丰，主要集中在三方面：其一，在讨论天体运动问题时，常引用蚁磨之喻，其中不乏对此喻的发展

---

① 《晋书》与《隋书》的编纂工作均由多人共同参与。其中，此二部史书的"天文、律历、五行志"则由李淳风撰写而成（参见刘昫的《旧唐书·李淳风传》）。

② 陈美东先生考察了李淳风周髀家盖天说的来源与可靠性。他通过比较发现，李淳风相关记述可分为五条，其中有三条与王充《论衡·说日》中的记述几乎相同，一条大同小异，一条为王充所未及。因李淳风此论说明确冠以"周髀家曰"，又因认为王充有关"蚁磨之喻"的论述均引自"儒者曰""或曰"等他人之言，陈美东主张王充与李淳风对于周髀家言的转述应有一个共同的文献依据。（参见：陈美东．中国古代天文学思想．北京：中国科学技术出版社，2008：86-90.）而就"蚁磨之喻"而言，《论衡·说日》共有两处论及，均是在强调"日月附天"的语境中由王充自己提出，并非引用他家之言。且在二人相隔的几百年间，亦鲜有关于"蚁磨之喻"的其他论述。考虑到二人间隔较长的时间跨度、二者表述较高的相似度，笔者倾向于认为"蚁磨之喻"乃由王充提出，李淳风对之进行了引述。

及对于圆周运动的新认识，下文黄润玉、戴震等学者的相关议论，即属此类。其二，在许多诗词作品中，用蚁磨之喻形容人生的奔忙与无奈。略举两例，如蔡襄的“予尝欲论荐，身微蚁在磨。藉令或指擿，声名屡自堕”[①]；如程端礼的“君不见，造物戏人如儿童，遗尔百忧看成翁。人生只同蚁旋磨，扰扰谁能出其中”[②]；再如吴俊的“人生蚁行磨，磨速蚁则迟。总在旋转中，而来强奔追”[③]。其三，在一些咏物作品中，直接形容水磨……。其中有代表性的，如北宋张舜民在《水磨赋》中这样勾勒水磨运转之状：“仰而观之，何天轮之右旋；覆轑胶戾，蚁行分寸，迟速间隔。俯而察之，何地轴之左行，消息斡运，楮撑挺拔，千匝万转而不差……”再如清代张锦芳在《筒车》中的描写：“宁知水转轮，翻以轮役水。联联衔尾鸦……随磨蚁。”值得一提的是，古人在对蚁磨之喻进行注解时，大多认为它的典源是《晋书·天文志》。这也从一个侧面反映了《晋书》对蚁磨之喻的积极影响——使之为更多学者所熟知。

二、朱子学派提出内外轮之喻

在描述日、月、五星右旋运动时，“圆形磨盘”模拟的是天的转动而非天体本身。所以在中国传统文化框架下，它并不受到特定宇宙结构理论或天体运动阐释学说的制约，既适用于盖天说，也适用于浑天说。因此，持浑天宇宙观的学者也可以直接引用蚁磨之喻来阐释右旋说，如宋阙名氏《浑天辨疑》云：“前代之论天体者，曰如弹丸，曰如鸡子，曰如倚盖，曰如蚁磨，要之皆不外夫浑天之制。……如蚁磨者，谓天道西行而最速，七政东行而最迟。天运如磨，七政如蚁。七政东行以其行迟，故天带之而西没。此论七政与天相运之意耳，言不尽意，故喻以蚁还磨焉。盖取其运行迟速之相若，固未尝言天体如磨之平旋，自东而南，自西而北也。”北宋陈祥道也有这样的说法：“或问浑天之说如何？……陈祥道曰：天绕地而转，一昼一夜适周一匝又超一度。天左旋，日月违天而右转。日一日行天一度，月一日行天十二度强。天之旋如磨之左转，日月如蚁行磨上而右转。磨转疾而蚁行迟，故日月为天所牵转。至于日没日出，非日之行，而天运于地外而日随之出没也。”[④]

此外，浑天说论者也有持左旋说的，宋代张载和朱熹是其中比较有影响的代

① 《端明集·和黄介夫忆竹》.

② 《畏斋集》.

③ 《荣性堂集·卷四》.

④ 陈大猷．书集传或问·卷上 // 影印文渊阁四库全书．第 60 册．台北：商务印书馆，1983：38-39.

表。张载认为天和恒星是左旋的，宇宙空间的气亦顺天左旋，同时也带动着系属于气中的日月五星一起左旋。由于日月五星左旋的速度较天和恒星为迟，于是看起来它们像是右转：

> 天左旋，处其中者顺之，少迟则反右矣。
> 地在气中，虽顺天左旋，其所系辰象随之，稍迟则反移徙而右尔。[①]

张载在《正蒙·参两》中运用气和阴阳等理论解释天和日月五星的相互作用关系，并对左旋说进行了较为系统的论证。但是，他并没有引入蚁磨之喻，否则便会遇到磨上蚂蚁“无路可行”的问题：蚂蚁若是左行，就必然快于磨；若是右行，就成右旋说了。清代著名学者江永就曾指出这一问题：“蚁虽随磨左旋，而蚁之头足自向东而右行。若使蚁亦向西，则蚁之行不反速于磨乎？”[②]。

在张载之后，左旋说得到了朱熹的提倡。朱熹对张载的宇宙论思想持肯定态度。他在与弟子的讨论中（见《朱子语类》），以轮代磨，提出了新的模拟思路[③]：

> 问：“经星左旋，纬星与日月右旋，是否？”曰：“今诸家是如此说，横渠说天左旋，日月亦左旋。看来横渠之说极是，只恐人不晓，所以《诗传》只载旧说。”或曰：“此亦易见。如以一大轮在外，一小轮载日月在内，大轮转急，小轮转慢。虽都是左转，只有急有慢，便觉日月似右转了。”曰：“然。但如此则历家逆字皆著改做顺字，退字皆著改作进字。”

为说明日月左旋之理，并主张历家改从其说，朱熹以内外组合的两个圆轮来模拟天和日月的左旋（简称“内外轮之喻”）。

朱熹的内外轮之喻很好地匹配了张载的左旋说理论。它的提出代表了左旋说论者对托喻设譬的天体视运动描述方式的发展，同时对古人继续关注圆周运动，认识它的规律，也有着积极的影响。

磨—轮之喻在描述天体视运动中的运用，经历了以王充为代表的右旋说论者蚁磨之喻的提出到诸多学者的引用，再至以朱熹为代表的左旋说论者根据理论的需要，在磨—轮结构的基础上进行新创的过程。在这个过程中，磨—轮之喻对不

---

① 张载．张子正蒙·参两篇．王夫之注．上海：上海古籍出版社，2000：101-102.

② 《数学·论左旋右旋》.

③ 这个思路是朱熹的一位弟子提出的，但此人姓名不详，而且朱熹赞成这种思想，因此本章以朱熹之名代表他们二人，也可表述为朱熹及其弟子。

同宇宙结构理论、天体运动阐释学说以及速度比较方法的兼容，使之逐渐成为古人描述天体圆周运动的一种理论工具，同时也为后来学者进一步表述有关圆周运动规律的认识奠定了基础。

第二节　明代黄润玉和王廷相对磨—轮之喻的运用

在明朝之前，古人利用磨—轮之喻，力求形象、直观地说明天和日月五星所做圆周运动的快慢。这种借助转动的磨盘（或轮盘）来描述天体视运动的方法，对后来者影响很大。甚至于明朝来华的耶稣会士在介绍西方宇宙学的译著中，也引用了蚁磨之喻来描述和比较天体的运动，如傅泛际在《寰有诠》中即运用了这一比喻："宗动天之动最健，能挈下天之动，然亦不能尽掩下天灵者之施。故西运者自西，东运者自东也，如人施力旋磨向右而动，蚁在磨上左行，岂缘右行之磨遂止左行之蚁乎？"

有明一朝，黄润玉和王廷相先后借助磨—轮之喻表达了对于圆周运动性质的进一步认识。黄润玉在《海涵万象录·天地》中写道：

> 天之南北二极如倚杵，天体如磨，极如磨心。天体浑是一团气，如磨转，但近心处不大转，在外气愈远愈急。其星为天体，在最远处，次日，次纬星，次月，在内气中至极。
>
> 七曜之迟速因寓气之内外不同，愈在外则愈速。知天如轮转，而心不动也。
>
> 天地间一气右旋如车轮之转，地如车之轴居毂之中，毂转迟，轮转疾。此天之气近地者缓，渐远地者渐急。

黄润玉在《天地》一节不足五百字的笔墨中着重描述了天体转动的特点。他将天体比喻为磨和车轮，也属对磨—轮之喻的运用。正如黄润玉所指出的："心不动也"，"近心处不大转"，"在外气愈远愈急"，"愈在外则愈速"。他虽然没有直接给出线速度的概念，但表述中蕴含了对于线速度变化规律的初步认识。

王廷相在论述冬夏日度皆百刻的道理时，也运用了磨—轮之喻：

> 七曜之躔绕极方外，一昼一夜旋转一周。……何冬夏日度皆百刻？曰：天体虽有远近高低，运行一周，远近举皆一周，管于枢故耳。观日

近极之时，则影移之迟；远极之时，则影移之速，可测矣。如蚁在磨盘，一在边，一在近脐。虽有内外远近，皆磨一周而同至。安得刻候不同？[①]

王廷相宗盖天说，这使他很容易想到以蚁—磨为喻来模拟太阳距离枢极远近不同时的运动特点。天每日绕极旋转一周，相当于磨绕轴旋转一圈。太阳随天也是每日绕北极旋转一周。冬季太阳离枢极远就旋转得快些，夏季离枢极近就旋转得慢些，就像磨上距离磨轴远近不同的蚂蚁。磨盘旋转一周，其上的蚂蚁也同时旋转一周，也即磨上各点都同时旋转一周。借助蚁磨之喻，王廷相不但指出了磨盘上各点转动的快慢与距转动中心远近的关系，还进一步指出，各点经过相同时间转过的度数[②]是相同的。正如戴念祖先生所说，除了没有角速度、线速度的名词，以及这个假想的天球尚须修正外，王廷相论述中所含的各种速度概念及其结论是正确的。

第三节　清代梅文鼎和戴震对磨—轮之喻的改造

在讨论左、右旋问题时，古人认为日月五星旋转所沿的黄道带与赤道面是斜交的。[③]而经典的蚁磨之喻与内外轮之喻均忽视了黄道与赤道的位置关系，将黄、赤二道置于同一平面上。对此，清代一些学者质疑。比如江永即在其著作《数学》“论左旋右旋”中，对朱熹模型的这一缺陷进行了讨论：“有大轮在外，小轮载日月在内之喻若何？曰：愚向亦疑之，谓日月果因行少迟而觉其右转，则当循赤道而退，无南北斜行之势。何为日自行黄道斜交于赤道；月五星各有道又斜交于黄道乎？”为突出此“南北斜行”，亦为模拟宗动天对各重之天的带动作用，梅文鼎结合西方的托勒密体系以及多重天结构，在内外轮之喻的基础上提出了大小轮叠加的改造模型：“假令有小盘、小轮附于大钧盘、大飞轮之上，而别为之枢。则虽同为左旋，而因其制动者在大轮，其小者附而随行，必相差而成动移，以生逆度。又因其枢之不同也，虽有动移，必与本枢相应而成斜转之象焉（此之斜转亦在平面，非正喻其平斜，但聊以明制动之势）。夫其退逆而右也，因其两

① 王廷相．王廷相集．第3册：雅述．北京：中华书局，1989：843-844.

② 参见：关增建．中国古代角度概念与角度计量的建立．上海交通大学学报（哲学社会科学版），2015（3）：52-59.

③ 古人很早便认识到日、月、五星周天旋转所循轨道是有一定差异的，但是他们在论述左右旋差异时往往将七政轨道统称为黄道。这个黄道是指黄道带，即天球上以黄道为中心线的一条宽约18°的环带状区域。七政的视运动轨迹都位于这条带内。

轮相叠；其退转而斜行也，因于各有本枢；而其所以能退逆而斜转者，则以其随大轮之行而生此动移也。若使大者停而不行，则小者之逆行亦止，而斜转之势亦不可见矣。"(《历算全书》) [1]磨、轮结构在模拟天体圆周运动上的普适性，由此可见一斑。

稍晚一些，戴震在《续天文略》中对前人有关日月左、右旋的争论加以评述总结的同时，提出了在磨盘上构建黄、赤道的"改造"方案：

> 故自宋以来，儒者与步算家各持一议。试就蚁行磨上之喻论之，不惟磨左旋而蚁右去也。磨石有上下之厚，均分其厚，于上下之中设一圈，又斜络之设一圈交于中圈，半在中圈之上至磨上侧，半在中圈之下至磨下侧。蚁右行循此圈，自下侧斜而上至上侧，势必斜而下至下侧，适一周。此圈乃论上下，非与中圈同转，分迟速。知此，则赤道专论东西，黄道专论南北，其象显然。

戴震在讨论中首先指出,"试就蚁行磨上之喻论之，不惟磨左旋而蚁右去也"，即在"蚁行磨上"的比喻中，不仅有磨左旋和蚁右旋两个圆周运动。接着，他用极具几何特色的语言仔细描述了如何在磨身取得"中圈"，以及如何在磨盘之上构建一条新的倾斜圆轨道。

可以说，戴震于磨盘之上构建黄、赤二道，并借此分析蚂蚁运动的做法，将蚁磨之喻发展为了一个新的模型。在严格区分日、月、五星轨道的情况下，戴震模型的斜轨道同样可代表黄道带内的月道或者五星各自的轨道。值得注意的是，戴震构建黄道的方案可以直接移置到朱熹模型中"载日月而行"的小轮上，弥补其"无南北斜行"的缺陷。

戴震模型与前人相关模拟的不同主要表现在两个方面：其一，首次在石磨上构建出黄道，完成了浑天体系与石磨的结合；其二，戴震通过对模型中蚂蚁运动的分析，隐含了运动合成和分解的思想。

戴震模型的这两个特点皆有源头可寻。一方面，对于盖天说论者提倡的蚁磨之喻，戴震的评价是"此喻诚得之而未尽"。戴震所谓"未尽"之处，就在于磨盘之上没有赤道、黄道。而历代天文学家均十分重视以赤道或者黄道为参照来观察日月五星的运动情况。戴震也认为，对于日月五星旋转方式的分析应从黄道和

---

① 前人运用磨—轮之喻时多注重对圆周运动现象的描述，而梅文鼎模型则偏重解释各天体做圆周运动的力学机制，又因梅氏所论并没有反映出关于圆周运动的进一步认识，所以本章不对这一模型展开分析。

赤道出发："案天左旋日月五星右旋，汉以来步算家之通说也。天左旋，处其中者顺之，少迟则反右矣，宋儒张子、朱子之创论也。稽之于古夏历，已有列宿日月皆西移之言。求之于今，又得梅氏反复申明其义。然执是以告步算家，知其必不从。试就赤道、黄道论之……"[①]由此，戴震在磨盘上进行了构建黄道和赤道的尝试。他的这一尝试可以从张衡《浑天仪注》中得到启发："赤道横带浑天之腹，去极九十一度十六分之五。黄道斜带其腹，出赤道表里各二十四度。"只要将天之腹比喻成磨盘，并且按照张衡的意思，在其上标出赤道、黄道（不用考虑去极度），即成戴震模型。另一方面，戴震的分解思想源于右旋说对太阳东西向的周日运动和南北向的周年运动的严格区分：太阳每天除自东向西的视运动外，还有或南或北的视运动（太阳南中天高度的升降）。对此，右旋说论者有详尽的论述，王锡阐在肯定右旋说时指出的："日躔从黄道而右旋，是以有渐南渐北之行，天牵之而左旋，则但与赤道平衡而行，东升西降也。"[②]戴震所谓"赤道专论东西，黄道专论南北"，乃就此理而言。

在西方天文学特别是多重天结构的影响下，自清初的王锡阐直至十八、十九世纪之交的安清翘等多位学人均尝试结合中西天文学理论，对左、右旋说进行调和或会通。[③]在此期间，磨一轮之喻与传入的西方天文学知识之间的互动并不显著，主要表现在古人用轮形结构模拟宗动天与各重天之间的力学机制等方面，如前文所述梅文鼎以叠加的大小轮模拟，"明制动之势"。无论是基于传统天文学理论的争鸣，还是从会通中西视角出发的调和，戴震模型之后，在有关天体视运动的（托喻设譬的）定性描述中，均未见有更进一步的天体圆周运动认识。

---

① 此段引自秦蕙田《五礼通考·观象授时》中戴震语。据徐世昌《清儒学案》所载"先生撰《五礼通考》……属戴氏者，观象授时一大类"可知，《观象授时》是由戴震为秦蕙田所编写。

② 《晓庵遗书·杂著》.

③ 对此，东华大学的杨小明教授及中国科学院自然科学史研究所的宁晓玉等学者进行过系统的研究，参见：杨小明 . 黄百家与日月五星左、右旋之争 . 自然科学史研究，2002，21（3）：222-231；杨小明 . 梅文鼎的日月五星左旋说及其弊端 . 自然科学史研究，2003，22（4）：351-360；杨小明，黄勇 . 日月五星左、右旋之争：安清翘的左旋会通 . 华侨大学学报（哲学社会科学版），2006（1）：101-109；宁晓玉 . 试论王锡阐宇宙模型的特征 . 中国科技史杂志，2007，28（2）：123-131；宁晓玉 . 明清时期中西宇宙观念的会通——以日月五星左右旋问题为例 . 中国科技史杂志，2009，30（1）：151-159.

第四节 小　结

由上述分析可见，从东汉到清朝中期，磨—轮之喻在中国古人对天体圆周运动的认识不断深化的过程中扮演着类似力学模型的角色。这个过程分为三个阶段：第一，从东汉到宋元，磨—轮之喻经历了从王充蚁磨之喻的提出到诸多学者的引用，再到朱子学派根据理论的需要，在磨、轮结构的基础上进行新创的过程，逐渐成为古人描述天体圆周运动的重要工具。第二，从明早期至传教士来华之前，黄润玉和王廷相先后借助磨—轮之喻，表达了自己对于天体圆周运动性质的认识。第三，从传教士来华到清中期，戴震在磨盘上构建了代表黄、赤二道的新轨道，并引入运动合成和分解思想以分析蚂蚁在磨上的运动。这是古人常用的以类比及形象化处理复杂问题的方法，蚁行磨轮之上在现实生活中是可以遇见的自然现象，即使未见过此类现象的人也容易联想到那个场景。以此来类比日月五星运动这类一般人很难捕捉到的复杂规律是简便易行的。虽然这个解释模型在完整解释天体运动理论时又存在一定问题，后世学者又进行了改造，但他们还是以文字进行润色修正，未绘出说明图，这也从另一方面体现出了中国传统力学知识表述的一般特征：注重文辞表述、善用类比形象、较少运用图示解释。

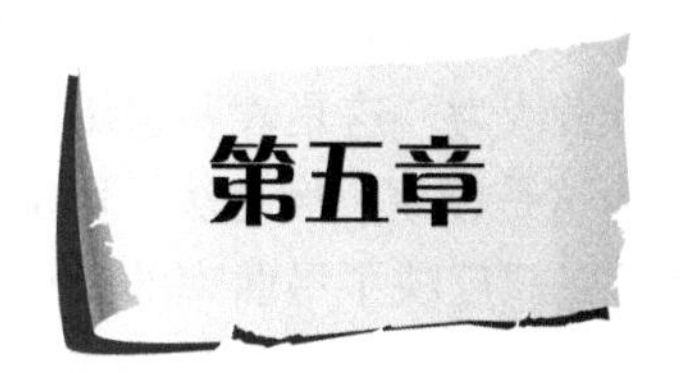

第五章

《考工记》“成规法”之力学实践

《周礼·考工记》记载了先秦官营手工业各工种的设计规范、制造技术、工艺流程、管理制度以及相关的工艺美术和技术思想等，是研究我国早期技术史和科学思想史的重要资料，尤其是其中所记载的某些设计规范之细令人叹为观止，但其中也有一些条例至今尚未解释清楚。如《考工记》里记载的两条“成规”之法，一为“筑氏为削。长尺博寸，合六而成规。欲新而无穷，敝尽而无恶”。其中“削”是带有一定弧度的书刀，六把书刀刚好能围成一个整圆，古人以此规范来确定书刀的弯曲程度。另一条是“弓人为弓”里记载的“为天子之弓，合九而成规；为诸侯之弓，合七而成规；大夫之弓，合五而成规；士之弓，合三而成规”。这句话所表达的基本信息是天子所用的弓与诸侯的、大夫的、士的均不一样，各具形制。但弓与刀不同，弓是有弹性的，并且弓在上弦、下弦、满弦时均能表现出不同的弧度，且原文中并没有明确表述此成规法是指弓体的哪个状态。近代学者多有据“成规法”考评中国古人如何确定圆心角之法，但均没有给出推导细节，其中也不乏对《考工记》“成规法”的可操作性质疑者。

第一节　今人对“成规法”的理解

《周礼》的《冬官·考工记·弓人》和《夏官·司弓矢》篇同时提到：天子之

弓合九而成规，诸侯合七而成规，大夫合五而成规，士合三而成规。钱宝琮先生指出“这是用圆心角的大小来规定弓背的曲率”①；闻人军认为这是用分规法通过对应的圆心角的大小来表示梢或弓背的曲率；杨泓认为“这是表明选用的干材越优良，则弓的钩曲度越小的缘故”②；关增建认为这是以规生度之法，可推得天子之弓的弓背曲率是40°③；邹大海认为“这种合弓成规反映了弓曲率的大小，实际是以所对圆周角的大小为依据的”④。很明显，这些学者的语言表述虽略有不同，从“弓背的曲率”“梢或弓背的曲率”到“弓的钩曲度”均表达出弓体的弯曲程度不同代表了使用者身份的不同。即九张天子之弓首尾相接可拼成一个整圆，以此类推。《司弓矢》在句末还有“句者谓之弊弓”一语。这就是“合弓成规”法，意谓连接若干相同的弓背合成一整圆。合数最少的弓，曲率最大，呈句（勾）曲状，是谓弊弓。诸学者对“规”字的理解基本是一致的，即“规”为“圆”之义，这是合理的。古书称圆为“规”，如《玉篇》“圆曰规，方曰矩”，《庄子·马蹄》“圜（圆）者中规，方者中矩”。由此可见，这些学者均把“合九而成规”看成了弓体外形不同，但均没有明示弓体是在上弦、下弦还是满弦状态。

以上学者据此评判“合九成规”在数学史上的深刻意义，即它反映了在春秋战国时期古人应用数学知识的水平已经达到了知道等分圆心角的方法。李国伟认为：我们只能说用圆弧的长度规定了弓背的弯曲程度，而圆弧有可能引出角度的观念。即使没有把圆心角明确地指出来，圆弧的度量也可以看作是一种与角度在逻辑上等价的系统。这种观念在描述天球上星体的位置与运动方面，更有它不可磨灭的价值。⑤其他还有很多类似的表述，在此不一一罗列，这似乎是学界已经达成共识的主流观点。武家璧和夏晓燕发文阐述“成规法”新意，认为此“成规法”是指弓上弦状态⑥，这与笔者几年前的观点刚好相左。⑦

---

① 钱宝琮 . 中国数学史 . 北京：科学出版社，1981：15.

② 杨泓 . 中国古兵器论丛（增订本）. 北京：文物出版社，1985：203.

③ 关增建 .《考工记》角度概念刍议 . 自然辩证法通讯，2000（2）：75.

④ 邹大海 . 中国数学的兴起与先秦数学 . 石家庄：河北科学技术出版社，2001：167.

⑤ 李国伟 . 中国古代对角度的认识 // 李迪 . 数学史研究文集 . 第二辑 . 呼和浩特：内蒙古大学出版社，1991：614.

⑥ 武家璧，夏晓燕 .《考工记》制弓技术中的“成规”法与弹性势能问题 // 石云里，陈彪 . 多学科交叉视野中的技术史研究：第三届中国技术史论坛论文集 . 合肥：中国科学技术大学出版社，2013.

⑦ 仪德刚 . 中国传统弓箭技术与文化 . 呼和浩特：内蒙古人民出版社，2007：137.

第二节 《考工记》“成规法”的矛盾之处

《考工记》“弓人为弓”里还有一句记载弓形的话：“弓有六材焉，维干强之，张如流水；维体防之，引之中参；维角撑之，欲宛而无负弦，引之如环，释之无失体如环。”这里面“引之如环，释之无失体如环”说明当时制作的角弓均可拉满成环、释弦反曲后亦成环，这里需要特别注意的是，《考工记》作者在这里用“环”字而不用“规”字。引之如环，环字的本义是指中间有孔的圆形玉器，拉满弓弦后，弓弦会成一折线，而弓体成一段弧形或半环形。“环”与“规”虽一字之差，但所表达的内容基本明确，即一张弓即可围成圆的一段而为环，用在对弓形的描述上都有成圆弧形之意。

《考工记》在这里描述释之如环的特点并没有说这仅是天子之弓的特点，而是一般的良弓均有的品质。由此可以推断出，当时所制作的角弓均有释弦后反曲成环的特征。虽说引之如环，但这个环应该是一个近似的圆环，或者是一个概念性不准确的圆环。

对此，宋代《考工记解》的作者林希逸注意到：“规，圆也。此言角弓既弛之时，天子之弓直，合九而后成规，合七者则稍曲矣，合五者则又曲矣，至于合三者则曲甚矣，据此所言又与体如环之说稍异，未知古制果如何也，注云材良则句少，如此则天子之弓虽既弛之时直而不句，用之则顺，盖其材柔和也，天子诸侯大夫士分为四等，特以弓之美为九合，和亦均也，工匠之人随其材有巧拙，或能于此而不能于彼，必件件皆工则可，故每件皆欲三均也。”由此可见，宋代学者首先承认“合九而成规”是指弓弛之时，合九天子之弓能成圆，但又与《考工记》原文中的另一条“引之如环”相矛盾，虽然作者根据注释猜测天子之弓可能是做弓的材料好并且比较柔和，故弯曲较小，但也不能让人信服，“至于合三者则曲甚矣，据此所言又与体如环之说稍异，未知古制果如何也”？其实这个疑惑刚好也困扰了笔者多年。

第三节　实践“弓人为弓”之法

欲合理推断古文原义，我们首先要了解古人的制弓和射箭方法。《考工记》

里“弓人为弓”节专门论述了古人以木、角、筋、胶、丝、漆六种主体材料制弓的方法，令人惊奇的是两千多年前的制作工艺与现今存世的中国、韩国、土耳其等传统角弓制作技艺基本相同，都用胶把木、角、筋这三种材料粘成一体，达到反曲效果以增强弓体弹性。

有一定射箭经验的人知道，同样弓胎制成的相等磅（1 磅 ≈0.45 千克）数的角弓反曲越大拉距越大则箭速越快射程越远。例如三种不同类型的角弓释弦后的反曲情况如图 5-1 所示。图 5-1 中反曲程度最大的一张弓下弦后就足以反曲成一个整圆，这是韩国传统角弓，当属世界上角弓制作最为精良的一品，弓的尺寸最小质量最轻，但射程最远；中间一张为复原的清代角弓，射程稍近；反曲程度最小的出自蒙古国优秀弓匠之手，它是用岩羊角配竹弓胎制成，射程最近。相比于韩国、土耳其、匈牙利和我国清代的角弓而言，蒙古国的角弓弓体较重，同等磅数的弓弹性发挥效果稍差。值得一提的是，射靶比赛与射远比赛性质不同，单纯的射远比赛不追求到达目标的箭速和力量，射靶比赛要有所考虑，抬射角度不能过大，否则箭虽能到达箭靶但不能射入靶心依然不得分。在近几年的国际传统弓箭大赛中，我们常常见到一些欧洲的单体弓、弹性不佳的玻璃钢弓、制作水平一般的角弓均不能命中 145 米韩国靶，有的虽能射箭到靶的范围但因箭最终的力量不足常常被反弹到地面而不得分。

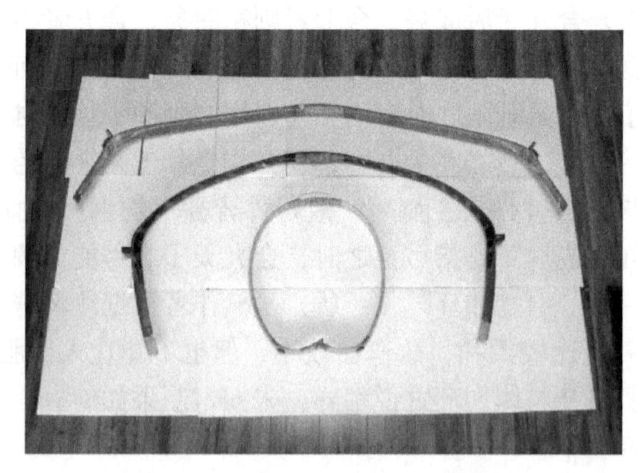

图 5-1　东亚角弓（笔者个人藏品）

通过近几年的研究，笔者发现角弓的反曲程度与弓胎的结构和角片的原初形状和薄厚有关。水牛角比岩羊角通常有较大的弯曲，角片越厚弓片回弹的力量越大，蒙古国传统角弓大部分使用岩羊角，弓胎亦用一片竹胎制成，所以我们通常所见蒙古国角弓释弦后反曲的角度不是很大。图 5-1 是 3 张不同反曲程度的角弓，其中反曲程度最大的韩国角弓释弦后即可形成一个整圆，当然这个圆是近似的，因为握把处为硬木，一般不能弯曲；弓梢与弓臂的连接处也因结构不同而与弓臂的反曲度不同。清弓反曲后也可形成一个半圆，蒙古国角弓反曲程度最小，达不到半圆的程度。

2004 年前后笔者曾就《考工记》里这句话的内容做过调研，咨询过一些弓匠和射手，但均没有找到合理的解释，所以当时认为这句话描述了一种理想情况，没有实际意义。合九而成规的弓，虽然是天子使用的，可能不代表那是最好用的弓，天子尚九，这里面礼制要求的成分很大。经过近几年的角弓制作与习射实践后，笔者认为《考工记》之“成规法”还值得再推敲。据此可推知天子的弓是释弦后反曲程度最小弓，待拉弓后与同等磅数的弓相比，天子之弓出箭速度最小、工作效率最低，士的弓反而是工作效率最高的弓。这好像不太符合情理，春秋战国时代多重“六艺”（包含射），天子必也多习六艺并为善射者，善射者必选良弓，故按《考工记》的表述天子之弓应该是优于其他角弓的良弓。

角弓的弓胎结构影响着成品弓释弦后的反曲程度。笔者在调查北京“聚元号”的清式角弓和蒙古国制作的角弓时，曾不理解为什么所调查的弓释弦后均不如在各地博物馆所见的角弓反曲度大。近年来国内学习并能够制作清式或蒙古式角弓的人不再是十年前的寥寥无几，但笔者所见的成品大都延续了释弦后没有达到反曲成圆这一技术水平。除了与角片打磨的程度和弓胎的选材定型有关外，弓胎的合成处理也很关键。2010 年笔者在内蒙古师范大学复制系列角弓时发现，正确处理弓胎是改良弓体发箭速度的有效方法。这也给我们正确理解“合九而成规”的含义提供了新的思路。

《考工记·弓人》篇论述弓的弹力是由弓臂的弹性决定的。“材美，工巧，为之时，谓之参均；角不胜干，干不胜筋，谓之参均；量其力，有三均。均者三，谓之九和。九和之弓，角与干权，筋三侔，胶三锊，丝三邸，漆三斞。上工以有余，下工以不足。”这三个“参（叁）均”构成“九和”。“均”就是平均、均等、不可偏废之义，“叁均”就是三个同样重要的要素或因素。第一个“叁均”包括选材、做工及其季节因素，第二个“叁均”指干、角、筋三种材料本身，第三个“叁均”指干力叠加角力、干角之力再叠加筋力，形成干角筋三合力。三个“叁均”加起来就是“九和”，实际上就是获得了某种综合弹性。

“三均”与“九和”涵盖了获得弹性的工艺、材料和结构三类因素。其中主要因素还是材料本身，包括干、角、筋与胶、丝、漆“六材”，起决定作用的是前三材“干、角、筋”，故郑玄《注》分三种材料结构讨论了三种弹性效果：“参均者，谓若干胜一石，加角而胜二石，被筋而胜三石，引之中三尺。假令弓力胜三石，引之中三尺，弛其弦，以绳缓擐之，每加物一石，则张一尺。”通过实践可知，其实不论是《考工记》原文还是郑玄的注都在试图阐述一个问题：筋、角、干都起到了增加弹力的效果，但为什么不用三片角或三片干或三条筋来做弓呢？因为仅用三片角没有干的支撑拉开易断，三条筋同理；而竹木为基础加一片角，会增加弓体的反曲程度，粘贴筋会加强弓体的抗拉能力。中国台湾或日本的竹木弓常用几片竹胎合成，美国印第安人也常在木胎上粘筋做弓，均是实例。而《考工记》的筋角干三合成，巧妙地把三种不同特性的弹性材料再用弹性较好的胶粘在一起，实为人类历史上堪称一绝的伟大发明。

第四节 “成规法”再辩

欲探究《考工记》作者对“成规法”的认知和理解，还得从原文里找线索。首先要搞清楚“成规法”是否与弓体的弹性性能相关。《考工记》并没有直接明说，但提到了弓体的“合数”与弓体“往来”和“利射”之间的关系：“往体多、来体寡，谓之夹臾之属，利射侯与弋；往体寡、来体多，谓之王弓之属，利射革与质；往体来体若一，谓之唐弓之属，利射深。”如此看来，“往体”“来体”是指弓体的弯曲程度。在作者看来弓体的弯曲程度与弹性性能相关。

弓体在弹性性能与射程或靶位方面的区别原文中也有论述，如《司弓矢》篇有对“利射”问题的类似表述：“及其颁之，王弓、弧弓以授射甲革、椹质者，夹弓、庾弓以授射犴侯、鸟兽者，唐弓、大弓以授学射者、使者、劳者。”“侯”指用布或皮做成的箭靶子，不同靶子上画有特定的动物头像，目前“九射格靶”（靶面绘制了九种动物头像）已经成为中国靶代表。

从《考工记》上下文可以看出：王弓、弧弓所射的对象为“甲革”“椹质”，质地坚硬，故王弧之弓射力最大，当为强弓；夹弓、庾弓所射的对象为“犴侯”“鸟兽（弋射）”，质地柔软，故夹庾之弓射力较小，当为弱弓；唐弓、大弓位于前两者之间，是为中弓。

《考工记·弓人》原文并未直接说明“往体”与“来体”之间的区别及其与成规法之间的关系，而是东汉郑玄《注》把两者直接联系起来。“射深用直，唐弓合七而成规，大弓亦然”；“射深者用直，此又直焉，于射坚宜也。王弓合九而成规，弧弓亦然”；“射远者用势，夹庾之弓合五而成规。侯非必远，顾执弓者材必薄，薄则弱，弱则矢不深中侯，不落。大夫士射侯，矢落不获。弋，缴射也”。

《司弓矢》郑玄《注》：“射甲与椹，试弓习武也。犴侯五十步，及射鸟兽，皆近射也。近射用弱弓，则射大侯者用王、弧，射参侯者用唐、大矣。学射者弓用中，后习强弱则易也。使者、劳者弓亦用中，远近可也。”又《注》曰：“往体寡来体多则合多，往体多来体寡则合少而圜。弊犹恶也，句者恶，则直者善矣。”

以上两条郑玄《注》说明了两类问题：其一是弓体弯曲程度与“成规”的关系：王弧之弓“合九而成规”，唐大之弓“合七而成规”，夹庾之弓“合五而成规”，士之弓“合三而成规”。其二是弓体的反曲程度与“利射”的关系：王弧之弓形体最直（直之又直），是强弓，宜于“射坚”；唐大之弓形体直，是中弓，利于“射深”；夹庾之弓形体曲，是弱弓，利于“射远”和“近射”；士之弓形体句（勾）曲，是谓弊弓。

唐代贾公彦对此又做了进一步解释，他的《疏》曰：“此言皆据角弓及张不被弦而合之，从合九合七合五合三降杀以两，故言衰也，多合者往体寡来体多。”由此可见往体寡来体多则合多即：弛弓曲度小、上弦曲度大则合成圆的数量就多。可知，合九成规即成规法为弛弓状态而言。就此而言无论是郑玄还是贾公彦均没有异议，“往”字有本来之义，“来”字有从过去到现在之说，故“往体”为弓体下弦状态，“来体”为弓体上弦状态。武家璧认为贾公彦把“往来”“张弛”的定性搞错了，还认为合规法是指“正曲弓数”；均是值得商榷的。

贾公彦《疏》将“往体”与“来体”定量化，建立弓体张弛的数值模型来解说“往来”之体的变化趋势，用张弦之后的弓高（弓体中点到直弦的距离）表示“来体”，用弛弦之后反曲弓的弓高表示“往体”。《考工记·弓人》：“维体防之，引之中参。”郑玄《注》：“体，谓内之于檠中，定其体；防，深浅所止。谓体定张之，弦居一尺，引之又二尺。”意指弓高一尺，满弦又多二尺，这是符合实际的。

贾公彦《疏》：“‘体谓内之于檠中定其体’者，此亦谓内之檠中则往来体定，体定然后防之。防之者郑云‘深浅所止’，若王弧之弓往体寡来体多，弛之乃有五寸，张之一尺五寸；夹庾之弓往体多来体寡者，弛之一尺五寸，张之得五寸；唐弓大弓往来体若一者，弛之一尺，张之亦一尺，是防之深浅所止。云‘谓体定张之，弦居一尺，引之又二尺’者，此据唐、大中者而言，馀四者弛之张之虽多少不同，及其引之皆三尺，以其矢长三尺，须满故也。”由此可见，贾公彦详细地给出了弓高与满弦之间的数量关系。

综合《考工记》原文，结合郑《注》和贾《疏》的注释，按实际的做弓方法及射箭效果，可得表 5-1。

表 5-1　弓名、合数、弓力对照表及合理性

弓类		成规	《考工记》原文		郑玄《注》	贾公彦《疏》		弓力强弱	弓高	实际效果
制式	弓名		特性	利射		弛（cm）	张（cm）		尺（cm）	
天子之弓	王弧之弓	合九	往体寡来体多	利射革与质	又直于射坚宜	弛五寸（11.55）	张尺五寸（34.65）	强弓	0.57（13.17）	可行
诸侯之弓	唐大之弓	合七	往体来体若一	利射深	射深者用直	弛一尺（23.10）	张一尺（23.10）	中弓	0.74（17.09）	可行
大夫之弓	夹庾之弓	合五	往体多来体寡	利射侯与弋	射远者用势	弛尺五寸（34.65）	张五寸（11.55）	弱弓	1.00（23.10）	可行
士之弓		合三						弊弓	1.60（36.96）	不切实际

注：1 尺取 23.10cm，( ) 内为换算的厘米数。

其实弓高与满弦时的拉距并无直接关联，但弓高在 15—25cm 是一个合理的范围，如果弓高达到 30cm 以上就不合理。因为现代常用中国传统射法的拉距为 75cm，也有采用中国传统射法的大拉距约在 80cm，而采用地中海式射法的拉距在 67cm 左右。如果弓高达到拉距的一半，弓体的弹力发挥就太小了，实际操作中不合理。

按原文推理一张角弓的弯曲程度，在古人眼里是定数，故《考工记》才会出现“往体”与“来体”互补，从而让其注释者形成各种解说。但就现在的做弓技术和我们的实验而言，“往体”与“来体”其实并没有必然的因果关系，“往体”与“来体”的多少均与所选用弓胎和牛角的材料及初始形状、制作方法有关。韩国角弓“往体”和“来体”都很大，而蒙古国角弓“往体”和“来体”都很小，但不管哪一种弓，只要配合一定的弓长和弓力，遵循“矢量其弓、弓量其力”的原则就能让训练有素的射手发挥出色。

第五节　小　　结

综合以上分析，我们认为，如按郑玄及贾公彦的注释，《考工记》之“成规法”本义应该是指角弓在下弦后的反曲状态，并非指如武家璧所言九张角弓在上弦时首尾相接组成一个整圆，但对数量关系测量后发现这种后人的注释仍有不切实际的成分。所以我们依然难以认定《考工记》的“成规法”的实践可操作意义，“九、七、五、三”是周礼的常用的用以界定和规范天子、诸侯、大夫、士这四大等级的一种定量化体现，即“名位不同、礼亦异数”的等级思想以及“藏礼于器”的礼制观念。韩国传统射术中依然沿用“九十步”（约合 145 米）的射靶距离即受中国传统礼制影响的直接反映。史学研究的根本目的是探究史实，但仅凭文字表述后人可做各种释义，哪种解说能代表古人的本意，实难考证。但通过合理的考证和推理过程，我们可以了解到一些相关的知识。

第六章

宋代测水平技术中的力学实践

现代的水准仪是一种测量观测点高差的测量仪器，主要用于工程现场的水平测量。中国古代早期的水准测量器物名为“准”和“水”,《汉书·律历志》记“绳直生准。准正，则平衡而钧权矣”。韦昭对“绳直生准”注：“立准以望绳，以水为平”,《庄子·天道》：“水静则明烛须眉，平中准，大匠取法焉”，刘熙《释名》载“水，准也，准，平物也”。可见，“准”和“水”在早期水准测量中释义接近，两者都指当时的水准测量仪器。任何建筑施工都脱离不开水平测量，否则建筑的使用寿命大打折扣。当然水平测量的精度是随着时代而变迁的。到了唐代，水准仪才初具雏形，改称“准”为“水平”[1]，并对“水平”这种测量水准的仪器及其使用方法在文献中进行了具体描述。关于宋代水准仪，前人多认为其传承自唐代，在测量使用方法上，唐宋区别不大，并且宋代书籍《武经总要》[2]所附的《水平图》存在制图错误[3][4][5]。但这个问题值得进一步推敲，仅凭一个版本的资料配图就认为宋代文献在水准仪的制图上存在错误，是不够严谨的。另外，前人研究忽略了宋代建筑定平过程中水准仪的具体操作细节，如果对这些细节的重视

---

① 中国科学院自然科学史研究所．中国古代建筑技术史．北京：科学出版社，1985.

② 前人主要引用的是清文渊阁四库全书版的《武经总要》。

③ 李浈．中国传统建筑木作工具．上海：同济大学出版社，2004：221.

④ 冯立升．中国古代的水准测量技术．自然科学史研究，1990（2）：190-196.

⑤ 朱诗鳌．漫话古代水准测量．武汉水利电力学院学报，1978（Z1）：115-117.

不足，很容易认为宋代水准仪的使用方法同唐代没有区别。本章尝试以现存所见《武经总要》的三个不同版本，结合《营造法式》对宋代军事水准仪的制图做初步考察；探讨《营造法式》记载的两池“水平”和“旱平”测量方法，分析宋代的水准仪是否具备创新性。

第一节 《武经总要》三个版本所附《水平图》对比

现存的《武经总要》主要有三个版本，分别是清文渊阁四库全书本、明金陵书林唐富春刻本和明正德据南宋绍定本重刻本。笔者比对了三个版本记载的内容，发现文字并无区别，但是所附的水平图存在差异，下面附上三个版本的水平图（图 6-1～图 6-3）。

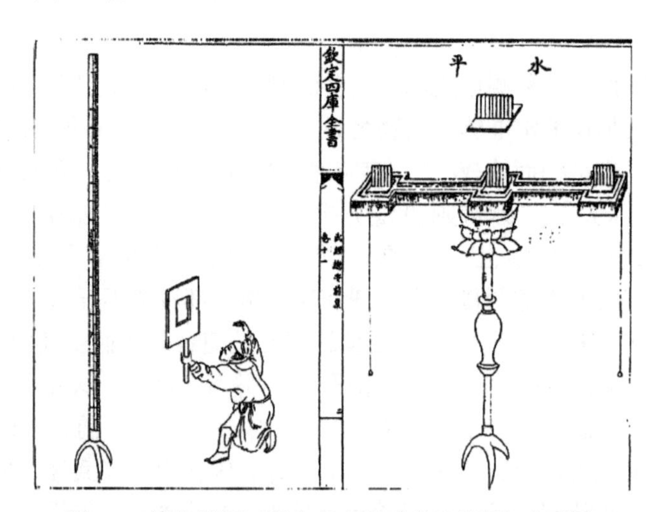

图 6-1　清文渊阁四库全书本的《武经总要》水平图

目前学界对《武经总要》水平图的批判主要是清文渊阁四库全书本的配图[①]，认为文字和图并不相配。

① 中国科学院自然科学史研究所编的《中国古代建筑技术史》，冯立升的《中国古代的水准测量技术》，朱诗鳌的《漫话古代水准测量》以及宋鸿德等编著的《中国古代测绘史话》都指出四库全书本《武经总要》的水平图存在错误。

图 6-2　明金陵书林唐富春刻本的《武经总要》水平图

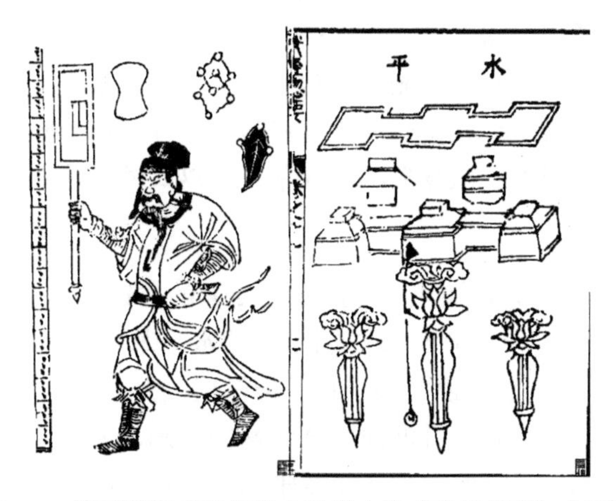

图 6-3　明正德据南宋绍定本重刻本的《武经总要》水平图

水平者木槽长二尺四寸，两头及中间凿为三池。池横阔一寸八分，纵阔一寸三分，深一寸二分。池间相去一尺五寸，间有通水渠，阔二分，深一寸三分。三池各置浮木，木阔狭微小于池，箱厚三分。上建立齿，高八分，阔一寸七分，厚一分。槽下转为关脚，高下与眼等。以水注之，三池浮木齐起，眇目视之，三齿齐平，则为天下准，或十步，或一里，乃至数十里，目力所及，置照版（板）、度竿，亦以白绳计其尺寸，则高下丈尺分寸可知，谓之水平。①

① 《武经总要·卷十一》.

上述文字详细描述了水平的部件和尺寸，结合《武经总要》三个版本的水平图分析，确实存在图不对文的部分，例如四库全书本将浮木的朝向画错了，明代的两个版本并没有体现出浮木的立齿，那么《武经总要》中的配图是否全部都是错误的，关于这个问题，要从文字记载上探究。

《武经总要》开篇的《仁宗皇帝御制序》里提到了书籍的修纂原则“虑泛览之难究，欲宏纲之毕举”，即书籍编撰之初就立志将其编成一部百科全书性质的军事教科书，所以书中内容存有抄录其他书籍的情况。实际上《武经总要》水平的描述抄录于唐代李筌的《神机制敌太白阴经》。

> 水平槽长二尺四寸（水平者木槽长二尺四寸），两头中间凿为三池。池横阔一寸八分，纵阔一寸（一寸三分），深一寸三分（一寸二分）。池间相去一尺四寸（一尺五寸），中间有通水渠，阔三分（二分），深一寸三分。池各置浮木，木阔狭微小于池，空（厚）三分。上建立齿，高八分，阔一寸七分，厚一分。槽下为转关脚，高下与眼等。以水注之，三池浮木齐起，眇目视之，三齿齐平，以为天下准，或十步，或一里，乃至十数里，目力所及，随置照板、度竿，亦以白绳计其尺寸，则高下丈尺分寸可知也。①

上述引文括号内是笔者加注的《武经总要》的描述，通过比对发现，《武经总要》记载的水平同《神机制敌太白阴经》的水平基本一致，从这一点可看出《武经总要》中的水平内容的确是抄录自《神机制敌太白阴经》，尺寸相差的地方应是抄录过程中的失误导致，并非唐宋度量衡的区别，如果是因为度量衡标准的改变而作的修改，那么《武经总要》里水平的所有尺寸应当全部按相同的比例变动，但在比对中，发现只有个别的尺寸存在不同。汪小虎的《古代军中计时法再议》一文也提到过“《武经总要》有些内容抄录《太白阴经》，其数据差异，乃是缘于传抄讹误”。② 所以《武经总要》实际记载的是唐代的水平，然而唐代的兵书并没有水平的配图，即《武经总要》抄录了文字部分，制图却是编者自绘，这样出现图不对文的情况也就能够理解了，那么《武经总要》中的图是否具备研究性，反映的是宋代的水准仪，还是编者根据唐代的文字内容揣摩所画？这个问题可结合宋代李诫编的《营造法式》来探讨，该书也附有水平图，可供参照。

---

① 《神机制敌太白阴经·卷四》.

② 汪小虎. 古代军中计时法再议. 中国科技史杂志，2013（1）：18-26.

《营造法式》是一部明定建筑设计标准、使用材料和施工定额等的建筑规范书籍[1]，由北宋李诫主持编纂而成。书中总卷部分引用了《考工记》、《庄子》和《管子》中的史料来解释定平的理论依据，继而在壕寨制度部分详细分析了定平的具体操作方法，其中有水平的详细描述和配图（图 6-4）。[2]

> 定平之制：既正四方，据其位置，于四角各立一表，当心安水平。其水平长二尺四寸，广二寸五分，高二寸；下施立桩，长四尺；安（金纂）在内。上面横坐水平，两头各开池，方一寸七分，深一寸三分。或中心更开池者，方深同。身内开槽子，广深各五分，令水通过。于两头池子内，各用水浮子一枚。用三池者，水浮子或亦用三枚。方一寸五分，高一寸二分；刻上头令侧薄，其厚一分，浮于池内。望两头水浮子之首，遥对立表处，于表身内画记，即知地之高下。若槽内如有不可用水处，即于桩子当心施墨线一道，上垂绳坠下，令绳对墨线心，则上槽自平，与用水同。其槽底与墨线两边，用曲尺较令方正。[3]

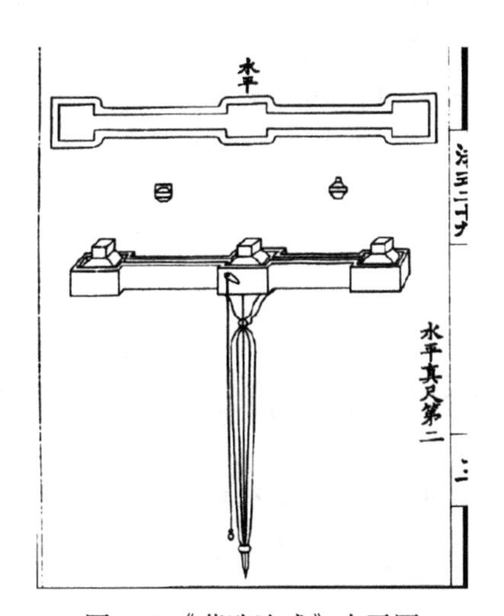

图 6-4 《营造法式》水平图

比对上述水平的文字描述，可看出《营造法式》水平图中间的垂线位置、墨线以及水浮子都一致，配图确切反映了当时建筑使用的水平样式。虽然《营造

① 柳和城.《营造法式》版本及其流布述略.图书馆杂志，2005（6）：73-76.

② 各版本《营造法式》中水平的记录不存在区别。

③ 《营造法式·卷三》.

法式》是一部建筑书籍，但将其同《武经总要》中的文字比对，发现两本书中记载的水准测量原理是相同的，且两书成书年代仅相差六十年左右，所以结合《营造法式》中的水平图来分析《武经总要》中的水平图是可取的，将其与《武经总要》三个版本的水平图比对，发现明代金陵书林唐富春刻本和明正德据南宋绍定本重刻本的水平图同《营造法式》中的水平图最为接近，水平中央的垂绳和浮木与《营造法式》中所绘基本一致，所以明版《武经总要》中的水平图应是按照宋代的水准测量仪器所绘，并不是编者根据唐代的文字记录揣摩所绘。

前人对《武经总要》水平图的批判是不合理的，以唐文和宋图比对，本身就是错误，况且《武经总要》的编者并不都是专业性很强的军事人才[①]，在校对书中所附大量的图片时，可能无法注意到图片和文字不同的小细节，但水平图必然是有样本参考，不可能是揣摩文字所绘，因为仔细阅读文字部分，可以发现虽然描述得很详细，但是关于水平的很多细节（比如垂绳）并没有涉及，仅凭文字就能绘出这样复杂的工具，基本不可能实现，所以前人对《武经总要》中水平图的纠正是不具备说服力的，并且在纠错前也没有探究清楚《武经总要》各版本的水平图，一开始引用的就是一个错误的版本，自然造成研究困难。《武经总要》中的水平图应以明代的版本图为准，其反映的是宋代的水准测量仪器，清文渊阁四库全书本的附图错误太多，其他文献中也没有与其相对应的文字说明，故希望后续学者在探讨《武经总要》中的水平问题时，不再引用四库全书本，当以明版的水平图为准。

第二节 《营造法式》中的“旱平法”分析

《营造法式》中的定平小节，描述了宋代建筑施工过程中的水准测量技术，前人在对这部分内容研究时，忽视了旱平测量的细节，继而认为宋代的水准测量技术同唐代区别不大。

唐代的水准测量离不开水，《神机制敌太白阴经》云“以水注之，三池浮木齐起，眇目视之，三齿齐平，以为天下准”，说明水准仪主要通过静止的水面和浮木相配合建立水平视线。这种方法到了宋代仍然使用，《武经总要》和《营造法式》中都有此类方法的描述。但是在《营造法式》中，还记载有一种旱平测量

① 姜勇.《武经总要》纂修考.图书情报工作，2006（11）：134.

的方法。

若槽内如有不可用水处，即于桩子当心施墨线一道，上垂绳坠下，令绳对墨线心，则上槽自平，与用水同。其槽底与墨线两边，用曲尺较令方正。

上述文字描述了宋代建筑施工在不能用水的情况下进行水准测量的方法，运用的是铅垂线与水平面垂直的原理，于水准仪支座中央施一条墨线，另在水准仪中间位置挂垂绳，当垂绳与墨线相对平行时，即说明水准仪处于水平状态，为了增加精确度，凹槽底部和墨线相连的两边还需用曲尺校正，看是否保持直角，以防水平局部发生形变，造成测量误差。这种旱平的测量方法可说是宋代水准测量技术的一大突破，《营造法式》定平节记载的真尺也是运用的这一原理（图 6-5）。

凡定柱础取平，须更用真尺较之。其真尺长一丈八尺，广四寸，厚二寸五分；当心上立表，高四尺，广厚同上。于立表当心，自上至下施墨线一道，垂绳坠下，令绳对墨线心，则其下地面自平。其真尺身上平处，与立表上墨线两边，亦用曲尺校令方正。

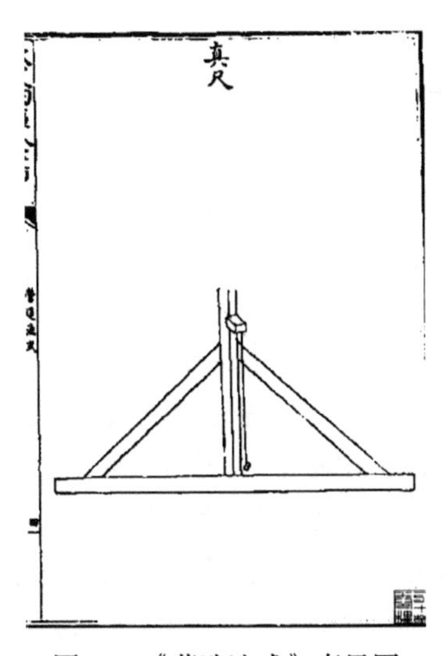

图 6-5 《营造法式》真尺图

真尺是检验基础表面是否水平的工具，通过垂绳和墨线配合判断地平，这与旱平测量的原理相同，当垂绳和墨线平行时，说明真尺下部贴着的地面水平。可见宋代能熟练运用铅垂线找水平面，不再局限于通过水来建立水平面。

古人很早就认识到铅垂线与水平面垂直，《周髀算经》载“平矩以正绳”便是用矩和铅垂绳的配合使矩水平，但在现有的文献资料中，《营造法式》是最早记录运用铅垂线和水平面关系进行水准测量的古籍，清代的《河工器具图说》还根据铅垂线与水平面垂直的原理设计出一种旱平仪。因此，宋代的水准测量技术并不是像前人所说的同唐代区别不大，而是具有创新性，并且对水准仪进行了部分改进。

宋代出现了只有两个水池的水平，并在仪器上添加了垂绳和墨线，《营造法式》载“上面横坐水平，两头各开池，方一寸七分，深一寸三分……于桩子当心施墨线一道，上垂绳坠下，令绳对墨线心”，而唐代使用的是三池水平，没有两池水平、垂绳和墨线的文献记录。两池与三池的区别，在于浮木的个数，当往水平的凹槽内注水时，三个浮木浮起能自检浮木的上表面是否位于一个水平面，如果是两个浮木，则无法察觉，因为两点能确定一条直线，却无法保证这条直线水平，当浮木因为含水量不同造成质量差别或者重心偏移时，两个浮木浮起所确定的直线会出现小的水平偏差，在肉眼不易察觉这种偏差的情况下进行测量，就会随着距离的增加，逐渐放大误差，最后影响测量的结果，所以唐代的水平没有采用两池的结构。两池水平适合不注水的旱平水准测量方法，因为旱平法采用的是铅垂线与水平面垂直的原理，只要垂绳和墨线对齐平行，就能达到水平状态，浮木放置于水平的凹槽内，其上表面自然处于一个水平面，这样只需两个浮木就可以测量，但宋代并不全是两池水平，《营造法式》小字记载“用三池者，水浮子或亦用三枚”，说明三池的水平仍然在使用。旱平法较水平法的便捷性主要体现在水浮子的运用上。

水浮子在水平法中的运用主要是借助于浮力，古人很早就认识了浮力现象，并一直尝试运用。《春秋正传》曰：“造舟于河”，就是利用舟船浮于水面的现象解决一些横向较宽河流的交通运输问题。《考工记·轮人》载：“揉辐必齐，平沈必均”，“水之，以视其平沈之均也”记录了匠人在工艺技术中利用物体浮于水面的现象检验部件的结构密度是否均匀。《三国志》云：“置象大船之上，而刻其水痕所至，称物以载之，则校可知矣。”其讲述了借用浮力称重。水准测量的水平法依靠水浮子浮起建立水平面，原理是相同形状的等质量物体浮于水面时，若其重心一致，则上表面处于同一水平面，因此水浮子需要满足形状、质量以及重心等内在条件，才能在浮起时确保其上表面位于同一水平面。当使用时间较长时，各水浮子可能因为浮木的含水率不同而出现质量差别，所以水浮子还需要携带多枚以作备用，另在使用过程中需考虑风力等外在因素对水浮子的干扰问题，因此水浮子在水平法测量中限制较多，测量前的准备时间较长。旱平法对水浮子的要求则不高，因仪器通过垂绳和墨线的配合已经水平，所以只需水浮子的形状尺寸一致，放入做工水平的凹槽内，水浮子上表面则自然水平，且水浮子不会受到含水量和风力因素的干扰。从这一点看，宋代旱平法比唐代水平法在操作过程中更简便。

第三节　水准仪设计中包含的力学知识

唐至清代有关水准仪的文献资料，对于其使用方法有详细的记载，并具体叙述了其结构尺寸。以往的研究，偏向水准测量的宏观方法[①②]，忽略了仪器本身结构设计上包含的力学知识，造成了技术研究的许多细节模糊点，如水浮子的结构为何是上窄下宽的样式、这种设计对于测量有什么帮助等类似的问题。因此研究水准仪的设计理念以及其所包含的力学原理，有助于更透彻地理解古代的水准测量技艺。元代和明代所记载的水准仪的内容与《神机制敌太白阴经》和《营造法式》所载基本一致，说明唐宋时期的水准仪完整地延续到了明代。一件仪器能在历史的演变过程中长久保持其结构不发生大的改变，说明其仍然满足社会生产力的需要，进一步反映出仪器本身设计所包含的科学性以及合理性，所以为了更充分地认知古代的水准测量技术，对水准测量工具的工作原理进行研究就变得很重要，因此本节针对水准仪设计中包含的力学知识尝试进行讨论分析。

一、平衡

从图 6-6《营造法式》中所绘的水平图以及图 6-7 水平与支座连接示意图可以直观感受到水准仪的外形设计含有杠杆的原理，同简单机械天平较为接近。天平又称为衡器、衡权，“衡权者，衡，平也；权，重也，衡所以任权而均物平轻重也”（《汉书・律历志》），衡就是杠杆、秤杆，权即砝码、秤锤。春秋战国之际，衡器已相当灵敏，《慎子》曰“悬于权衡，则厘发辨矣”，长沙左家公山发掘出的公元前 4 到前 3 世纪的楚国天平，其砝码中最小的重约 0.6 克[③]，由此说明中国早期对于物体重量的称重能达到一个十分精细的刻度，另人们对于天平中

① 冯立升 . 中国古代的水准测量技术 . 自然科学史研究，1990（2）：190-196.

② 乔迅翔 . 试论《营造法式》中的定向、定平技术 . 中国科技史杂志，2006（3）：247-253.

③ 戴念祖，老亮 . 中国物理学史大系・力学史 . 长沙：湖南教育出版社，2000：35.

的平衡现象也有所认识，《慎子》载“权左轻则右重，右重则左轻”，《荀子·正名》云“衡，称之衡也，不正，谓偏举也，衡若均举之，则轻重等而平矣，若偏举之，则重悬于仰，轻悬于俯，而犹未平也，遂以此定轻重，是惑也”，上述文字说明了等臂天平称重的原理以及各种平衡状态，当天平是等臂时，若两边放置的物体等重，则天平能够保持水平的平衡状态，而如果是不等臂的天平，则不仅无法准确地判断轻重，而且也很难保持水平的平衡状态。水准仪虽然不是用以称物体的天平，但其结构确是采用的等臂天平的模式来设计，由“槽下为转关脚”[①]可知其底部与支座部分是转动衔接，即说明水准仪并非固定在支座上，“池间相去一尺四寸”[②]表明中间水池到左右两边水池的距离相等，这样水准仪就类似于一个等臂天平，支点为其中间水池底部与支座的接触部分。那么为什么要将水准仪设计成等臂的天平结构样式？这是因为“两头中间凿为三池”，水准仪上有三个水池存在，若不采用等臂杠杆的结构形式，三个水池间的间距就有差异，在注水放置浮木后，离中间水池较远的一边可能因为自重发生下倾现象，破坏仪器整体的平衡性，进而使仪器无法建立起水平面以供测量之用。即便长边没有发生下倾，中间水池底部靠近长边的部分，其与支撑接触面的摩擦力也比另一边大，在长期的使用过程中，磨损得也会更快，进而缩短仪器的使用寿命。

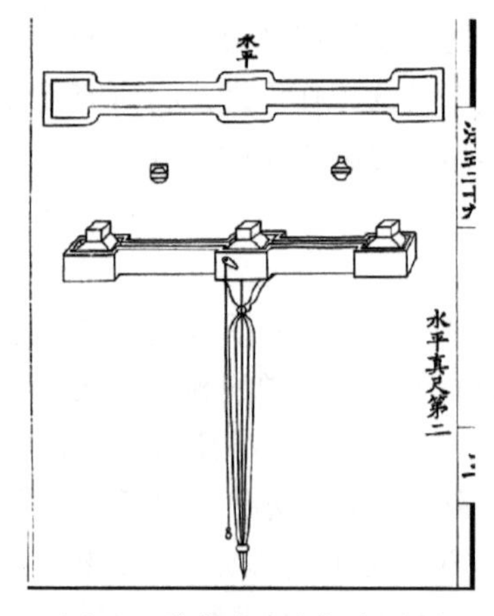

图 6-6 《营造法式》水平图

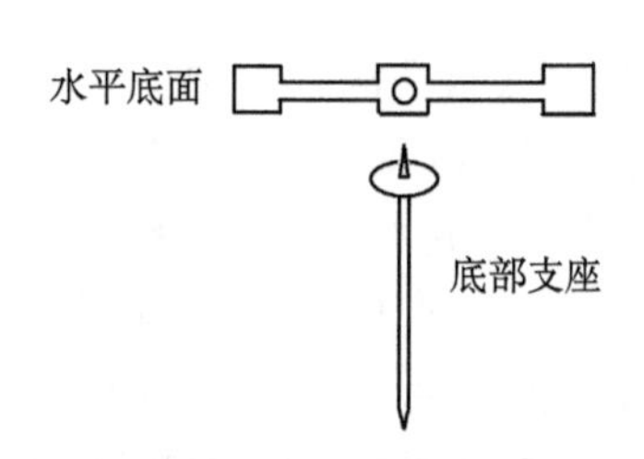

图 6-7 水平与支座连接示意图

① 《神机制敌太白阴经·卷四》.
② 《神机制敌太白阴经·卷四》.

水准仪的等臂天平结构样式，有利于其平衡时保持水平的状态，这与《荀子》中的“衡若均举之，则轻重等而平矣”相对应，否则若其处于不水平的平衡状态时，就无法进行相应的水准测量工作。那么水准仪是否可能会处于不水平的平衡状态呢？答案是有可能的，因为由“以水注之，三池浮木齐起”[①]可知水准仪的水池内不仅要放置浮木，而且还要注水，这样水准仪两边的水池就类似于秤盘，而水准仪在注水后，若不是处于水平的平衡状态，而是有细微倾斜的平衡状态[②]，则表明两头水池内的重量不一致，进一步说明水池内的浮木存在问题，或者水池与渠的底部不平，在注水后，水流往某一边汇聚较多，还可能是中间水池底部与支座的接触面并非平整等客观原因所致，这样水准仪的等臂天平结构不仅能在平衡状态时保持水平，有助于后续的测量工作，还能起到测量前的自检作用。

二、铅垂

从文献资料的记载以及配图可知水准仪是架在支座上进行相应的水准测量工作，因此对于起支撑作用的支座也需要其保持铅垂（直立）状态，不然支座倾斜，上部的水准仪即便保持平衡也很难维持水平状态，特别是在不用水进行测量工作的时候。通过文献资料的附图所示，可知其支座底端采用的是单脚支撑，这样的支撑并不稳固，需要人工辅助固定，但其有利于将支座较快速地调整到铅垂状态，那么如何判断支座是否处于铅垂状态呢？从《营造法式》所记的“若槽内如有不可用水处，即于桩子当心施墨线一道，上垂绳坠下，令绳对墨线心，则上槽自平，与用水同。其槽底与墨线两边，用曲尺较令方正”可知，当时是通过水准仪上的垂绳与支座中心的墨线配合来确保支座的垂直度，进而当支座处于铅垂状态时，上部的水准仪平衡后就自然成水平状态，这样的结构设计巧妙地运用了铅垂线与水平面垂直的原理。古人很早就认识到铅垂线与水平面垂直，《周髀算经》载“平矩以正绳”便是用矩和铅垂绳的配合使矩水平，建筑考古发掘的情况也能侧面反映古人对于铅垂与水平关系的掌握，在河姆渡遗址中有大面积的木构建筑遗迹，木构房屋属干栏式建筑，以桩木为基础，以地板为基座构造房屋，居

---

① 《神机制敌太白阴经·卷四》.

② 这时候的支点已发生偏移，水准仪不是等臂天平结构；只有支点在正中间，水准仪才是等臂天平结构，而等臂天平水准仪的平衡状态只可能是水平状态。

住面是架空的，一部分悬在水面上，另一部分悬在地面上。[①]这种房屋的居住面应与自然水面平行，居住面不平，会给人的活动和物品的放置带来很多不便，甚至有掉下去的危险。从房屋的木构件观察，有许多榫卯构件，都是垂直相交的榫卯，即构架之间保持平行和垂直关系，地板、壁面还采用企口板拼合，可以保持稳固和严密[②]，这样的建筑结构，安稳地立于水陆之间，是不成问题的。铅垂线的应用在当时也应是自然的，其制作可随时随地完成，如穿孔石环系上绳子、穿孔陶球系上绳子都可以作为铅垂线测量工具。河姆渡遗址中还出土有木构水井，由四排垂直入土的桩木构成一近方形的竖井，上面又铺设四根木料卯合成一个方框。[③]这说明当时原始居民对铅垂线与水平面的关系已有了认识。利用铅垂线可以检验木构房屋的基础木桩的垂直度，同时还可借助它来进行居住面的平整工作。

早在贾公彦对《考工记》里“匠人建国”节的注解中就介绍了使用铅垂绳让木柱保持铅垂状态的方法，贾公彦《疏》：“置槷者，槷亦柱也。以悬者，欲取柱之景，先须柱正。欲须柱正，当以绳悬而垂之于柱之四角四中，以八绳悬之，其绳皆附柱，则其柱正矣，然后眡柱之景”[④]，即在所立的木柱的八个方位上悬挂八条垂绳，当这些绳子皆依附在木柱上时，木柱也就处于铅垂状态，这种使木柱铅垂的方法精确性很高，在木柱的八个方位悬挂垂绳，避免了死角的出现。《营造法式》中的水准仪只使用一个垂绳来确保支座的铅垂状态，这样是否能够保持精确度呢？这个问题，可结合支座中间所施放的墨线来研究。墨线，是木工用以校正曲直的，约春秋或更早年代，匠人即用绳濡墨打出直线[⑤]，古称“墨”或“绳墨”。《礼记·经解》载“绳墨诚陈，不可欺以曲直；规矩诚设，不可欺以方圆”，《孟子·尽心上》曰“大匠不为拙工改废绳墨”，《荀子·儒效》云“设规矩，陈绳墨，便备用，君子不如工人”，绳墨是用濡了墨的绳子画一条长直线，让匠人沿此线进行相关的修正、修改工作，即墨线具有指导、参考的功能。水准仪支座中央所施的一条墨线，就是作为支座中轴线的参考之用，当支座铅垂时，水准

① 浙江省文物管理委员会，浙江省博物馆．河姆渡遗址第一期发掘报告．考古学报，1978（1）：39-94.

② 浙江省文物管理委员会，浙江省博物馆．河姆渡遗址第一期发掘报告．考古学报，1978（1）：39-94.

③ 浙江省文物管理委员会，浙江省博物馆．河姆渡遗址第一期发掘报告．考古学报，1978（1）：39-94.

④《十三经注疏》.

⑤ 李浈．中国传统建筑木作工具．上海：同济大学出版社，2004：217.

仪中央所布置的垂绳会与墨线相平行，如果错位则说明支座还没有调整到铅垂状态，因此这里只需要一根垂线就可以判断铅垂状态，贾公彦所描述的八垂绳法，是在没有中轴线作为参考的情况下使用的办法，采取八绳是为了尽量缩小误差，而水准仪支座中间所施的墨线，就是其中轴线，有了此线作为参考，只需要一根垂绳就可判断支座的铅垂程度。由“若槽内如有不可用水处，即于桩子当心施墨线一道，上垂绳坠下，令绳对墨线心，则上槽自平，与用水同”可知，上述墨线与垂绳主要是在不用水的情况下配合进行调试工作，当能使用注水测量法时，依靠水准仪内静止的水面就可建立基准水平面。虽然注水测量对于支座铅垂状态的要求可能没有不注水时那么严，但是支座仍需要保持一定的竖直状态，否则倾斜过大，使水准仪内的水向某一边汇聚较多，影响到水准仪的平衡状态，进而测量结果也会产生一定的偏差。

从“于桩子当心施墨线一道”以及垂绳的使用，能管窥古人对于重力现象的经验认识及熟练运用，垂绳是利用重力的方向始终向下这一原理来进行校正工作，古人对于用绳悬挂物体静止时，其朝向始终保持向下的经验认识，是从生产实践中自觉形成的。春秋战国时期，墨家就对悬挂物体的各种现象作过解释和分析，《墨子·经说下》载“悬丝于其上，使适至方石。不下，柱也。胶丝去石，挈也。丝绝，引也”，虽然没有形成具体的科学理论，但是我们也不能忽视这种直观（觉）物理学知识和实践力学知识的传播过程。直观物理学知识在任何文化传统中都广泛存在，并以人类自身的行为获得的经验认识为基础，诸如人体的感知（包括对天体及自然运动的感知、对客观物理存在方式的感知等）、人体本身的力学特性及身体行为等。这些直觉的物理学知识不仅构成了人类实践活动的基础，而且还构成了力学科学理论的基础。比如对杠杆原理的众多验证中，人们一般不需要证明而是默认：如果杠杆的一端臂抬起，那么另一端臂不可能也抬起，而是一定会下降，这种直觉的物理知识广泛地被人们所共享。实践力学知识是基于工匠们在制作及使用各种生产工具时，在实践中应用的力学知识。与直觉力学知识不同，这类知识并非广泛地被人类所分享。它与那些从事生产和使用工具的专业人群紧密相联，并伴随着历史顺序而发展。通过直接参与使用特定工具的生产过程或口头讲解，实践者的专业知识被历史传承下来。[①] 所有悬挂的物体在静止状态时保持自然下垂的状态即是一种直觉重力学的经验认识，这是被群众所广泛认知，不需要进行验证的知识，而利用悬挂的物体去判断其他物体放置在地面

① 仪德刚．中国古代关于弓弩力学性能的认识．全国中青年学者科技史学术研讨会论文集，2003.

上或者其他承载面上的铅垂状态时用到的便是实践力学知识，是不被大多数人所了解掌握的，只有从事一定行业工作的匠人才耳熟能详。

三、浮力及重心

水浮子是水准仪测量过程中的核心部件，《神机制敌太白阴经》载“以水注之，三池浮木齐起，眇目视之，三齿齐平，以为天下准”，《营造法式》曰“于两头池子内，各用水浮子一枚。用三池者，水浮子或亦用三枚。方一寸五分，高一寸二分；刻上头令侧薄，其厚一分，浮于池内。望两头水浮子之首，遥对立表处，于表身内画记，即知地之高下”。在水准测量过程中，观测者通过三个水浮子瞄准远处的度竿进行水准测量工作，度竿上标有刻度，类似现代的水准尺，需直立放置于待测点位。

水浮子的制造与运用可说是水准测量的关键所在，其涉及浮力和重心的相关物理知识。通过《神机制敌太白阴经》和《营造法式》中的记载，可知水准仪测量时，水浮子浮起，其上端位于同一水平面，通过三个水浮子上表面建立的水平视线进行远距离的水准测量作业。运用水浮子浮起进行测量借助的是液体的浮力现象，古代人们常见的液体是水，因此水的特性被古人所熟悉，《孙子·虚实》说“水无常形”，《尸子》写道：“盂圆水圆，盂方而水方”，可见在先秦时期，古人就已认识水的特征。沉浸在液体中的物体会受到被液体浮举的力，大小等于其所排开液体的重量，方向竖直向上，这是现代中学物理课本里的知识，古人虽然没有形成比较系统的科学理论，但是对于物体浮于水面这种直观物理现象的认知与使用却非常熟悉，《诗经·菁菁者莪》曰“汎汎杨舟，载沉载浮”，船舶的设计制造便是这一物理现象的典型应用之一，古人发明的浮囊、皮缸、皮船是用皮革缝制而成，内充以气，助人渡江，也是运用的浮力现象。古代桥梁发展过程中也有类似的浮力经验应用，对于一些跨度较大、水流湍急的河段，采用浮力架桥，解决两岸的交通问题，如“造舟为梁”即指浮桥。浮桥的运用广泛而成熟，特别是在行军作战过程中，当敌军撤退毁坏桥梁时，浮桥能较快搭建，方便追击敌军，甚至针对敌军的部分水攻策略能起到奇效，历史上记有战时运用车轮架设浮桥阻击敌军水攻的事例，《周书》载“陈将吴明彻入寇吕梁，徐州总管梁士彦频与战不利，乃退保州城，不敢复出。明彻遂堰清水以灌之……诏以轨为行军总管，率诸军赴救。轨潜于清水入淮口多竖大木，以铁锁贯车轮横截水流以断其船路，方欲密决其堰以毙之。明彻知之，惧，乃破堰遽退，冀乘决水之势以得入淮。比至清口，川流已阔，水势亦衰。船舰并碍于车轮，不复得过。轨因率兵围而蹙之”，王轨以车轮为浮桥，阻断了敌军船舰的退路，这是军事上围绕“水”展开攻守的一段经典战役，吕明彻通过修筑堰蓄水势攻城，王轨则利用车轮能浮于水面的特性，用铁锁贯连车轮，让其浮于吕明彻的后退路线上，阻断其船只的退路，可见古人对于浮力现象的认识与应用经验丰富。但水准仪运用水的浮力进行测量，可能是源于运用浮力称重的原理，《三国志》云：“置象大船之上，而刻其水痕所至，称物以载之，则校可知矣”，说明最迟从三国时期起，古人就明白了等重量的物体放置于同一艘船中，船下沉的深度一致，所以相同的水浮子放置于水中浮起时，其水下部分理应同样大小，而露出水面的部分也应一致，这样其上表面就维持在一个水平面上，但这里用水浮子又不同于用船称重，放置于船上的物体一般居于船的中央，再加上船体的设计，重心下移偏中心，所以船体一般不会发生偏移，水浮子要想像船体那样能等重量平稳地下沉同样的深度，还需要设计好重心。

古人对于物体的重心虽然没有形成科学的理论认识，但是对于物体材质分布的厚薄均匀程度却有较为直观的理解，《淮南鸿烈解》云“下轻上重，其覆必易”，作出了有关重心与平衡之间的关系描述，当物体下部材质分布较薄，而上部材质较厚重，或者等密度分布的物体，其外形上方偏大，下方偏小，都会容易倾倒，古代比较有代表性的物品就是酒胡子，其是一种专门用来劝酒的器物。《墨庄漫录》记“饮席，刻木为人而锐其下，置之盘中，左右欹侧，僛僛然如舞状，久之力尽乃倒。视其传筹所至，酬之以杯，谓之劝酒胡”，从上述文字的描述来看，这里的酒胡子类似于现代的陀螺，其下部被刻木之人雕刻尖锐，当其置于盘中旋转时，随着速度变慢，开始左右摇曳，直至最后完全朝向某一个方向倒下，被指的人就得饮酒，这里的劝酒物品就是利用的“下轻上重，其覆必易”道理，这是古人通过制造物体的厚薄程度来控制其重心的偏移。还有一种方法是将物体内部一定区域掏空从而促使重心偏移，《陔馀丛考》云“儿童嬉戏有不倒翁。糊纸作醉汉状，虚其中而实其底，虽按捺旋转不倒也”，文字描述的是清代的不倒翁，其用纸做成，它的上半部是空的，下半部填以实物，这样就使得重心下移，无论对其如何使力摇晃旋转，它都不会倒地。从上述事例可知，古人熟悉使物体重心偏移的方法，并运用其设计出了不倒翁和酒胡子等器物，在水准测量中使用的水准仪，其重心也被设计成了下移的形式，运用的是第一种控制重心偏移的方法，即物体的厚薄变化。《神机制敌太白阴经》曰“池各置浮木，木阔狭微小于池，空三分。上建立齿，高八分，阔一寸七分，厚一分”，《营造法式》记“刻上头令侧薄，其厚一分，浮于池内”，从文字所描述水浮子的细节来看，其结构的设计都是上薄下厚的形制，这样使得重心下移，当注水达到一定程度，水浮子浮起，由于其重心偏向底部，所以能使其如同舟船一般，在静止的水面上稳稳地浮起，这里需要注意的是，木材取自树木，而树木的密度一般从根部向上逐渐变小，所以水浮子如若要保证形状大小质量全部相同，需取同一树木的临近段节进行制作，这样能保证制作出的浮木大小尺寸一致时，质量也基本相同，不会存在太大的误差。

本节尝试针对水准仪的结构设计作相关的力学知识分析，希望能从仪器的角度阐释水准测量原理，帮助理解古代的水准测量技术。古代由于科学理论以及生产力的局限，无法达到现在自动化器械的水准，而现代化的机械设备可以通过数据来控制其各方面的状态，所以对于其结构形制并不需要特定的设计，但古代没有那么多数据可以供调试设备，因此每一个仪器的设计本身都需要包含很多相关的经验知识，以确保仪器的可靠性和实用性，比如地震仪、指南车和记里鼓车等都是如此。因此只有先明白仪器的设计原理以及运用方法，才能更清晰地掌握其在具体领域的实际应用，更深刻地理解相关的技术发展。

第四节　小　　结

在研究中国古代技术史的发展时，常会遇到资料版本问题的困扰，特别是图示说明的文献资料，往往因版本不同，所附的图形也存在差异，关晓武就针对《天工开物》所附《琢玉图》进行过考究[①]，因此广大技术史研究人员首先要尽可能多收集所研究对象的相关文献资料，在掌握一定的专业知识后，逐一核实文献资料的真实性，选取最能反映当时技术的文献资料展开研究工作，因为技术史的文献资料特别是关于一些不太起眼的技术，少有第一手的实物、图片以及当事人的记载，往往研究者收集到的都是第二手或者第三手资料，所以材料的选取是技术史研究的第一步。

前人在对《武经总要》的水平图进行研究时，多数参考的是清四库全书本，由于此版本的水平图存在绘制错误的问题，前人在研究过程中产生了困扰，认为图不对文，并对水平图进行了改正。实际上，问题主要在于文献的选取和解读，《武经总要》水平的描述抄录于《神机制敌太白阴经》，而后者并没有水平的

① 关晓武.《天工开物》所附《琢玉图》考.中国科技史杂志，2014（4）：459-470.

附图，因此《武经总要》的水平图只能是依据宋代的水准仪样本所绘，研究的重点应该是确认附图是否真实反映了当时的水准测量仪器，而不应该是附图的改正，因为改正后的水平图也无法被证实。结合宋代另一本记录水平的文献《营造法式》，可以确认明版的《武经总要》附图接近宋代的水准仪描述，而清四库全书本的水平图目前没有与之对应的文献记载，因此《武经总要》水平图应以明版为准。

对于技术史的研究，需要一定的专业知识来辅助。缺乏对应的技术理论，在对史料的解读过程中，会出现技术难以理解，新技术点被忽略或者技术解读错误的可能。前人在研究《营造法式》当中的水准测量方法时，因为对这种专业性的知识不够精通，从而忽略了旱平法对于水准测量的意义，没有注意到宋代水准仪结构的局部变化是为了旱平法而修改，进而错误地认为宋代的水准仪同唐代区别不大。实际上宋代的水准仪同唐代相比，有细节上的改进，在水准测量的使用方法上新创了不注水的旱平法进行水准测量，较水平法更便捷，但部分解读因为缺乏专业的知识体系，从而忽略了这些技术发展的闪光点。

工具的发展，反映技术的演变过程，对工具的研究，能加深对技术的理解，促进认知当时运用工具从事生产及行业的发展状况，希望本书能对相关研究起到一点抛砖引玉的作用。

第七章

中国古代生产实践中计量“功”的方法

“功”在中国古代被用于定量表达各种活动中人所付出的劳动量多少和劳动复杂程度，因而“功”的计量在报酬计量、工程量估算、徭役分派等活动中有着重要的应用。若与近代物理中“功”的概念和计算方法相较，中国古代对“功”的计量可分为两类：一类是对搬载运输活动做功多少的计量，它综合考虑负载多少与运输远近两个自变量，并且建立了功与这两个自变量的定量关系，这类功的计量在自变量的选取以及计量关系的建立上，与近代物理的做功计算有着诸多共通之处；另一类是其他活动中做功多少的计量，它或以完成产品量为标准，或以工时为量度，或综合不同自变量来权衡，这类功的计量则不符合近代物理中做功计量的讨论范围。

物理学史界一些学者对中国古代“功”的认识已有所讨论。早在 20 世纪 80 年代，申先甲等即指出：古人很早就用“功”的概念来衡量牲畜的工作能力了，也说明功和劳力有关……古人已经明确提出考核功的大小时，除了用力的大小，还要确定路程的长短。[①]之后，戴念祖等也指出：《营造法式》规定的单位工作量的“搬运功”虽和近代物理学的单位“功”不尽相同，但是其单位中含有“功”这一物理概念的两个基本因素，即力和距离。[②]其后，陈毓芳、邹延肃也列举了中国古人关于“功”的认识的几条表述。[③]这些论述肯定了中国古人对“功”的

① 申先甲，张锡鑫，束炳如，等．物理学史教程．长沙：湖南教育出版社，1987：44-45.

② 戴念祖，老亮．中国物理学史大系·力学史．长沙：湖南教育出版社，2000：176-178.

③ 陈毓芳，邹延肃．物理学史简明教程．北京：北京师范大学出版社，2012：18.

认识，但未做全面系统的深入分析。

建筑史领域，郭黛姮比较了《圆明园内工则例》与《营造法式》在搬运物料用功定额上的精粗之别。[①] 乔迅翔考察了《营造法式》功限、料例条文的形式构成，并分析了具体功限的“适用定额”（变量）与给定的“标准定额”（定量）间所遵循的增减关系。[②] 此外，余同元、何伟从建筑技术标准化与经济发展的互动关系的视角，对清代《匠作则例》中建筑材料的运费计量进行了讨论。[③] 而本书对相关史料的分析，则着眼于搬载运输活动中的做功计量，考察古人在不同的计量情境中如何处理“功”与自变量之间的关系，并从物理视角讨论相关计量方法的合理性、特点及不足。

中国古代关于搬载运输活动中做功的计量，主要集中于中国古代算书和建筑营造专著之中，可分为运费计算中功的计量、徭役分派中功的计量和工程营造中“搬运功”的计量三类。下面分别予以讨论。

第一节　运费计算中功的计量

中国古代有关运输劳费计量的讨论，包含人力负载和利用车、船等运输工具负载两种情况。其中，人力负载情境的运费计量以《九章算术》中的两道例题最为典型。

一、《九章算术》中的运输劳费计量

例 1　今有取佣，负盐二斛，行一百里，与钱四十。今负盐一斛七斗三升少半升，行八十里。问：与钱几何？答曰：二十七钱一十五分钱之一十一。术曰：置盐二斛升数，以一百里乘之为法。（按：此术以负盐二斛升数乘所行一百里，得二万里，是为负盐一升行二万里，得钱四十。于今有术，为所有率。）以四十钱乘今负盐升数，又以八十里乘之，为实。实如法得一钱。（以今负盐升数乘所行里，今负盐一升凡所

① 郭黛姮.《圆明园内工则例》评述.建筑史，2003（2）：128-144.

② 乔迅翔.《营造法式》功限、料例的形式构成研究.自然科学史研究，2007（4）：523-536.

③ 余同元，何伟.清代《匠作则例》之建筑技术标准化及其经济效应.明清论丛，2011（1）：411-426.

行里也。于今有术以所有数，四十钱为所求率也。）[①]

这道运费计量算题，给出了特定负载货物量（即负载货物的体积或重量，以下简称负载量）和运输行程下对应的运费，欲求不同负载量和行程条件下的运费。

从《九章算术》的解法可以看出，古人认为运费正比于负载量与运输行程的乘积。这道算式只能反映出运费与这两个自变量在数学上的比例关系。而从报酬计量的角度来看，古人需要建立报酬与劳动量之间的比例关系，以及劳动量与两个自变量间的比例关系。也即，在运费计量中，劳动量是联系运费与两个自变量的过渡变量。

古人对“力”的量化表达，多借用“重”的单位，如“石”“钧”“斤”等。就本题而言，古人亦是借助“负载量”来定量表达力的大小。因此，负载量与运输行程的乘积就具备了力与路程乘积的含义，可以反映力的空间累积效应。

例2　今有负笼，重一石行百步，五十返。今负笼重一石一十七斤，行七十六步。问：返几何？答曰：五十七返二千六百三分返之一千六百二十九。术曰：以今所行步数乘今笼重斤数为法。（此法谓负一斤一返所行之积步也。）故笼重斤数乘故步，又以返数乘之，为实。实如法得一返。（按：此法，负一斤一返所行之积步；此实者，一斤一日所行之积步。故以一返之课除终日之程，即是返数也。）

本题的情境仍然是背负重物步行运输。题设条件中给出了特定负载量和运输距离下的往返次数，欲求不同负载量和运输距离下的往返次数。将《九章算术》的解法用数学算式表达（注：1 石＝ 120 斤），即

$$所求往返次数=\frac{故笼重斤数120斤\times故步数100步\times返数50}{今笼重斤数137斤\times今步数76步}=57\frac{1629}{2603}$$

上述两例算题的问题情境均为人力负载重物运输，虽然所求问题不同，但均是以负载者的劳动量为度量参照的。在这样的运输情境中，负载者的劳动量是随着负载量和运输行程的增加而增大的。但是，古人对运输劳费的计量并非以整个运输过程中的体能消耗为依据的。就例 2 而言，即使空载条件下的行走也有一定的体能消耗，而这并不在古人的计量范围内。

---

① 引文中括号内文字部分为注释文字内容（如此处括号内文字属刘徽的注释），下文亦是如此用法。

二、其他典籍中的运输劳费计量

除《九章算术》外，其他算书中也包含一些关于运输劳费计量的算题。笔者系统梳理了从岳麓书院藏秦简和张家山汉简《算数书》至清代中后期的古算书，发现这些算书中，以讨论利用车（船）等运输工具情境下的运费计量为主；人力负重运输的劳费计量算题所占比例很小，且其题设条件和所求问题没有超出《九章算术》相关算题所讨论的范畴。

从古代数学角度看，车（船）运输与人力负重运输这两种情境的运费计量算题在求解过程中所依据的因变量和自变量的关系是一样的，即都以运费正比于行程与负载量的乘积为计量依据。但在利用运输工具的情况下，运输者的能量消耗已经不是决定运费多少的主要因素，因此在此类问题设计上，已经不再有计算往返次数的需要，而是以运费、行程和载重三个量之间的互算为主。

车载运输费用计量算题，如《张丘建算经》中一题："今有车五乘，行道三十里，雇钱一百四十五。今有车二十六乘，雇钱三千九百五十四、四十五分钱之十四。问：行道几何？答曰：一百五十七里少半里。"船载运输费用计量算题，如《算学启蒙》中一题："今有船载物，装重五百斤，行路八十里，脚钱一百五十文。今载八万六千斤，欲行三千四百里，问与脚钱几何？答曰：一千九十六贯五百文。"

从物理角度来看，在车（船）运输问题中，可近似认为车（船）的运动是水平方向的匀速运动，如此车（船）受到的动力 F 也是稳定的，等于车（船）本身受到的来自地面（或者水中）的阻力 f。这个动力 F 对车（船）所做的功 W 是随着载重量 m 和行程 S 的增加而增大的，但考虑车（船）的自重，W 并非正比于 m 和 S 的乘积。

在上述两种利用运输工具条件下的运输劳费计量中，古人所量算的也是牵引力做功的有效部分，即较空载状态下，牵引力所多做的功。这个功的大小等于牵引力对货物做的功，并且正比于载重量和行程的乘积。

除算书外，其他古文献中亦有一些关于运费计量的讨论，如元人沙克什编纂的《重订河防通议》卷下"算法"的一道算题："假令有梢草一万五千三百五十束，过脚赴场送纳，议定百里百斤脚钱二百四十四文，每束一十五斤，到场九十里。问：总该脚钱多少？答曰：五百五贯六百二十九文。"从此题的题设条件"百里百斤脚钱二百四十四文"中，可以看出运送"梢草"费用的多少，是正比于运输里程和负载量的乘积的。

明清两朝所编纂的工程营造技术规范中，也有对于物料运输计费的详细规定，如明万历年间何士晋所编《工部厂库须知》“运价规则”对楠木运费的规定：

> 楠木：一号，围一丈四尺，长五丈五尺，每车一根，每里银五钱六分；二号，围一丈三尺，长五丈四尺，每车一根，每里银四钱五分；十二号，围三尺，长四丈，每车一根，每里银三分五厘。以下照此递减。

可以看出，这种计量方式是先根据所运输木料的径、长尺寸差别，规定出运输单位数量（“一根”）的不同尺寸“楠木”，行走单位里程（“每里”）的价格，再根据实际每车的负载量及运输行程远近量算运费。

《工部厂库须知》“运价规则”中，不仅有根据木料径、长尺寸估算负载量的运费计量方式，亦有直接根据木料重量定价的量算规定：

> 楠木板枋（每见方一尺重三十三斤），连四每车每里银二分三厘三毫，连三每车每里银二分二厘三毫，单料每车每里银一分九厘三毫（以上楠木板枋内有长阔厚比旧则不同，如单料一块长一丈三尺阔二尺四寸厚七寸，秤重七百斤，每车二千二百斤，照通州运价银一两一钱）。

明清营造技术规范中对于运输劳费的计量，常有一些“临期酌定”，如《圆明园内工则例》之“杂项价值则例”中的规定：

> 凡拉运各项物料……在京城内不论远近，每车给银二钱。出城十里之内，每车给银三钱……十里之外，每车每里给银二分。

《圆明园内工则例》强调运输费用的计量应以负载斤两和运输行程的多少为依据，并且限定了每车的负载量为“一千三百斤”，但是在运输行程自变量的计量上，仅分为“京城内”“出城十里之内”“十里之外”三个区间来区分量算，难免有定额粗糙之嫌。①

由上述可知，中国古代对于搬载运输劳费的计量，是以运输劳费正比于负载量和运输行程的乘积为基本的计量依据。其中体现了正确的做功计量方法，即人力负载运输情境中负载者的力对重物所做的功，以及车（船）载运输情境中牵引力对货物所做的功，均是正比于负载量和运输行程的乘积。

① 郭黛姮.《圆明园内工则例》评述.建筑史，2003（2）：128-144.

第二节　徭役分派中“功”的计量

古代算书对征调粮食、征发兵卒等情境的均等负担问题进行了较为丰富的讨论。在这类算题中，需要综合考量不同被征调地区的户数、距运送地点的里程等不同的自变量，以求做到劳费均等。下文就车载运输和人力负载两种情况，分别举例分析。

例 3 《九章算术》卷六“均输”：

> 今有均输粟：甲县一万户，行道八日；乙县九千五百户，行道十日；丙县一万二千三百五十户，行道十三日；丁县一万二千二百户，行道二十日，各到输所。凡四县赋当输二十五万斛，用车一万乘。欲以道里远近、户数多少衰出之。问：粟、车各几何？答曰：甲县粟八万三千一百斛，车三千三百二十四乘。乙县粟六万三千一百七十五斛，车二千五百二十七乘。丙县粟六万三千一百七十五斛，车二千五百二十七乘。丁县粟四万五百五十斛，车一千六百二十二乘。术曰：令县户数各如其本行道日数而一，以为衰。（按：此均输，犹均运也。令户率出车，以行道日数为均，发粟为输。据甲行道八日，因使八户共出一车；乙行道十日，因使十户共出一车……计其在道，则皆户一日出一车，故可为均平之率也。）

本题的情境是不同地区的赋税徭役分派，距离输所“道里远近”不同的甲、乙、丙、丁四县居民以户为单位负担。根据题设条件，四县共须承担的粟数和车数总额都是确定的，且此车数和粟数对应成比例：$\frac{\text{粟数}}{\text{车数}}=\frac{25}{1}$。题设条件指出了均等负担所依据的标准：“以道里远近、户数多少衰出之”。但就各县的某一户居民而言，其承担的多少与当地户数多少无关，而仅由所在地距离输所的“道里远近”决定。又每户居民负担的赋税徭役均包含“出粟”和“行道”两部分，即不但要缴纳被征调的粟米，还要承担将这些粟米运送至输所的运输劳费。因此，“粟数”和“道里远近”就是决定各户居民负担多少的两个自变量。根据《九章算术》给出的“出粟”数的比例关系可知，在古人看来，各户应负担的“粟数”由“道里远近”决定，并且“粟数”与“道里远近”呈反比。

由前一节的分析可知，中国古代在计量运输劳费时，就是以“运输劳费正比于负载量与运输行程的乘积”为依据的。以某地平均每户应负担的“粟数”对应运费计量中的“负载量”，该地距离输所的“道里远近”对应“运输行程”，即可看出，本题的徭役分配中隐含的数量关系正好符合运输劳费计量的依据。从物理视角来看，在本题的车载运输情境下，平均每户负担的“出粟”部分和“行道”部分所满足的数量关系，可以转化为运输过程中平均每户拉车做功的定量关系，即运输过程中，平均每户所做的功相等。

例 4 《数书九章》卷十“移运均劳”：

问今起夫移运边饷，于某郡交纳，合起一万二千夫。甲州有三县。上县力，五十七万三千二百五十九贯五百文，至输所九百二十五里。中县力，五十万四千九百八十三贯七百八十文，至输所六百五十二里。下县力，四十九万八千七百六十贯九百五十文，至输所四百六十五里。乙军倚郭，一县五乡。仁乡力，一十二万八千三百七十一贯九百八十文，至输所七百六里。义乡力，一十一万九千四百七十二贯六百文，至输所七百九十五里。礼乡力，一十万八千四百六十三贯五十文，至输所七百九十里。智乡力，八万四千二百三十六贯二百八十五文，至输所七百四十九里。信乡力，九千三百四十五贯一百六十文，至输所八百四里。欲知以物力多寡，道里远近，均运之，令劳费等，各合科夫几何？答曰：甲州，上县差二千四百三十夫，中县差三千三十七夫，下县差四千二百六夫。乙军郭县，仁乡七百一十三夫，义乡五百八十九夫，礼乡五百三十八夫，智乡四百四十一夫，信乡四十六夫。术曰：以均输求之，置各县及乡力，皆如里而一，不尽者约之，复通分内子，互乘之，或就母迁退之，各得变力。可约约之，为定力，副并为法，以合起夫，遍乘未并定力，各得为实。并如前法而一，各得夫，其余分辈之。

本题的题设条件与上一题相近，向隶属于不同县、乡的八地征调役夫。本题的自变量是县（乡）物力和至输所行程，因变量是各地应征的役夫数。均等分配负担的标准如题所述：“以物力多寡，道里远近，均运之，令劳费等”。县（乡）物力的计量单位是“文”。仅就各地的单位物力（一文）而言，其所对应承担的役夫人数多少与所在地区的“物力多寡”无关，而仅由所在地距离输所的“道里远近”决定。在不考虑役夫行道能量消耗个体差异的前提下，役夫人数越多，行道里程越长，相应地，“劳费”也越多。按照本题秦九韶给出的解题思路，“以均输求之，置各县及乡力，皆如里而一”可知，平均每单位物力对应承担的“役夫人数”与“道里远近”呈反比，也即平均每单位物力对应承担的“役夫人数”与“道里远近”的乘积相当。又因为“役夫人数”正比于“役夫”的负载能力（不考虑役夫负载能力的个体差异），所以，单位物力对应的“役夫负载量”与“道里远近”的乘积相当。也即，单位物力对应的役夫行道劳费是相当的。

以上两例是均等负担问题中自变量较为简单的类型。一般而言，自变量有两个：其一是各被征调地区距离输所的里程（自变量一），其二是定量表达各被征调地区经济能力的量值（如户数、物力等，自变量二）。对这种类型算题，《九章算术》的解法是各地区以“自变量二比自变量一”作为比例分派。如果将自变量二的单位值（如一户、一文等）视为每个缴赋单位，那么每个缴赋单位对应承担的行程中因搬载运输活动而做的功相等。

包括《九章算术》在内的一些算书中，还设计了自变量更为复杂的均等负担算题，如《九章算术》的另外两道“均赋粟”算题（即“均输”章的第 3 题与第 4 题）。这类算题除了包含上述类型的两个自变量外，通常还要考虑各被征调地区的物价差别（如这两题涉及了不同地区的粟价及租车、雇佣价格的差异）。对于这类算题，《九章算术》的解法是将“道里远近”（即自变量一）及租车、雇佣价格等自变量折算为因为长途运输原因而产生的单位质量粟米的附加价格，从而根据折算后的粟价实现均等负担。

基于本节的讨论可以看出，中国古代的徭役分派以劳费均等为分配原则。如此，在自变量仅有各被征调地区的户数（或其他表达经济实力的量值）和至输所距离的情况下，这一原则要求每个缴赋单位对应承担的行程中因搬载运输活动而做的功相等。而对于自变量更为复杂的情况，古人的处理方法是，先将“道里远近”这一自变量折算入其他自变量，再建立自变量之间的定量关系。

第三节　工程营造中“搬运功”的计量

《营造法式》（以下简称《法式》）在“功限”诸节中系统介绍了在建筑营造中各种不同工种用功多少的计量方法。《法式》将搬载运输物料耗费的劳动量称为“搬运功”，相关论述主要集中在卷十六的“总杂功”“搬运功”等节。

在“总杂功”一节中，《法式》先行介绍负载量的计量：

> 诸土干重六十斤为一担（诸物准此）。如粗重物用八人以上，石段用五人以上可举者，或琉璃瓦名件等，每重五十斤为一担。

从这段文字可以看出，《法式》不是直接以物料的重量来计量负载多少，而是将之转换为“担”来计量，并且规定（单人）负重六十斤为一担；若是多人方能负起的“粗重物”或“石段”，则对应“每重五十斤为一担”。由不同搬运方式下每担对应的斤重不同可知，《法式》考虑到了不同搬运方式会引起劳动量的差异。即使同为单人搬运重物，采用不同的负重姿势，运输过程中消耗能量的多少也不相同。在搬运重物的用功计量中，古人对搬运方式差异的注意，使得量算更为合理。

接着，《法式》给出了在定额“一功”的条件下，不同运输距离与对应负载量的关系。《法式》给出了“30 里”、“往复共 1 里”（即单程为半里）、“60 步”等多个运输距离，以及在这些距离内往返搬运一次，做功为“一功”（即定额往返一次做“一功”）的前提下对应的负载量，并且说明这种计量方法适用于舟、车、筏等多种运输方式。

在“搬运功”一节中，《法式》分别对舟船、车和结筏三种物料运输方式的用功计量进行了更为细化的规定：

> 诸舟船搬载物（装卸在内），依下项：一去六十步外搬物装船，每一百五十担（如粗重物一件及一百五十斤以上者减半）；一去三十步外取掘土兼搬运装船者，每一百担（一去一十五步外者加五十担）。泝（溯）流拽船，每六十担。顺流驾放，每一百五十担。右各一功。
>
> 诸车搬载物（装卸、拽车在内），依下项：螭车载粗重物：重一千斤以上者，每五十斤；重五百斤以上者，每六十斤。右各一功。轒辘车载粗重物：重一千斤以下者，每八十斤一功。驴拽车：每车装物重八百五十斤为一运（其重物一件重一百五十斤以上者，别破装卸功）。独轮小车子：（扶驾二人）每车子装物重二百斤。
>
> 诸河内系筏驾放，牵拽搬运竹、木依下项：慢水泝流（谓蔡河之类），牵拽每七十三尺（如水浅，每九十八尺）；顺流驾放（谓汴河之类），每二百五十尺（绾系在内，若细碎及三十件以上者，二百尺）；出漉，每一百六十尺（其重物一件长三十尺以上者，八十尺）；右各一功。

本节关于三种运输方式用功计量的规定，是置于“总杂功”节中“诸于三十里外搬运物一担，往复一功……牵拽舟、车、筏，地里准此”一句之下的。因而，“诸舟船搬载物”条中的用功计量，直接从“去六十步外”的里程区间开始展开。不过，较之“总杂功”节中的相关讨论，“诸舟船搬载物”条中的用功计量，亦有根据具体工种下计量需要的两点调整：其一，将具体工种中与搬运劳作直接关联的本作功（如“装卸”“取掘土”工作）的劳动量考虑在内，故同是“六十步外”和“三十步外”的行程，单位“搬运功”对应的负载量分别下降；其二，对于“不及六十步”的情况，又细分出“三十步外”和“一十五步外”两种不同的行程区间予以讨论，这是考虑了就近“取掘土兼搬运装船”用功计量的需要。因为计入“取掘土”用功，所以“一十五步外”的“取掘土兼搬运装船”用功即等于“六十步外搬物装船”用功。

此外，对应舟船、车、筏等不同的运输方式，《法式》根据实际运输中的不同运输条件对搬运功的计量进行了细化：对“诸舟船搬载物”，主要讨论了水流方向的影响，并分别给出了“泝流拽船”“顺流驾放”两种条件下单位搬运功对应的负载量；对“诸车搬载物”，主要考虑不同车型对搬运功计量的影响，并罗列了“螭车”“驴拽车”“独轮小车子”等不同条件下单位搬运功对应的负载量；对“诸河内系筏驾放”，不仅论及水流方向的影响，还考虑到河水深浅的影响。

明清一些关于工程、房屋营造的官颁专著中也有搬运情境劳费计量的一些论述。这一时期关于搬载运输活动的用功定量表达，或计以“脚价”多寡，或计以“用工”几何。虽然这些论述内容不多，但也可反映出相应时期的工程营造活动中，报酬计量和劳动量计量之概貌，以下略举两例，以资说明：

例如，明万历年间何士晋编纂的《工部厂库须知》卷四、五中，对搬运物料用功的计量，直接以“脚价”多少予以定量表达：

> 运石脚价：各山石料运至各工地有远近，石有大小新旧，估内号数颇繁，难以槩开，惟计里计尺递加增减磨算，皆可类推。其折方止以一块折成方数，不得以零星小石积算。
>
> 运瓦料脚价：瑠璃厂旧估瓦片，每五十片计三百七十五斤，作一车。今议每车四百斤，每车每里运价四厘。
>
> 运砖料脚价：旧估斧刃砖，每十五个计三百五十斤，作一车。今议砖瓦，每车四百斤，每车每里运价三厘五毫。

可以看出，虽然《工部厂库须知》根据运输物料的不同，对负载量的计量也有所不同，如“石料”计以尺寸，“瓦料”“砖料”计以个数，但其“脚价”的计量都是以“脚价”多寡正比于负载量与运输里程的乘积为依据的。

再如，清代《工程做法则例》中规定了拽运大件石料的“用工”计算：

> 拽运大件石料，每重四百觔（斤），用壮夫一名。重六千觔以外至一万觔以内，每名每日准给二分工。……如工所道路狭窄，大车不能至，工先行卸车，拽运工所远近，临期按日计工，加算准给。

《工程做法则例》采用了“按日计工”的计量方式，即先以一定的质量差额划定负载量区间，再以搬运劳作的工时长短来替代古法中对运输行程远近的计量，即可量算劳动量的多少。这种计量方式实际上是对搬运功计量的一种简化处理，因为在某些长期重复的工程营造活动中（如上文中“拽运大件石料”），古人容易估算出平均每名壮夫每日大概的运输行程，从而建立起单位时间与单位运输行程之间的数量关系。

总的来说，在中国古代的工程营造活动中，对搬载运输工作的劳动量计量（亦即搬运功计量），多是以搬运功正比于负载量与运输里程的乘积为量算依据的。但在具体的计量中，这一依据并非一成不变，亦有诸多随着搬运条件变化而或细化或简化计量方法的“临期酌定”。

第四节　小　　结

由上述分析可见，中国古代搬运活动中“功”的计量，是对劳动量的计量，并且这种计量是以搬运活动做功的多少正比于负载量和运输里程的乘积作为基本计量依据的。因此，这种计量与近代物理中的做功计算，在计量对象、自变量的选取，以及对自变量间定量关系的处理方面是一致的。

古人对力的抽象描述尚不成熟，由此也使得中国古代搬运活动中“功”的计量方法存在一定的局限性，它仅限于相同搬载运输方式下劳动量大小的定量比较，因而各类营造著作中就不同的搬运条件拟定了非常详细的功限定额。比较中国古代算书和官颁营造专著对于搬运活动的做功计量，可以看出，二者遵循的基本计量依据是相同的，但是后者在具体的计量情境中对于功的计量有着许多细节考量和对基本计量依据的调整。这些考量和调整之处也反映出中国古代的做功计量带有显著的经验特征。而这种经验性的认知方式也在一定程度上影响了中国古代关于“功”的理论认识的进一步深化。

第八章

中国古代传统射箭术中的力学实践

中国传统箭矢的制作及使用中含有丰富的力学知识。科学史界曾广泛关注过这类与箭矢制作及飞行相关的力学问题，分析了一些重要的原始文献，并取得诸多成就。[①] 但总体而言，前人对于箭矢制作及使用技术所反映出的实践力学知识的分析还不全面，如缺少对古代箭杆形制及弹性对射箭效果影响的分析以及对传统射箭技术的力学分析等。且前人分析古人对于箭矢飞行观念的思路、解析“射箭术佯谬论”的方法还存在一些疑点。有鉴于此，笔者结合有关调查，拟对这方面的内容作进一步的系统归纳和分析探讨。

第一节　箭矢的形制及其力学性能分析

中国古代箭体与现代比赛用箭的结构基本相同，主要分为箭头、箭杆和箭羽三个部分。中国古人在长期的实践中，积累了一些制箭经验。用现在的力学知识来看，古代有些箭体的形制设计非常符合现代的力学原理。当然古人积累下来的设计方法是源于更有效地提高箭体飞行的稳定性、射击的精确性等经验，他们并无现代意义上的理论力学知识。

① 参见戴念祖，老亮．中国物理学史大系·力学史．长沙：湖南教育出版社，2000；闻人军．《考工记》中的流体力学知识．自然科学史研究，1984，3（1）：1-7；吴京祥，杨青，林倩．秦始皇兵马俑坑出土铜镞机械技术初考．西北农业大学学报，1995，23：1-10；李斌．中国古代文献中的弹道学问题．自然辩证法通讯，1994，（3）：53-58，80；等等。

一、箭头的设计及其力学效果

中国古代箭头的种类繁多，早在石器时代的石簇和骨簇形状就已呈现多样化。待青铜镞被发明后，从考古及文献上看，曾流行过一些特制的箭头。如商周时期宽体双翼式或四棱锥式曾较为流行，并一直沿用至春秋晚期。从战国晚期至秦代，则开始盛行三棱锥形铜镞。秦始皇兵马俑坑出土的箭镞大部分为三棱锥形青铜镞。直到明代中原地区流行的依然是三棱锥形箭头，“北虏制如桃叶枪尖，广南黎人矢镞如平面铁铲，中国则三棱锥象也”。①

从出土的实物来看，秦国三棱锥形镞的力学效果最好。与其他形状的箭头相比，三棱锥形镞体具有更好的导向性和穿透力。其中主面为曲面的三棱锥比其他平面三棱锥有更好的强度，曲面三棱锥镞首主面轮廓的投影与半自动步枪弹头的纵截面轮廓比较，其头部的曲线形状极为相似（图 8-1）。② 由此可见，无论从减少箭头受到的空气阻力还是增加它的杀伤力上考虑，秦国的这种箭头的设计都是相当合理的。

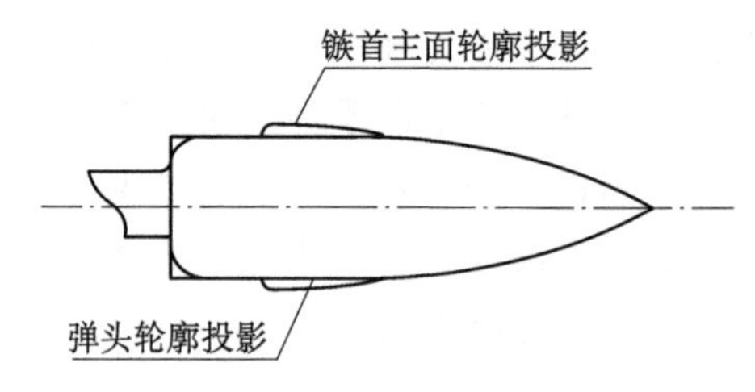

图 8-1　镞首主面轮廓与半自动步枪弹头轮廓之比较

秦箭镞不仅具有确定的几何形体，而且其几何参数还有较高的要求；不同镞刃的外形轮廓误差比较小；箭尖在底面的投影刚好落在由底边组成的三角形的中心。③ 从铸造工艺来看，这也是比较复杂的工艺过程。由此可以看出秦国箭匠做箭水平之高。

《考工记·矢人为矢》里还记载了箭头及所带箭铤的制作规范：“刃长寸，围寸，铤十之，重三垸”。从原文理解，箭头的刃片长 1 寸，中心轴周长 1 寸，铤

---

① 《天工开物·佳兵》.

② 吴京祥，杨青，林倩．秦始皇兵马俑坑出土铜镞机械技术初考．西北农业大学学报，1995，23：8.

③ 吴京祥，杨青，林倩．秦始皇兵马俑坑出土铜镞机械技术初考．西北农业大学学报，1995，23：8.

长10寸，箭头重3垸（垸：锾的假借。[①]箭头重3垸即相当于200多克，远超过清代弓所用的箭（约100克），由此看来这种箭或为重箭，或为弩用箭。符合这种比例要求的箭头在秦始皇兵马俑坑里也有所发现，其中的平翼三棱铜镞的刃长与围长之比为1：1、刃长与铤长之比为1：10，基本符合这一比例（发掘报告中没有箭镞的重量数据）。[②]按这种比例制作的箭头是否更具杀伤力，现在还无法证实，因文献中没有明确箭的其他参数。但古人以这样规范化的比例来制作箭头，有利于他们进行批量化的生产和管理，也体现了他们已经总结出了相当丰富的经验。

中国古代的箭头形制种类非常之多，以目前所掌握的资料来看，秦国时的三棱锥箭头更符合现代的力学效果。虽然古人没有现代的力学理论知识，但长期的实践经验促使他们创造了与现代力学理论基本相符的工艺技术。但令人遗憾的是，这种制作三棱锥箭头的工艺现今已失传，文献资料中也没有这方面的信息，因此我们无从调查箭匠们遵循什么样的经验法则、以什么样的思维方式来操作这些即使在今天仍让我们叹服的工艺。当然在种类繁多的古代箭头中，符合某些其他特定功能的、具有其他力学效果的箭头亦不在少数，因本章总体结构所限，暂不作过多讨论。

二、箭杆的设计及其力学效果

明代宋应星在《天工开物》里记载："凡箭笴，中国南方竹质，北方萑柳质，北虏桦质，随方不一。竿长二尺，镞长一寸，其大端也。"实际情况亦如此，通常我国南、北方选用做箭杆的材料是不同的，由于材料所限，南方多用竹质，北方多用木质。对木质箭杆的选取古人也积累了一些经验，早在《考工记》里就记有"凡相笴，欲生而抟；同抟，欲重；同重，节欲疏；同疏欲臬"。原文要求所选木材的外形、密度、质地、颜色，整句原文可理解为选取木质箭杆时，要取用自然匀圆、质地坚实、树节稀疏、颜色较深的木材。从现代的材料学知识来看，这些选择箭杆的方法都是比较科学的，体现了古人在箭杆制作方面同样积累了相应的实践力学知识。

可以想象，古人早期制作的箭杆多为粗细均匀的圆杆状。随着人们制作经验的丰富，古人还尝试了其他形状的箭杆。明代李呈芬在《射经》里记载："箭

---

① 对此文的理解，很多学者存在着不同的见解，如闻人军认为：此句应是《考工记·冶氏》的内容，后世整理竹简时错排。

② 王学理．秦俑专题研究．西安：三秦出版社，1994：319.

之制，贵上粗而下细，若秤干（杆）状。”通常古人以箭羽端为上，这样原文中箭杆的形制可理解为箭羽端粗、箭头端细。这样的设计方法，以现代的力学知识来看，有利于减少空气的阻力、提高箭速。早在《考工记·矢人为矢》里还记有“参（三）分其长，而𣏌其一；五分其长，而羽其一”的制作要求。原文中“𣏌”字古同“杀”字。因此原文可理解为箭杆三分之一的部分要逐渐变细，即把箭杆处理成粗细不等的秤杆形，箭杆五分之一的部分粘贴箭羽。

而中间粗两端细的流线型箭杆的发明，更是古人在使用一端细一端粗的箭杆基础上的又一杰作。清代《钦定工部则例》记载了这种流线型箭杆的制作方法：“凡成造一应箭杆木植，内务府用武备院库存杨木箭杆，制造库行取武备院存贮箭杆，今拟净长参尺、径四分，箭杆每枝用长参尺二寸见方六分杨木一根，凡打磨做细”，“凡成造长三尺，上围圆一寸二分，中围圆一寸四分，下围圆一寸箭杆”。由此可知，清代制作箭杆的方法是，把长 3 尺 2 寸、直径为 6 分的箭杆打磨做细，使其成为长 3 尺、上围圆（靠箭尾处周长）1 寸 2 分、中围圆（中间部位的周长）1 寸 4 分、下围圆（靠箭头端的周长）1 寸的标准箭杆。因为是打磨做细，所以箭杆粗细的变化不是突然的，而是呈流线型渐变的。对此，结合实地调查更易于理解。原北京弓箭大院里“聚元号”弓箭铺的老师傅保留了制作这种箭的传统，他们称这种箭为“掏裆子炸扣”箭，特点是中间粗两端细。这种粗细的变化很细小，通常观察不到，只能靠轻抚感觉出来。他们从射箭经验中得知这种箭飞行最快。

现代国际比赛用箭，性能最好的也是中间稍粗、两端稍细具有流线型的箭杆。国际比赛用箭材料是合成的，密度比较均匀。而传统箭取材于天然材料，虽经过加热等处理，仍无法解决其密度分布不均匀的特性。中国古人观察到了木制箭杆重量不均匀的这一特性，并认为这种不均匀性会影响射箭效果。他们使用了“水之以辨其阴阳；夹其阴阳以设其比”的方法。这种检测方法体现出了古人对木材阴阳面的特性有着清晰的认识，树木面向太阳的一面（称为阳面）密度较阴面大[①]，这是符合实际的。并用水浮法测试轻重面，从而来确定切割箭扣（即比）的方向。这样制成的箭杆，使用时密度大的面处于下方，有利于箭体飞行的平稳。

初选箭杆时，天然木杆不一定全然笔直，要用火烤并以一种特制的工具“箭端子”（图 8-2）来校正。这种方法，早在《天工开物 · 佳兵》里就有记载：“凡

① 笔者就此问题曾请教过中国科学院植物研究所的有关学者，获得肯定。而《中国物理学史大系 · 力学史》认为“阴面沉”。

竹箭其体自直，不用矫揉。木杆则燥时必曲，削造时以数寸之木，刻槽一条，名曰箭端，将木杆逐寸戛拖而过，其身乃直。即首尾轻重，亦由过端而均停也。”（从《天工开物》的“端箭”图，图 8-3，里看不清工具）原文中“首尾轻重，亦由过端而均停也”指密度不均匀的箭杆，通过加工就能均匀。但这在实际中难于实现。

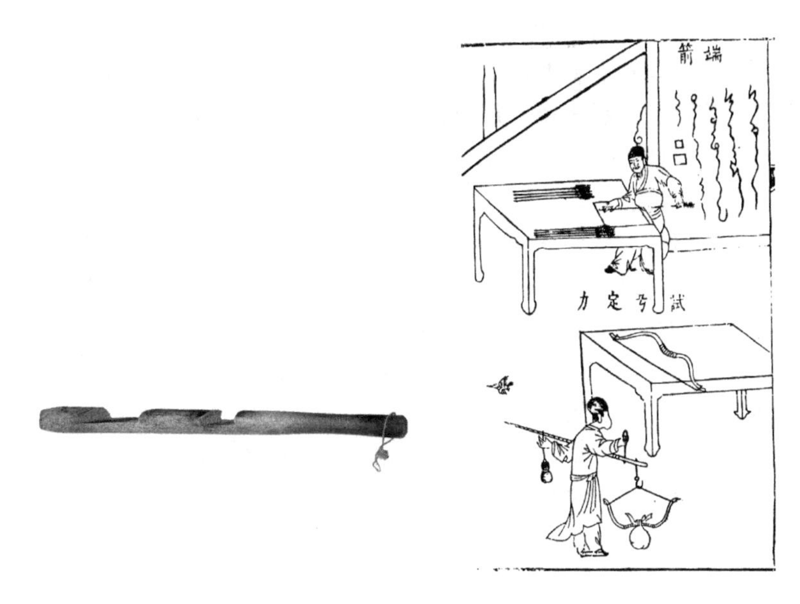

图 8-2　箭端子　　　　图 8-3　端箭（《天工开物》）

中国古代制作的箭杆形状由初期的粗细均匀形，发展到一头粗一头细的秤杆形，再发展到中间粗两端细的更符合现代流体力学的流线型，充分体现出了古人在这方面积累下来的实践力学知识。古代的资料和现代的制作传统箭体的工匠们没有准确表述过类似于现代流体力学的理论，他们遵循着那些不易精确描述的经验法则。古人根据这些经验法则做出的箭刚好与现代经过力学原理设计出来的比赛用箭形制相似，都是流线型的设计。这种设计都能减弱空气阻力对箭体飞行速度的不良影响，体现了古人在这方面的聪明才智。

三、箭羽的设计及其力学效果

箭羽是关系箭体飞行平稳的决定性因素。中国古人发明箭羽是从鸟类飞行联想到的，还是直观经验所得？现在都不得而知了。《天工开物・佳兵》曾总结了箭羽的作用："凡箭行端斜与疾慢，窍妙皆系本端翎羽之上。箭本近衔处，剪翎直贴三条，其长三寸，鼎足安顿，粘以胶，名曰箭羽。羽以雕膀为上，角鹰次之，鸱鹞又次之。南方造箭者，雕无望焉，即鹰鹞亦难得之货，急用塞数，即以雁翎，甚至鹅翎亦为之矣。凡雕翎箭行疾过鹰、鹞翎，十余步而端正，能抗风吹，北虏羽箭多出此料。鹰、鹞翎作法精工，亦恍惚焉。若鹅雁之质，则释放之时，手不应心，而遇风斜窜者多矣。南箭不及北，由此分也。"从原文可以看出，宋应星很清楚箭杆设置箭羽的作用，它可以起到纠偏的功效。原文所记载的箭羽制作方法是以胶直粘翎羽 3 条，每条长 3 寸，均分设置，这是非常符合现代流体力学知识的一种设计方法。并且原文记载了凡由雕翎作的羽箭飞行速度快，十余步便能端正飞行，且能抗风吹，并对比了其他几种翎羽性能的优劣。

《考工记》记载设置箭羽的方法是："参分其长，而翻其一；五分其长，而羽其一。以其笴厚为之羽深。……夹其比以设其羽；参分其羽以设其刃，则虽有疾风，亦弗之能惮矣。"在箭羽端五分之一处设置箭羽。以箭杆的半径为准，确定箭羽的宽度。对"羽深"的理解学界曾有不同的看法。孙诒让在《周礼正义》中认为："羽深，谓羽入笴之深。羽深浅之度，必视笴之厚薄为差，则不伤其力也。"闻人军亦认为羽毛进入箭杆的深度与箭杆的半径相等。但笔者认为箭羽插入箭杆的深度与箭杆的半径相同，从实际操作来看，不太符合实际。《天工开物》里的记载及实际调查中都是采用粘贴羽毛的办法，因此，羽深应理解成羽毛的宽度更为贴切。

以现代力学知识来看，低而长的箭羽，箭体飞行速度快，但飞行稳定性差；高而短的箭羽，箭体飞行稳定性好，但速度慢。直线形粘羽法的箭飞行时空气阻力小，稳定性一般；斜线粘法的箭飞行时会在箭羽的背侧形成涡流，阻力大，但箭羽受力会促使箭体产生旋转，稳定状态要比直线粘法好些；螺旋粘法的箭飞行时背侧没有涡流，空气阻力小，飞行比较稳定。在中国古代文献中，虽没有明确记载粘羽方式，但可以说古人一定做过很多尝试。单从设置更具有现代流体力学效果的三片箭羽，即可看出古人在经验中总结出的这方面实践力学知识。当然，我们现在已经很难得知古人如何想到箭羽的最佳设计方法是设置三片，而不是二片或四片了。

第二节　古代箭矢的其他力学性能分析

箭体形制的有效设计是古代箭匠们长期不断摸索出来的经验。另外箭匠还要考虑到箭体的形心与重心的关系、箭体本身的弹性大小、箭体的重量等因素，才能制造出性能更加优越的箭。

一、箭矢的形心与重心及其对射箭效果的影响

由于箭体是由比重较大的箭头与比重相对较小的木杆等结连而成，且箭杆又多为不规则的形状，所以箭体的几何中心（即形心）与整个箭体的重心是很难重合的。箭的重心是重力的作用点，它在箭上位置的不同，对箭的飞行有很大的影响。对于相同材料与形状的箭而言，箭的重心位置取决于箭头重量与箭杆重量之间的比例分配。箭的形心位于其形体的几何对称中心。箭在飞行时，空气对箭的作用点基本上作用于形心上，因此，箭的形心也是箭在空气中飞行时的支撑点。

箭体在飞行时，将受到两个非共点力的作用：通过重心的重力和通过压力中心的空气动力的合力。诸力作用情况见图 8-4。就压力中心（以下简称压心）与箭体重心的相对位置而言，箭体的压心位于重心之后，这样由阻力 R 产生一个起稳定作用的力矩（图 8-5），使箭体飞行平稳。

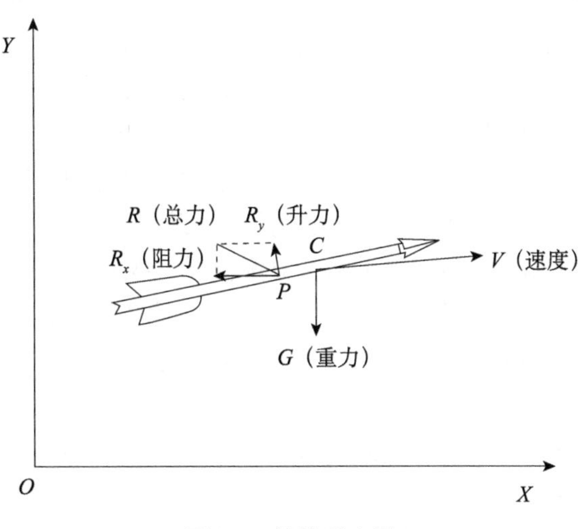

图 8-4　箭体受力图

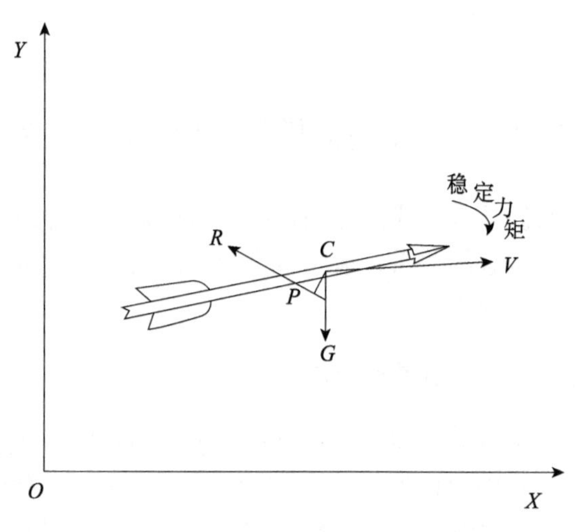

图 8-5　箭体力矩分析图

通过以上分析可见，箭的重心与形心之间的距离直接影响箭体的飞行状态。中国古人在制箭过程中也积累了这方面的经验。早在《考工记》里就记有："矢人为矢。鍭矢，参分；茀矢，参分，一在前，二在后。兵矢、田矢，五分，二在前，三在后。杀矢，七分，三在前，四在后。"原文中的"鍭矢"，根据《司弓矢》记载，是用于近射、田猎之箭；"茀"通"勃"，郑玄据《司弓矢》关于八矢（枉矢、絜矢、杀矢、鍭矢、矰矢、茀矢、恒矢、庳矢）的记载，认为茀矢为杀矢之误，杀矢的用途与鍭矢的用途相似。郑玄对此文作注曰："参订之而平者，前有铁重也"。郑司农进一步解释："一在前，谓箭稿中铁茎居三分杀一以前"。贾公彦作疏解："参订之而平者以其言参分，一在前二在后，明据称量得订而言之云前有铁而重也者，若不前铁重何以三分得订也"。孙诒让认为："订谓平比之，释文云，订，李音亭，吕沈同……《淮南子·原道训》高注云，亭，平也，亭订字通……以后二尺之重与前一尺相等"。由此看出，各代的注经家对于"一在前，二在后"的理解都认为是箭的重量分配情况：鍭矢、杀矢，箭前部的三分之一与后部的三分之二轻重相等；兵矢、田矢，箭前部的五分之二与后部的五分之三轻重相等；茀矢，箭前部的七分之三与后部的七分之四轻重相等。可做一简表如表 8-1。

《考工记》并没有明确指出如何去找到那平衡点或如何划分箭长以配重，但在实践中应不难做到。郑玄等经学家在注里都说到为什么不等臂会平衡，是因为箭的一端有铁而重也，这是一种直觉的经验认识。

表 8-1 《考工记》箭矢重心配比表

箭类型	平衡点到箭头端长度比例	平衡点到箭尾端长度比例
镞矢、杀矢	1/3	2/3
兵矢、田矢	2/5	3/5
茀矢	3/7	4/7

对于《考工记》中这段描述箭体形制的内容，有学者则认为镞入笴之后，为使重心落在箭的中心位置，使之在空气运行中保持平稳状态，人们在长期的射击实践中总结出镞铤与箭长之比为 1∶3、2∶5、3∶7。换言之，镞铤之长分别占箭长的 33.33%、40% 和 42.86%[①]，显然这与原文意并不相符，这把原文误解为是在讨论镞铤的长短问题。

在现代国际射箭运动中，常使用术语“F.O.C”（Front-of-Center，可译成形心与重心的距离）来表示这个影响射箭效果的重要参数。

通常射程越远，F.O.C 对射击结果的影响就越大。在不同类型的射箭运动中，最佳效果的 F.O.C 大小也不同。

中国国家射箭队常使用一种简单的计算方法，即铝合金箭的重心应位于箭长的 43%—40% 处（从箭头算起），这样可以使箭获得最佳飞行稳定状态。铝合金箭头有两种：一种是轻箭头，包装袋上印有 7% 字样。使用这种箭头，箭的重心约在箭长的 43% 处；另一种是重箭头，包装印有 9% 字样，箭的重心约在箭长的 41% 处。

用现代的 F.O.C 的标准去验证《考工记》中那 5 种箭的特性，可以看出大部分是相符的。另外，在北京的弓箭制作调查中，做箭师傅杨文通提到当年（清末民初）“天元号”做箭时要测定箭体的重心与中心（即形心）的位置关系，重心与形心的距离最大不能超过 6 厘米。箭的长度一般在 11 拳（约 85 厘米）左右，这样重心到箭头所占箭长的比例为 42.9%，也比较符合现代的标准。由此可见，中国古人在实践中积累的这些经验法则是十分宝贵的，这些经验法则的合理性也体现了他们对实践力学知识的理解和运用。

二、箭杆的弹性对箭体飞行的影响

箭杆都具有一定的弹性。箭杆弹性大小是由材料本身的特性决定的。天然木质箭杆的弹性在不同的季节里不尽相同。箭被射出后，因箭杆弹性的存在，箭体

① 王学理 . 秦俑专题研究 . 西安：三秦出版社，1994：316.

总会产生一些微小的横向弯曲运动。所以要提高射箭精度，射手必须熟悉箭杆弹性的强弱。

中国古人在实践中积累了这方面的经验，《考工记》记载："前弱则俛，后弱则翔，中弱则纡，中强则扬。羽丰则迟，羽杀则趮。是故夹而摇之，以眡其丰杀之节也。"郑玄注曰："俛：低也。翔：回顾也。纡：曲也。扬：飞也。丰：大也。趮：旁掉也"。孙诒让注："羽杀谓羽减少也……言杆羽之病使矢行不正者，凡矢行正，必应抛物线，若杆羽有病，则行失其正"。

《考工记》中短短的一句话总结了箭杆各部分软硬程度对箭体飞行造成的影响。结合郑玄、孙诒让的注释，原文可理解为箭杆的前端（即靠近箭头的一段）如太软箭射出后易低头；后面的一段太软箭射出后易回头；箭杆中部太软箭射出后易弯曲；中部太硬箭射出后易斜行。羽毛太长，箭飞得慢；羽毛太短，箭飞得不稳。因此制作时要摇动箭杆，来观察其软硬、粗细是否协调。由此可见《考工记》中所记载的箭匠制作箭杆时的精细程度。

单纯从实践经验来总结箭杆弹性对箭体飞行产生的影响，通常不易准确把握其中的要领。因为射箭时，箭体的速度很快，箭体的弯曲比较细微。因此可借助现代的射箭知识来分析。

由于箭杆的弹性对射击结果能产生很大的影响，所以现代射箭术研究中引入了材料力学中两个相关的概念：挠度和刚度。中国国家射箭队简易测试箭杆挠度的方法如下：取 29 英寸（1 英寸 =2.54 厘米）的箭，放在相距 28 英寸的两个支架上，箭杆的两端各伸出支架横梁 0.5 英寸，在箭杆中心加 2 磅的力，然后测量箭杆轴线位移值，所测得的数据为箭杆的挠度值。

如果把一根箭杆放置好，测试其挠度，挠度数值会因箭杆木纹理方向的不同而不同。这种变化对考虑何时测量挠度及何时插入箭括都很重要。通常设置箭括的办法是：使箭括沿平行于木材纹理的方向，发箭时纹理垂直于弓把。

此外，箭体挠度大小的选择存在不同。比较好的做箭师傅通常会按木材纹理的同一方向做出一批箭杆（包括按相同的木质纹理方向切割箭括）。对于超过 28 英寸长度的箭，挠度要相应地增加一些。又重又粗的箭，相应地要增加一些挠度。确定合适箭杆挠度的最好办法是去试射不同的箭，看哪一种最合适，而不必去精确地计算。有经验的射手，可以判断挠度的适宜程度。

综上所述，挠度是影响射箭效果好坏的一个重要方面。中国古人没有挠度的概念，但他们知道箭体的弹性等因素会直接影响射箭效果。《考工记》里关于箭体弹性对箭射效果产生的不良影响的记载，体现了古人意识到了这种影响箭体发射效果的重要因素，并由此逐步提高制箭水平。

三、箭体的轻重、长短与弓力的匹配

箭的轻重要适合弓力的大小。“矢量其弓，弓量其力”（《射经》），说的就是箭的轻重、长短要适合弓力大小，弓力大小要适合弓箭手力量的大小。当然在古代军队中为了能进行批量生产，可以大体上定出几种不同规格的箭标准，而不会根据每一个人力量的大小、手臂的长短而定。明代李呈芬在《射经》中强调了弓力、箭与射手的力量要协调的重要性：

> 《荀子》曰：弓矢不调，羿不能以必中……盖手强而弓弱，是谓手欺弓。弓强而手弱，是谓弓欺手。余所交游，善射之友，有能引满数十力弓者。其所常习，无过九力之弓。所以养勇也。盖弓、箭、力量欲其相称。

上文里引用了《荀子》的话，说如果弓与箭搭配得不好，即使是羿这样的神射手也不能射中目标。射手的力量应稍大于弓力以保存实力。《射经》里还举了例子来说明弓力与箭的轻重、长短不匹配会影响射术的情况。其一，“凡弓五个力而箭重四钱者，发去则飘摇不稳。而三个力之弓，重七钱之箭，发之必迟而不捷。何哉？力不相对也”。原文指出如用 5 个力的弓射重 4 钱的箭，则箭飘不稳。而用 3 个力的弓射重 7 钱的箭则箭体飞行迟缓。原因在于 5 个力配 4 钱的箭，箭太轻；3 个力配 7 钱的箭，箭又太重。其二，“故三力之弓用箭则长十拳，所谓一拳名曰一把，十把之箭其重四钱五分，如四力之弓则用箭九把半以长，或至十把尤为相称，其重则五钱五分。至于五力六力之弓，用箭亦长九拳之半。七力八力之弓，用箭只长九把，即长至九把半亦可也。故箭之长短，随弓力以重轻。弦扣之精粗，亦视弓之强弱。扣者，属弦以附弓弰。其粗细不称，则弓弦不调”。以上数据可整理成表 8-2。

表 8-2 《射经》记弓力与箭长、箭重配比表

弓力 / 力	箭长 / 拳	箭重 / 钱	状态
5		4	飘、不稳
3		7	迟而不捷
3	10	4.5	正常
4	9.5—10	5.5	正常
5—6	9.5		正常
7—8	9—9.5		正常

由表 8-2 可以看出，随着弓力的增加，箭长要适当减短、箭重要适当增加。但这些弓与箭的配比情况与清代的不同，据原北京弓箭大院里的师傅回忆，旧时制箭出名的“天元号”做的箭最重的为 2 两 7 钱，通常的都在 2 两左右，配的弓为 3 个或 4 个劲的。如此看来，清代所用的箭比明代的重。

在明代唐顺之纂辑的《武编》里也记有当时的弓与箭的搭配标准：“旧法，箭头重过三钱则箭去不过百步，箭身重过十钱则弓力当用一硕，是谓弓箭制”。且在《武编》里还转引了《事林广记》的说法，“古法曰，弓不等箭与短兵同，箭不等弓与无镞同。谓箭重则缓，轻则飏也。盖弓有强弱，矢有铢两。弓不合度，矢不端直，虽蒙、羿不能必中。古者弓矢之制，弓八斗，以弦重三钱半，箭重八钱为准”。宋代公元 1201 年所定武举之制，分为三等。其中上等用弓一石力，用重七钱的箭，向一百五十步远的箭靶发射十箭，再向二百二十步远的垛子射三箭。中等用弓八斗力，远射垛子的距离是二百一十步。下等用弓七斗力，远射垛子的距离是二百零五步[①]。以上弓力与箭重及射程配比情况可见表 8-3。

表 8-3　箭重与射程情况表

弓力	箭重	弦重	射程	状态
	箭头超过 3 钱		不足百步	不正常
1 硕［武编］	超过 10 钱			弓箭制
8 斗［事林广记］	8 钱	3.5 钱		弓箭制
1 石［宋·武举］	7 钱		150 步，220 步	武举：上等
8 斗［宋·武举］			210 步	武举：中等
7 斗［宋·武举］			205 步	武举：下等

由表 8-3 可见，明代弓箭制为 1 硕弓力配 10 钱重箭，而宋代的是 1 石弓力配 7 钱重箭，因此各代的弓箭制不尽相同。也可以看出，这些弓箭制仅提供可供参照（或是大众化的）的配比关系。

① 许友根．武举制度史略．苏州：苏州大学出版社，1997：26-27.

第三节　撒弦放箭过程的力学分析

撒弦动作是射箭运动中直接影响能否命中箭靶的关键因素。传统射箭术中主要采用两种撒放方法：地中海式射法和蒙古式射法。地中海式是用三个中间的手指同时拉弦，主要用于欧洲；蒙古式是以大拇指勾弦，主要用于亚洲。从射箭技术来讲，两种射法各具特色。地中海式射法更容易拉开弓弦，但对于弹性较好的短体复合弓在张满弦时，弓弦形成的夹角较小，不利于用三指开、放弓弦，因此地中海式射法主要流行于使用长而力大的单体弓的欧洲大部分地区，蒙古式射法主要流行于使用复合弓的东方。从射击精度来看，用两种不同的射法并无太大差别，主要看射手的经验和习惯。

在弓弦上确定固定的发射点是提高射箭效果的一个关键因素。因为弓把位于弓体的中间，手握住弓把后，箭总搭在弓把偏上的位置。这样如平放箭体，箭括就不处在弓弦中点，因此上下两片弓臂发出的力量也不会相等，从而影响射击目标的准确性。通常人们不太关心这个细微的射箭技术问题，在中国古代文献中很少有这方面的描述。经过调查发现，北京“聚元号”的做弓师傅有自己的解决办法。他们制作弓体时注意使其中的一片弓臂的弓力稍小一些，做成后开弓调试。先找到弦的中间点，拉开弓弦，观察两个弦垫哪一个先离弦，先离弦者定为上弓（使用时在上端的弓臂）。

弓弦上击发箭括的作用点，在现代射箭理论上称为 N 点（nocking point）（图 8-6）。对于以手指拉、放弦的射箭方式，在弓弦上的 N 点位置常以箭杆与弓弦的垂直点上移 0.5 英寸为准。

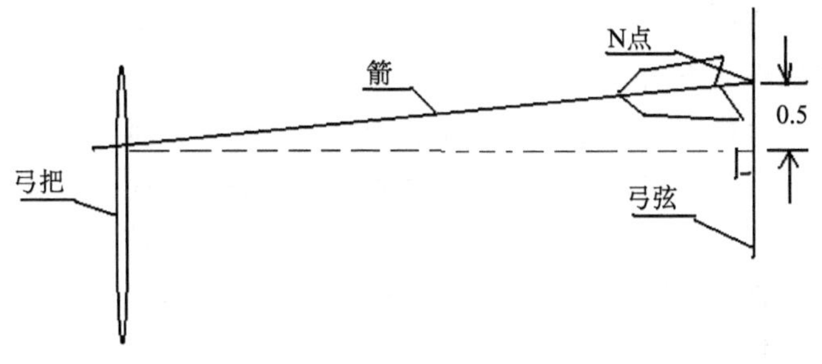

图 8-6　N 点的确定

撒弦动作涉及勾弦手指与弓弦、弓弦与箭尾的相互作用。通常箭被射出后，总会发生弯曲变形并反复拱曲、蛇形前进。20 世纪 30 年代，人们难以理解架在弓把右侧的箭，不会射向弓的右侧偏离目标，却能射向目标中心，这一现象称为“射箭术佯谬（paradox）”。1943 年克洛普斯特格（Klopsteg）通过高速摄影记录发箭过程，解析了这个“射箭术佯谬”问题（图 8-7，图 8-8）。[①]

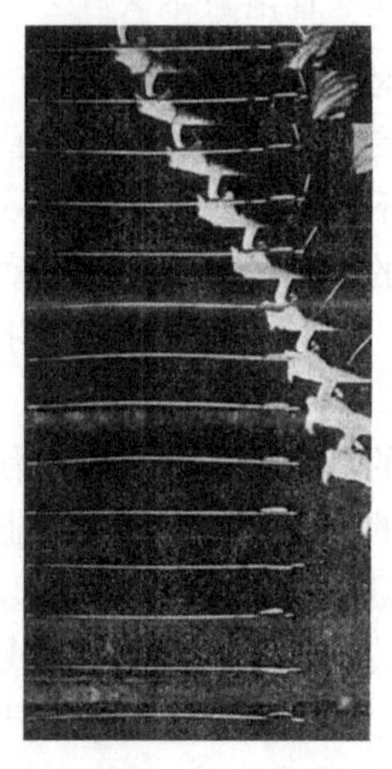

图 8-7 “射箭术佯谬”在高速摄影下显示出来

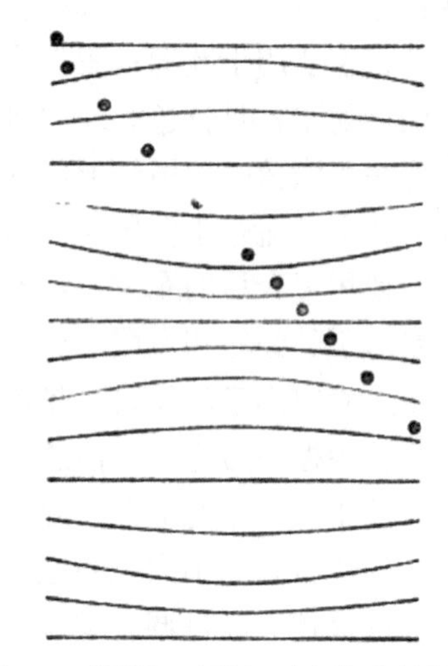

图 8-8 箭体经过弓把时弯曲飞行图示

由此可见，箭在飞离弓把以前，做了几次弯曲运动。撒放弓弦时，弓弦向左前方移动，箭弯曲前进。在发射过程中，由于弓片及弓弦的弹性作用，当弓弦向前运动时，弓弦在瞄准线的左右侧方向上来回振动。另外，由于箭的弯曲，箭对弓弦的反作用力的方向也相应地偏离瞄准线的方向。因此，弓弦的推力对箭来说是偏心力，这个力会产生两种力学效应，即两个分力，作用方向如图 8-9，一个是平行于瞄准线方向，推动箭体沿瞄准线方向前进；一个是偏离瞄准线方向，推动箭体向偏离瞄准线方向运动。

根据上面的分析得知，在发射时箭的弯曲形变有多方面的原因。一个是弓箭的物理性能，它包括弓的弹力的大小、弓弦与弓把之间的距离（即弓高）、箭的软硬等因素；另一个是技术方面的因素，主要是在撒放弦时，勾弦手指迫使弓弦偏离瞄准线的位置；其他因素还包括弓弦在指面上滑移的快慢（与护手皮有关）、伸指动作的快慢和有无松撒现象等。

① Klopsteg P E. Physics of bows and arrows. American Journal of Physics, 1943，11（4）：187.

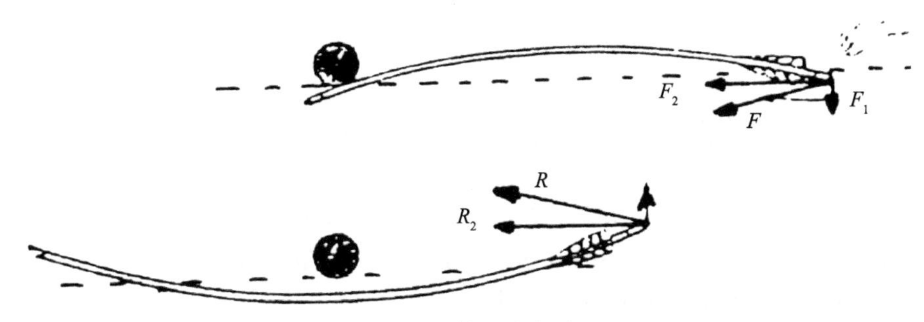

图 8-9　箭尾受力图

在撒放及发射阶段，箭受到切向力的作用，产生弯曲形变，而弯曲度大小会影响箭的飞行质量和中靶时的误差，因此弓箭手使用的弓的弹力与箭的挠度应当有一个合适的匹配关系，这也是中国古人弓与箭搭配的一个重要因素。在现代射箭运动中，这种弓与箭的匹配关系通常是由弓箭生产厂家提供。

发射过程中，箭弯曲的大小对箭的飞行产生两个方面的影响：一方面当箭弯曲度过大时，箭在飞行中的迎风面积大，会影响箭的飞行速度；另一方面，箭的弯曲程度不同，会影响箭“着点”（击中箭靶的点）散布情况。根据高速摄影资料，以及发射过程中造成箭弯曲的力学原理，结合实际的射箭经验，可对箭的不同挠度和发射时飞行方向的关系作如下总结：以射手的位置而言，如箭的挠度太小，弓力也较小，则在发射过程中箭的弯曲形变较小，箭的飞行向右偏移，箭中靶时易偏向靶心右侧；若箭的挠度较大，弓力较大，则在发射过程中的弯曲形变较大，箭的重心向发射线的左侧偏移，箭中靶时易偏向靶心左侧。

《考工记》里曾用“前弱则俛，后弱则翔，中弱则纡，中强则扬”来描述箭体的强度和弹性对其飞行状态的影响。在实际习射中，选用一些不正常的箭试射，可以发现，很难能总结出一些规律性的结论，因为这关系到箭体每一部分的弹性以及放箭的姿势、动作的快慢、发箭点的高低等因素。另外，箭体在飞离弓把的瞬间速度很快，一般不易观察到明显的箭体弯曲飞行的状态。因此《考工记》里所记载的箭体非正常飞行状态应是融合经验与直观感觉，并高度概括的结论，不是准确的结果。

第四节　传统射箭术中的弹道学知识

中国古人在使用弓弩时要涉及弹道学知识。拉弓射箭靠的是个人本领，而发射弩箭靠的是瞄准器刻度的准确。这两种射箭方法都暗含着中国古人在实践中积累下的弹道学知识以及他们的认识方法。

一、传统射箭的瞄准方法

从中国古代关于神射手后羿、逄蒙等的传说里，以及后代的“百步穿杨”等诸多典故里，都可以了解到他们的射箭精度很高。射箭技术要达到很高的水平，一方面弓箭的性能要比较优良；另一方面要不断地总结经验、掌握要领。

首先弓箭调配要合适，包括上文所提到的诸多因素，正所谓“弓矢不调，羿不能以必中”。弓力与人力的匹配也同等重要，这都是提高射箭精度的基础。中国古代文献中保存了诸多有关射箭技术的资料。[①]在实际调查中，弓箭手也总结出“脚踏浮泥，头顶天，口吐翎花，耳听弦，前肘稳如泰山，后肘如抱婴孩，前手如月，后手如日”等要诀，以及“四靠”“五平”等规则。[②]“四靠”，即前手食指紧靠近弓，后手食指紧靠着弦及扣，弦靠身，箭靠脸等。“五平”，即脚平、身平、面平胸、两肩平、头平等。这些要诀和规则是保证射准固定箭靶的重要技术动作。从瞄准方法而言，用右眼[③]从箭头看到箭靶，即两点成一线。按现代的理论应是三点一线，第三点在哪里，要根据靶的远近。“射三十步看弓把下，二十步看虎口（左手虎口，即弓把上）”[④]。射30步的箭靶，要从弓把下瞄准，与箭头和箭靶成一线；射20步的目标时，从弓把上瞄准，与箭头和箭靶成一线。明代《射经》里还记载了射击更远目标的瞄准方法：

> 故的分远近而前手应之。如把（靶）子八十步，前手与前肩对；把子一百步，则前手与眼对；把子一百三四十步，则前手与眉对。其最远至一百七八十步，则前手必与帽顶对矣。……凡把子五十步近者，前手

---

① Selby S. Chinese Archery. Hong Kong: Hong Kong University Press, 2000.

② 谭旦冏．成都弓箭制作调查报告．中研院历史语言研究所集刊，1951：241.

③ 右手拉弓弦时，同样情况下国际弓用左眼瞄准，差别原因在于箭搭在弓把的外侧和内侧之别。据北京“聚元号”杨福喜说，清朝时射箭者常称瞄准的眼睛为“上眼”。

④ 谭旦冏．成都弓箭制作调查报告．中研院历史语言研究所集刊，1951：242.

下前肩二寸，直对把子中射之。把子三十步者，前手与左胯对，正望把子根底射之。

对以上两种资料记载的瞄准方式做表 8-4。

表 8-4　古法射箭瞄准方法表

瞄准起点的确定	瞄准线	箭靶距离	瞄准点
弓把上（成都射手）	箭头	20 步	靶心
弓把下（成都射手）	箭头	30 步	靶心
正望把子根底（《射经》）	箭头	30 步	靶心
直对把子中（《射经》）	箭头	50 步	靶心
前手与前肩对（《射经》）	箭头	80 步	靶心
前手与眼对（《射经》）	箭头	100 步	靶心
前手与眉对（《射经》）	箭头	130—140 步	靶心
前手与帽顶对（《射经》）	箭头	170—180 步	靶心

由此看出，随着目标距离的不断增加，瞄准方式也有很大变化，瞄准起点从“弓把上”到“弓把下”，从“前手与前肩对”到“前手与帽顶对”，这种瞄准起点的变化就使得箭在发射时不断地被抬高，形成一个越来越大的发射角。按现代力学知识理解，在相同弹力的情况下，发射角在一定范围内的增加会加大射程，利于射击较远的目标。中国古人在射箭中累积的经验不一定是精确和普遍适用的，需要每一位射手根据实际情况如弓力的大小、身体情况等加以校正、适应和慢慢形成习惯。

弓上通常不设瞄准器（个别情况也有，如内蒙古呼伦贝尔的一种射箭方法即在弓把上钉一个标尺），如想射得准，必靠射手的长期练习。根据笔者的实践经验，不仅站位、手法很重要，心法（指心平气和等）同样必不可少，因为发箭时手指的轻微抖动都会对射击效果产生很大的影响。

二、弩机的瞄准器及其使用

相对于拉弓射箭，中国古代弩的发明使得射手们更易于提高射击精度。拉弓射箭瞄准时，持弓的手臂会有不可避免的抖动，且瞄准的时间越长，越难于保持平稳。射弩是把拉弦与瞄准分为两个独立的动作。可先以最大的力量拉开弩弦，然后手持弩或放之于某一固定位置进行长时间瞄准。

弩机上瞄准器（古称“望山”或“仪”）的发明是提高射箭精度的有力保证。

早在《墨子·城守》里就记有："备高临以连弩之车……连弩机郭用铜……有距，搏六寸，厚三寸，长如筐，有仪，有诎胜，可上下。"根据原文，现在无法得知其中的"仪"的具体形制，但它是一个可以上下调节、可以伸缩的部件，应为瞄准器无疑。类似的记载很多，如《淮南子·俶真训》"今夫善射者有仪表之度，如工匠有规矩之数，此皆所得以至于妙"里说得更清楚。韩非子说："释仪的而妄发，虽中小不巧"，即使偶然能命中极小的目标，"而莫能复其处，不可谓善射，无常仪的也"。韩非子认为，在不使用仪的情况下即使是命中极小的目标，也不能算巧；不能重复射一个目标，不能称作善射。可见仪——瞄准器在射击中的作用。《淮南子·齐俗训》指出："夫一仪不可以百发，一衣不可以出岁，仪必应乎高下，衣必适乎寒暑，是故世异则事变，时移则俗易。"《齐俗训》指出仪必须依目标的远近而调其高下，不能一成不变。这是非常正确的。据文献资料，"仪"亦被形象地称为"望山"，意指通过此处望远处的目标。

"仪"（或望山）的高度的调节是命中远近不同的目标的关键。明代《武编》记有："愿闻望敌仪表投分飞矢之道。音曰：'夫射之道，从分望敌，合以参连。弩有斗石，矢有轻重。石取一两，其数乃平。远近高下，求之铢分。道要在斯，无有遗言'"。"分"应指望山上的刻度，故原文所记的瞄准方法为：分、箭镞、敌三连一线。虽然原文并没提及瞄准线要经过箭镞，但这是必不可少的。此外原文还考虑到了弓力、箭重这两个会影响瞄准方式的因素。"斗、石"是弓力的单位，"两"是箭重的单位。根据原文的记载弓力与箭重的配比方法为，每增加一石的弓力，箭的重量也要相应地增加一两。为了射击到更远的目标，选择力量更大、箭更重的装备，这是要保证不变的瞄准方式所必备的前提条件。根据现代步枪的射击经验，也无非要合理确定发射的力量、抛体的重量、发射的角度等这些要素，可见古人总结的射击经验还是相当精细和全面的。

三点一线的瞄准方法是实用的，但如何根据目标的远近、高下来微调仪表（即如何求之铢分）？《武编》并没有明示。沈括在《梦溪笔谈》里说：

> 予顷年在海州，人家穿地得一弩机，其"望山"甚长，"望山"之侧为"小矩"，如尺之有分寸。原其意，以目注镞端，以"望山"之度拟之，准其高下，正用算家勾股法也。《太甲》曰："往省括于度则释"，疑此乃度也。汉陈王宠善弩射，十发十中，中皆同处。其法以"天覆地载，参连为奇，三微三小，三微为经，三小为纬，要在机牙"。其言隐晦难晓。大意天覆地载，前后手势耳；参连为奇，谓以度视镞，以镞视

的，参连如衡，此正是勾股度高深之术也。三经三纬，则设之于堋，以志其高下左右耳。予尝设三经三纬，以镞注之，发矢亦十得七八。设度于机，定加密矣。

沈括清晰地认识到，望山之侧的小矩是调节瞄准线的依据，其中隐含着勾股算法的道理。汉陈王宠善弩射，十发十中的原因，就在于机牙设计的准确；以度视镞、以镞视的形成三点一线的瞄准方法。

利用望山、镞、目标三点连成直线的瞄准方法，弩箭在射击远距离目标时必然会形成一个角度。这种办法始于何时尚难确定，但是战国弩机上望山的设置，说明当时已经开始应用，到西汉时期更趋于完善。从现已发现的战国青铜弩机来看，大部分在勾弦的机牙后面连铸望山。在浙江长兴县曾出土一件有刻度的汉代铜弩机，其望山全长 10.4 厘米、错银刻度长 9.4 厘米，刻度划分为六又四分之一等分，每一等分又划为四小格。①

这件弩机上“望山”的刻度已很精细，每 1 个小格仅有 3.76 毫米，共有 25 个等分，按这 25 个等分分别瞄准，应能射中远近不同的 25 个目标。古人是如何确定望山上的刻度的？现难于查证。相关技术已失传，从目前所掌握的资料中也找不到计算和制作弩机望山刻度的文献。但有一种可行方法就是通过试射远近不同的目标来确定刻度。望山上刻度的做法在中国古代还有很多，如图 8-10 就是另一种刻度方法。（见李约瑟，叶山《中国科学技术史·第五卷第六分册》）

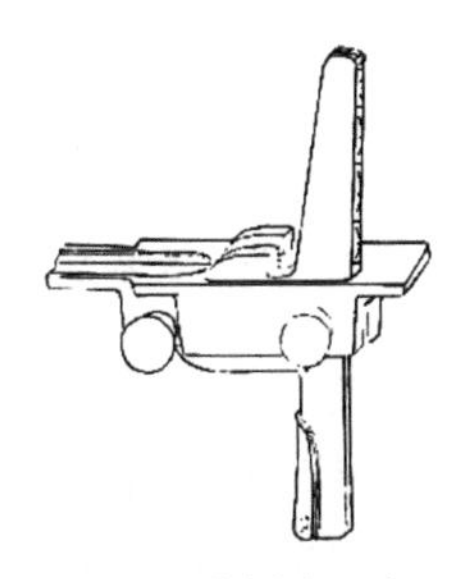

图 8-10　带刻度的弩机

应该说，古人瞄准方法很多，特别是在使用一些较原始的弩时。如广西巴马瑶族制弩的传统，他们只设置一个固定高度的“望山”（不可调节），射弩时从“望山”的最高点瞄准。如射远近不同的目标，只调节箭的发射位置或箭杆的长

① 夏星南．浙江长兴县出土一件有刻度的铜弩机．考古，1983（1）：76-77.

度。经过试射标记出射中不同距离的目标时箭在弩臂上的位置。对于他们而言，这种做法更方便可靠。

对《梦溪笔谈》中“三经三纬”的理解。沈括认为是设“三经三纬”于“堋”。这样设置的目的是校正瞄准器“仪”的上下左右程度，以调节弩在一定距离上的瞄准尺度。沈括引用的原出处《后汉书》曰：“宠射，其秘法以天覆地载，参连为奇。又有三微三小。三微为经，三小为纬，经纬相将，万胜之方，然要在机牙。”

“三微三小”等具体为何物？李约瑟认为，最简单的解释是：刘宠在其弩臂上安装了一个金属丝（或等效之物）制成的方框，框的顶部横梁为“天”，底部横梁为“地”。两个直立的侧边用两根金属丝相连，并被划分为三部分，另两根金属丝连接上下横梁。“微”是水平看的空间，“小”则是垂直看的空间（图 8-11）（笔者注：李约瑟在注中提到这并非唯一的解释）。大概有两个这样的网格瞄准器，一安装于弩臂前端，一安装于弩臂后部。（见李约瑟，叶山《中国科学技术史·第五卷第六分册》）

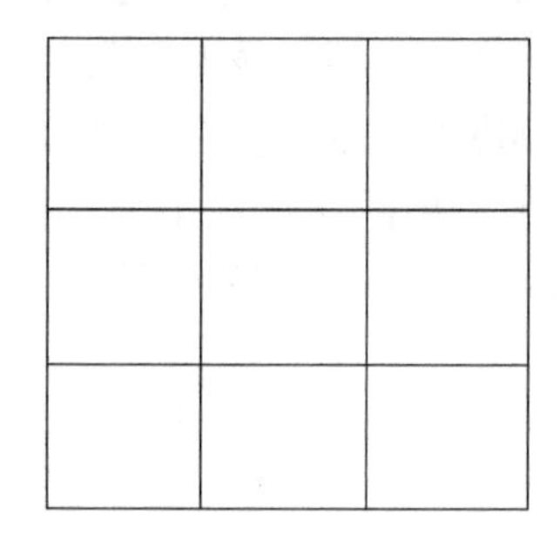

图 8-11　网格式瞄准器

为了更好地解析“三微三小”或“三经三纬”，可参考实际调查的成果，“聚元号”制作的弹弩的瞄准装置为“星”和“斗”（图 8-12）。弹弩的“斗”由牛角制成，其上有一个小孔。方形框的“星”中间有一道可上下左右调节的细线，细线上有一段标志性的红线，可试射后调整以作为瞄准标准。

弹弩上的星相当于一个方框支着一个虚拟的十字，类似于三道横线、三道竖线。这可能就是“三微三小”或“三经三纬”。由此可见，李约瑟的推测并非唯一解释。其实从实用效果上看，以李约瑟推测的那种九个网孔的瞄准器来瞄准，不是最简单的设计，也不实用。另外，李约瑟还把这种瞄准装置理解成在一个弩上前后设置两个相同的网格式瞄准器，就更难于理解了。因为要通过前后

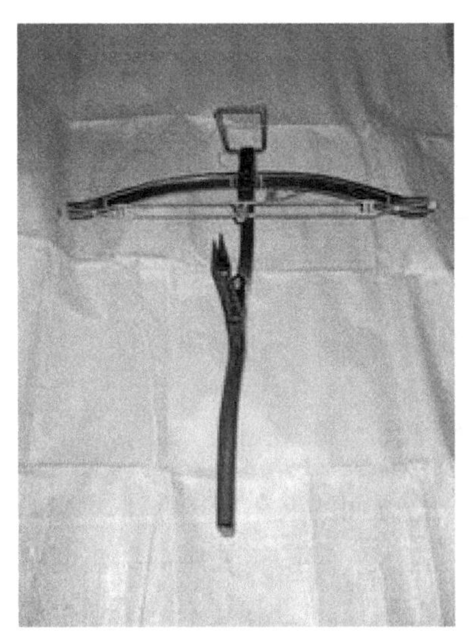

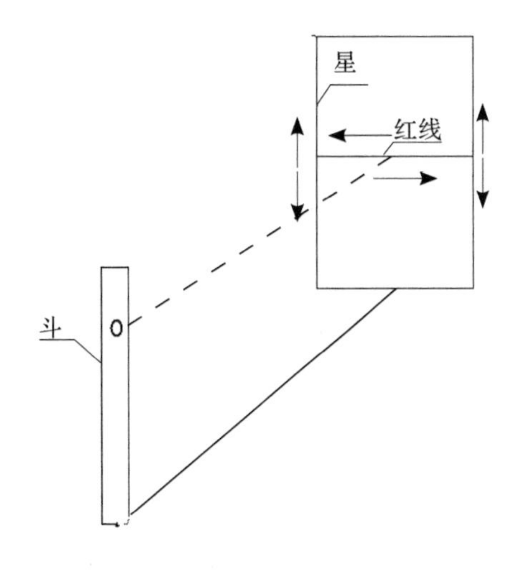

图 8-12　弹弩的瞄准装置“斗”和“星”

两个分别有 9 个网格的瞄准器来瞄准或远或近、或左或右的目标，有很多种组合方式，过于烦琐、不易把握。因此如把弩上的“三经三纬”或“三微三小”看成是内置十字形的瞄准器更为合理。当然，以清代的制作技术来理解沈括所记载的内容，还缺乏充分的根据，但这至少能给我们的推测提供一种更好的理由。

古人在使用弩的实践经验中，采用了三点一线的瞄准方式，体现了他们对弹道学知识的朴素认识和应用。

三、古人对箭体飞行轨迹的认识

根据箭体的受力分析，可总结出箭体在空气中飞行时的基本特征：在空气中箭的飞行轨道是一条不对称的抛物线，升弧长于降弧，落角大于发射角，箭道最高点靠近落点一侧；在一般情况下，尽管空气箭道的升弧段比降弧段略长，但箭体在升弧段的飞行时间却比降弧段的飞行时间略短；在空气箭道中，其最大的射程角一般小于 45°，初速度越小的箭体，其最大射程角度越接近 45°。

通过上文沈括对弩机瞄准器的描述，可以看出，沈括认为箭体飞出弩臂后以直线前进，因此可用勾股法求解出瞄准参数。从理论上说，这种算法还是不准确的。因为箭体在命中目标以前，总会下落一定的高度。这个道理古人应是知道的，否则他们就不用望山来校正发射角了（可参见图 8-13）。但在射击目标不太远、弩力较大的情况下，箭体下落的高度不会很大，这时如此估算还是具有一定的实用效果的。

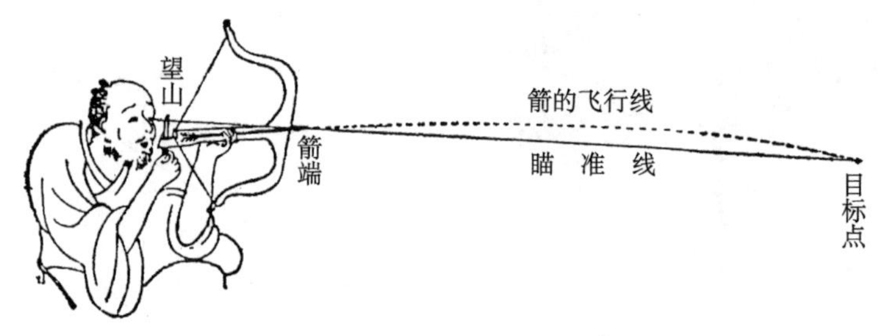

图 8-13　弩箭发射示意图[①]

中国古人到底如何看待箭体飞行的轨迹？这方面的文献资料也非常少。但从古文中中国古代射箭或射弩的瞄准方法来看，古人一定知道长距离射击时箭体会在下落时命中目标这个道理。他们注重射击的准确性，但对其中的道理存在模糊认识。

在实际的调查中，笔者还对那些未受过现代科学知识教育的工匠们进行了采访。他们的朴素的力学知识可以帮助我们更好地认识中国古人对抛体运动的理解。笔者采访了制弓弩的师傅，他们认为箭飞离弓弩后向前飞行，命中目标前箭体会有一定下降，当加大发射角时，箭从最高点到落地时基本上是一个直落的过程，否则表明箭体还有能力向前飞，并亲自绘制了箭体的飞行图（图 8-14）。至于发射角抬到何时箭体的下落过程接近直线，他们都没仔细考虑过。

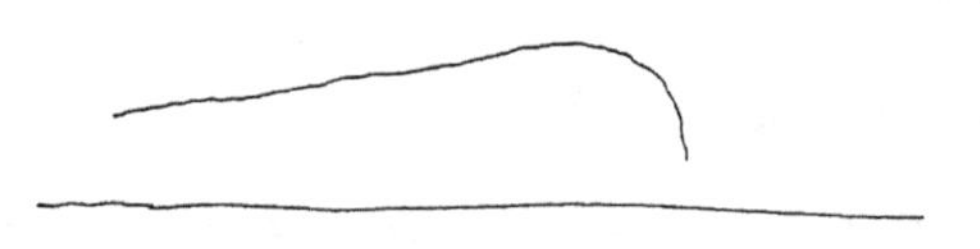

图 8-14　兰仕祥所画的箭飞行轨迹

由此可见，这是一种朴素的经验认识，在他们看来，当箭没有能力（或力量）再继续向前飞时，便会自然直落下来。这种观点比较符合古代大众化的认识水平。对于促使箭体前行的能力或力量如何起作用，工匠们并没有去深入地思考。如果追问，他们的回答便显得有些混乱，很难能自圆其说，或者他们把这些类似的问题看成是自然的法则，认为无需做出过多的解释。

① 中国科学技术大学，合肥钢铁公司《梦溪笔谈》译注组．《梦溪笔谈》译注（自然科学部分）. 合肥：安徽科学技术出版社，1979：34.

从现代的力学知识不难理解箭体的抛体运动，但古人欲明白其中的道理却十分困难。这至少存在三个方面的原因：首先，古人对力和运动的关系不甚清晰。较普遍的观点可能认为有力量的箭体才会飞，否则就不飞了。其次，从日常观察所见，箭体飞行时要受到空气阻力的影响，这样箭体在下落阶段和上升阶段两段弧度的不对称性更增加了古人的理解难度。最后，空气中抛体运动所形成的曲线不难观察到，但如没有结合经典力学的数理分析几乎是不可能把弹道曲线描述清楚的。

同样的难题也曾长期困扰过古代西方学者。在经典力学形成之前，西方学者们对抛体运动曾形成两种观点：亚里士多德学派认为，抛体先是沿一根倾斜的直线上升直到射力耗尽为止，然后在引力下垂直地下落。冲力说学派认为引力有可能在抛体的冲力耗尽之前，就开始起少许作用，所以轨道的最高点并不形成一个尖角，而是带一点弧度。通过上文对工匠的调查可知，工匠们应该会认为西方古代学者的这两种观点都是正确的。抛射角较小时更符合冲力说的观点，抛射角较大时更符合亚里士多德学派的观点。至于为什么和各种力是如何起作用的，无论是现代的那些被调查的工匠还是古人都没有进一步阐述他们的观点。

综上所述，无论是亚里士多德学派还是冲力说学派，其对抛体运动的理解都没有超出中国古代或者现代工匠们多少。虽然古代西方的学者代表的是具有科学起源精神传统的一类人，与拥有技术传统的工匠们不同，但我们至少可以获得一种启发，即我们有理由相信，西方古代的平民（包括工匠们）一样也会观察到自然界中抛体运动的普遍特征。他们或从直觉经验出发，或从日常的观察所见，可以得出与中国古人近似的结论。这些结论有些虽是不准确的，但符合人类对抛体运动最原始的认识水平。这种对抛体运动朴素的认识与现代意义上的弹道学理论还相距甚远，因为没有像伽利略的那种计算、推导和试验（即把工匠传统与学者传统合二为一的精神）是不能认识到箭体飞行的准确轨迹的。

《中国物理学史大系·力学史》“箭矢飞行及相关观念的东西方之差异”节中论述：中国古代在讨论箭体飞行时指出了由于技术不当造成的飞行偏差（主要指《考工记》中“前弱则俯（俛）”那句），但没有谈到箭体正常飞行时的路径问题，或许他们知道正常轨道应当是什么。中国古人一定知道箭体正常的飞行轨迹，这一点远比亚里士多德要高明得多。[①]

笔者认为，古人不知道箭体在真空中的正确飞行轨迹以及产生这种轨迹的原

① 戴念祖，老亮．中国物理学史大系·力学史．长沙：湖南教育出版社，2000：226.

因。正如上文弓匠们所绘的图一样，他们直观的经验与亚里士多德等都一样（虽然亚里士多德还从更深层的思考及逻辑推理中加以论证），都是错误的。但这种错误并不是偶然的，因为箭体自最高点下落时受到空气阻力的影响很大，实际观测时，在发射角度稍大的情况下，看到的往往是箭体直落的现象。或许匠人们所表达的这些结论正有助于我们从古代对抛体运动本身的认识水平上理解，为什么亚里士多德的错误观点能够长期占统治地位。

第五节 小 结

通过上文分析可见，中国古人在制作及使用箭体的过程中，总结了诸多与现代力学理论相符的经验知识。例如，总结的箭头、箭杆、箭羽的符合现代力学理论的设计思路；总结的箭体形心与重心的合理配比情况，以及箭杆弹性的强弱、弓体力量与箭重的配比等对射箭效果的影响。古人在考虑瞄准不同目标的方法时也发挥了他们的聪明才智，由此可反映出他们对抛体运动的经验认识。古人积累的这些实践力学知识，一方面反映出了他们在制作技术上精益求精的态度，另一方面也反映出了他们在没有形成理论力学知识之前所具有的朴素的、实用的力学知识的水平。这些实用的力学知识大部分是古代工匠们或从师传或自己总结而遵循着的经验法则。他们遵循这些法则的目的是做出性能更好的弓箭，而一般不去追问为什么会存在这些经验法则或这些法则的合理性何在，因此在中国古代文献中少有关于这方面的理论层面上的分析。因而在中国古代也就缺少像伽利略那样集学者与工匠传统于一身的对经典力学的产生有重要影响的科学家。但无论如何，中国古人在总结射箭技术时或以文字，或以技术传承的方式把这些零散的知识保留了下来，这为我们分析中国古代力学知识的发生和发展提供了很好的素材，值得我们进行深入全面的发掘和研究。

第九章

中国古代筋角弓制作中的力学实践

传统弓箭的制造和使用涉及诸多材料力学、弹性力学、抛体运动等力学知识，但中国在17世纪以前并无现代意义上的理论力学知识。然而中国古代的工匠或文人们在对这些实际的制作工艺进行经验总结时，常以文字的形式记录了很多与实践力学知识相关的信息。这是我们研究中国古代力学知识发生及演变难得的重要素材，这些素材也因此引起了很多学者的关注。不过古代文献里所载的信息毕竟有限，有些关键的技术操作可能没有被记录下来，有些工艺也可能难于用文字表达或对工匠来讲无须表达。因此对这种主要以手口相传的实践技术进行研究，仅凭这些文献资料是很不完备的。令我们欣慰的是，一部分中国传统弓箭的制作工艺被有效地传承了下来。这种技术的传承本身也融入了诸多力学知识的传承，如工匠们在实际操作中遵循的一些经验法则，以及他们对一些与力学知识相关问题的看法等。因此对这些制作技艺和工匠们口头表述的知识进行有效的利用，是对研究那些相关文献资料最为有益的补充和印证。另外亲自学习或体会传统的射箭动作也是一种更为有效的研究手段，它可以避免因纸上谈兵而造成误解。

因为中国古代关于弓体力学性能的认识涉及诸多材料力学、弹性力学等相关知识，所以这类问题一直受到人们的关注[①]，尤其是对于“郑玄发现弹性定律”

① 戴念祖，老亮．中国物理学史大系・力学史．长沙：湖南教育出版社，2000：362；老亮．我国古代早就有了关于力和变形呈正比关系的记载．力学与实践，1987（1）：61-62；朱华满，陶学文．郑玄是否发现了胡克定律．力学与实践，1994，（4）：68-69；关增建．略谈中国历史上的弓体弹力测试．自然辩证法通讯，1994，16（6）：50-54；李平，戴念祖．中国古代的弓箭及其弹性规律的发现//陈美东，林文照，周嘉华．中国科学技术史国际学术讨论会论文集．北京：中国科学技术出版社，1992：221.

的看法在科学史界还存在分歧，对弓体的力学性能的解析还很不深入。有鉴于此，在本书对现存传统弓弩的制作工艺进行调查研究的基础之上，我们进一步分析与力学知识相关的原始文献，探讨古人在不同时期计量弓力的单位、测试弓力的方法，分析古人关于弓弩力学性能的认识水平，力争给出“郑玄发现弹性定律”这个存在争议的问题更为合理的解释，并尝试探讨学界提出这个其实并不存在可争性问题的原因。

第一节 中国古代计量弓力的几种单位

弓力，按现代的术语指的是弓弩的弹力。中国古代对于弓力的记述常常仅用一个“力”字，而不用“弹力”。如《考工记》中有“量其力，有三均”。虽然中国古代文献中曾有“弹力”一词的记载，如唐代段成式在《酉阳杂俎·诡习》中描写张芬“曲艺过人……弹力五斗……”（另有版本将“弹力”写成“弹弓力”），但文中的“弹力”并非指现代意义上的弓体弹力，而是指人推动或拉动物体的能力。

中国古人在计量弓力时，曾使用过两类不同性质的单位：第一种是直接使用重量单位如“钧”“石”“斗”“斤”等；第二种是独特的表示方法，如“个力”“力”“个劲儿”等。

一、“钧”“石”“斗”“斤”“硕”等

从文献记载上看，中国古人早在先秦时期就使用“石”作为弓力的单位。如“魏氏之武卒，以度取之，衣三属之甲，操十二石之弩”。[①]秦朝以后也如此使用，在居延汉简里记有“一石弩、二石弩、三石弩”等，其指的就是弓力分别为1石、2石、3石的弩。这种使用方法正如宋代沈括所言：“挽蹶弓弩，古人以钧、石率之。”[②]由此可见，宋代以前古人常以“钧”“石”来计量弓力的大小。在宋朝也基本上沿用此法，如在《宋会要辑稿》里描写当时武举考试时所用弓的弓力大小也是这样标记的：“弓，步射一石一斗力，马射八斗力”。

明朝唐顺之在《武编》中对这种计量方法又做了解释：“钧石之石，五权之名。石重百二十斤，后人以一斛为一石，自汉已如此，饮酒一石不乱是也。挽蹶

① 《荀子·议兵》.
② 《梦溪笔谈》.

弓弩，古人以钧、石率之，今人乃以粳米一斛之重为一石。凡石者，以九十二斤半为法，乃汉秤三百四十一斤也。今之武卒蹶弩有及九石者，计其力乃古之二十五石，比魏之武卒人当二人有余。弓有挽三石者，乃古之三十四钧，比颜高之弓人当五人有余。”文中提到，石是一种计量单位，1 石重 120 斤，这种使用方法自汉代就已如此。在中国历史上不同时代的度量衡有着很大差异，如古代通常以 120 斤为一石，但斤的绝对重量是随时代而变化的。在宋朝时，定粳米 1 斛之重为 1 石，1 石以 92.5 斤为标准，相当于汉秤 341 斤。说明在宋朝石的标准比汉代的大。

在明朝《武编》中还出现了特殊的弓力表示方法，似与以前的记载不同。其中写道：“况镞重则弓软而去地不远，箭重则弓硬而中甲不入。旧法，箭头重过三钱则箭去不过百步，箭身重过十钱则弓力当用一硕。是谓弓箭制。”文中提到旧法弓箭制的标准是：弓力 1 硕对应配箭的重量超过 10 钱。《武编》中还转引了《北征录》的相关内容：“弩……力自二硕至三硕，不许太硬，令久疲之兵易于蹉踏。”这表明在《北征录》里也是用“硕”作为计量弓力的单位。《武编》还记载“古者弓矢之制，弓八斗，以弦重三钱半，箭重八钱为准”，即弓力八斗配箭的重量八钱。由此推测，“硕”的量值应与“石”相近。

综上所述，明朝以前中国古人多将“钧”“石”“斗”等这些重量单位直接作为弓力的单位。古人这种直接把重量的单位转用为弓力单位的方法是方便可行的。时至今日，在中国部分少数民族地区，制作弓弩的师傅依然使用这种表示方法。他们通常使用现代通用的重量单位“斤”来表示弓力的大小。且常用“重量”来指代弩的弓力，如“大弩重量约有一百多斤”，其本义指弩之弓力有一百多斤，而非弩的重量为一百多斤。

二、“个力”“力”“个劲儿”等

与直接使用重量的单位来计量弓力不同，在明朝出现了一些有趣的变化，人们开始使用一些特殊的单位如“个力”“力”等来描述弓力。对此，明代李呈芬在《射经》中写得比较清楚：

> 古者，弓以石量力。今之弓以个量力，未详出处。然相传九斤四两为之一个力，十个力为之一石。或曰，九斤十四两为之一个力云。凡弓五个力而箭重四钱者，发去则飘摇不稳。而三个力之弓，重七钱之箭，发之必迟而不捷。何哉？力不相对也。

从原文中看出李呈芬提到明朝以前将“石”作为弓力的单位，在明朝以“个”来计量弓力，1个力相当于9斤4两（或9斤14两），10个力相当于1石。李呈芬也提到他并不了解这种计量方法从何而来。

在清朝的诸多关于描述武举考试的内容中，还有直接使用“力”来做单位的，如《清史稿》中记载康熙十三年恢复武举考试时，重新规定了考试内容，以“八力、十力、十二力之弓，八十斤、百斤、百二十斤之刀，二百斤、二百五十斤、三百斤之石”作为考试的标准。这里用力来计量弓力的大小，用斤来计量刀和石的重量。

清末民初，在中国南方的一些做弓者还一直沿用这种计量弓力的方法。那里的做弓师傅还知道“旧称九斤四两为一力”。①而同时代北京的做弓者却又换成了另外一种单位：“个劲儿”。原北京弓箭大院的杨文通师傅，仍使用“个劲儿”来计量弓力，并解释1个劲儿相当于10斤的力。

中国古人计量弓力的方法很多，总体上分为上述两类，由较早的“钧”“石”等重量单位发展到“个力”“力”“个劲儿”等特殊的单位。在中国古代没有质量的概念，人们常以重来指代物体的质量。他们使用天平和杆秤称量物体时，大部分测得的也是物体的质量。中国古人也没有形成现代意义上的重量或重力、力的概念，他们也不可能从本质上认识到这些概念之间的差别与联系。计量弓力所用单位的变化，还是体现出了制造和使用弓箭者对重和力的不完全等同性的认识。

第二节　中国古代测试弓力的方法

测量弓力对于做弓者和使用者都是必要的。对做弓者而言，他们对其成品的性能要有一个定量标准。对使用者而言，他们要衡量其弓是否适合其使用。古人一直强调“矢量其弓，弓量其力”，这就要求箭的长短、轻重要适合弓的型号；弓力也要适合使用者的力量。

早在汉代，人们就用“石”等单位来计量弓弩的弓力，并且能准确到“斤”“两”。可见，这种测量结果是相当精确的，是古人实测的结果。中国古代测试弓力的方法可归纳为以下几种。

---

① 谭旦冏．成都弓箭制作调查报告．中研院历史语言研究所集刊，1951.

一、杆秤测量

杆秤测量弓力的方法巧妙地利用了弓体的弹性。这种方法在中国古代不知源于何时，就笔者所查找到的文献，见于明代宋应星的《天工开物》里：

> 凡造弓，视人力强弱为轻重。上力挽一百二十斤，过此则为虎力，亦不数出；中力减十之二三；下力及其半。彀满之时，皆能中的。但战阵之上，洞胸彻札，功必归于挽强者。而下力倘能穿杨贯虱，则以巧胜也。凡试弓力，以足踏弦就地，称（秤）钩搭挂弓腰，弦满之时，推移秤锤所压，则知多少。其初造料分两，则上力挽强者，角与竹片削就时，约重七两；筋与胶、漆与缠约丝绳，约重八钱，此其大略。中力减十之一二，下力减十之二三也。

在文中宋应星详细地记述了要因人力强弱而造弓，并具体给出用杆秤测试弓力的方法及图示（图 9-1）。书中的图与文字的记载并不相符，文字的记载是以脚踏住弓弦、以秤钩钩住弓腰，而图中所绘是以秤钩钩住弓弦、以重物挂住弓腰。在对《天工开物》的几个版本做比较后，发现所绘制的试弓定力图都与文字不符，本书所采用的版本绘图中的弓体形制能较好地符合明代传统牛角弓的特点。因此《天工开物》的绘图者是否为宋应星本人，还值得怀疑。当然从测量弓力的结果来看，实际上用秤钩钩住弓弦还是弓把进行测量，不会有多少差别。

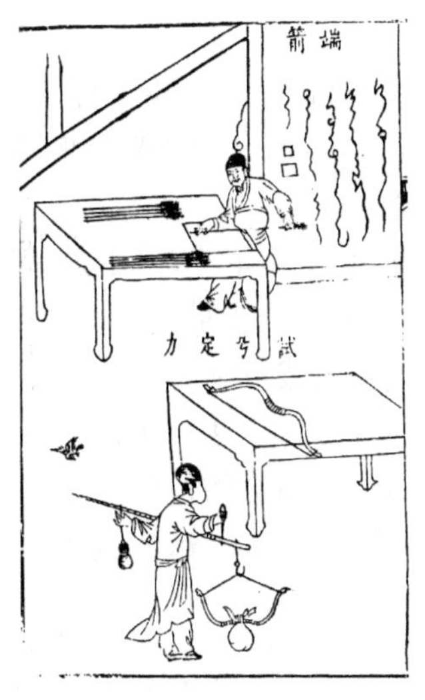

图 9-1　试弓定力（《天工开物》）

对于这种测量弓力的方法，可以参考近代制作弓箭的调查。19 世纪 50 年代，四川成都长兴弓箭铺做弓时使用了这种以衡测力的方法：在铺筋时，虽能根据筋的分量的多寡，来定弓力的大小，但这完全是制弓人的经验，力的大小，仍不能得到准确的重量。所以在成品以后，还得用权衡的方法来试量，名曰试力，使用的方法为：用秤来称，把弓弦向下，弓身向上，秤钩钩住弓身，秤吊于房梁上，脚踏弓弦地面上，弦满的时候，推移秤锤所吊的地方便是力的大小。[①] 同样，这种方法在我们的实际调查中也被制弓匠所使用。[②]

测量弓力要以张满弦时为标准，何为满弦？历代做弓师傅及使用者都是以拉开箭长为准。[③] 箭长是在做弓时根据弓箭手的身高、臂长而定的。对于无须用箭的"重弓"（亦称之为"硬弓"），师傅们也有自己的方法。"重弓"是武举考试中测试选手力量的主要工具。清末，武举考试被废除，拉重弓考试亦成为历史。内蒙古一杂技团曾以拉重弓作为一个特色的表演项目。杂技团里的做弓师傅可以按杂技演员的需求定做重弓。如做 10 或 12 个劲儿的弓，他会很好地掌握材料的配比分量，使做成弓的弓力与需求十分接近。实测弓力，可以让演员拉满弓弦，并用一根木杆比较出满弦时弓张开的长度。然后用秤钩钩住弦，用脚踏住弓把，把弓张开到木杆的长度测试弓力。当弓力太大时，要两三个人同时操作，用一根实木横压弓把在地面上，两人分别踏住。再用另一根实木横穿杆秤的旋钮，两人分别用力高抬，直至满弦，量出弓力。

二、垂重测试

垂重测量弓力是一种间接的测量方法。即用重物挂于弓弦上，提拉弓体使其达到满弦，可根据弓是否能达到或超过满弦来增减重分的分量，然后取下重物，测试重物的分量，即得弓力值。

郑玄对《考工记》中"量其力，有三均"的注里写道："每加物一石，则张一尺"，这是应用垂重测试弓力方法的较早记载。

在《天工开物》测力图中及对成都和北京的制弓者调查中，除介绍了使用杆秤测力的方法外，也指明了这种测试方法：用大致分量的重物包来垂重，看弓弦是否能被拉满，如满弦则弓力即可由重物包的分量表示出来，否则可以更换不同分量的重物包来试，从而省去了再推移秤锤读数的操作。如果垂重达到满弦的重

---

① 谭旦冏 . 成都弓箭制作调查报告 . 中研院历史语言研究所集刊，1951.

② 仪德刚，张柏春 . 北京"聚元号"弓箭制作方法的调查 . 中国科技史料，2003（4）：332-350.

③ 现代国际弓弓力的计量方法是以弓被拉开 28 英寸时的弹力为准。

物包的分量是不规则的，也可以用秤再量出重物的分量。由于制弓匠可凭经验初步估计弓力的大小，这样垂直测量显得更为便捷。

三、凭经验估测

做弓者或使用者在没有找到一种有效的测量弓力的工具前或他们不需要太精确的测量结果时，往往会凭其拉张弓弦时用力的感觉来估测弓力大小。如一个人能拉开一张弓所感觉到费力的程度与他提拉 1 石的重物相近，那么他会估测此弓的弓力为 1 石。这种方法简便易行，应是人类发明弓箭时最先尝试的测量方法。这种估测通常不太准确，因为开弓与提起重物所需运用臂力的方式不同。如有的人虽能提起很重的重物，但没有学习拉弓射箭以前，他是很难拉开同等分量的弓的。经验丰富的人可以感觉到这种用力方式的差别，并以差别的大小估测出相对准确的弓力结果。

做弓者除应用一些测量弓力的方法外，还可根据做弓时使用材料的多寡来估计弓力的大小。角、筋、竹三种材料的粗细、薄厚都是直接影响弓力大小的原因。在制作同一型号的弓时，由于用角和竹的分量相当，用筋量的多少便成了决定弓力大小的关键因素。在《清朝文献通考》中也详细记载过依筋的分量来定弓力的方法：“弓力强弱视胎面厚薄筋胶轻重，一力至三力用筋八两、胶五两；四力至六力用筋十四两、胶七两；七力至九力用筋十八两、胶九两……”通过对做弓方法的调查，我们也得知现代制弓匠也是以铺筋的层数来调节弓力的大小，并且做弓者根据铺筋量估测出的弓力值与实测值相差只有一二斤。

测量弓弩的弓力应被大多数的弓匠及射箭者所熟悉。现代弓的弓体测量是使用专门的弹簧秤。凭经验估测和垂直测量不仅被中国古人所应用，其他国家也有记载。而中国古代的杆秤测量的方法似是中国特有的传统。[①]

第三节　传统弓的力学性能及古人对弓力弹性的经验认识

中国古人充分利用自然材料竹、角、筋等制作出了品质优良的传统复合牛角

① 对此问题的讨论笔者得到 Grayson、Bede、McEwent 等的帮助，他们并进一步协助查阅西方及中东的文献。

弓。复合牛角弓具有单木弓无法比拟的力学性能。中国古人在制作和使用单木弓和复合牛角弓的实践中，对弓体的弹性积累了一定的经验认识。

一、传统复合牛角弓的力学性能

中国传统牛角弓是由竹、角、筋等多种材料黏合而成的复合弓，以坚韧之木或竹为中间干质，内衬以角，外附以筋。根据北京做弓师傅杨福喜的说法，弓体具有一定的“活性”，即由于时间的长短或天气的变化弓力的大小会发生变化。弓在释弦后，其形状也会缓慢地发生一些变化。刚释弦时弓体会变得平直一些，放置几天后会逐渐反曲成半弧形（图 9-2）。①

中国传统牛角弓与由单一材料做成的单木弓相比，具有很多优点。传统牛角弓除了在耐用性、美观程度方面优于单木弓外，它的力学性能也是单木弓无法比拟的。

世界各地制作单木弓的材料有很多种。有些材料弹性非常优良，但相对于由多种材料制作的复合弓而言，单木弓还是难于达到复合弓的力学效果。克洛普斯特格曾实测过单木弓的力学性能：如果单木弓的长度增加 10%，它的弹力就会相应地降低 10%；如果它的宽度增加 10%，它的弹力也会增加 10%。如果弓臂的长

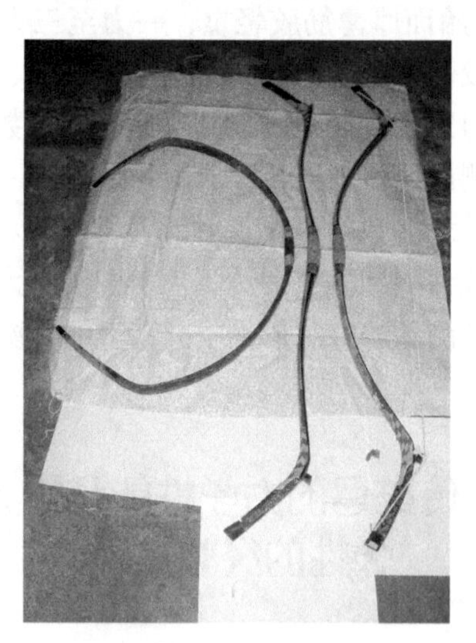

图 9-2 弓形图

① 对于传统角弓的结构及释弦后弓形的弯曲变化，个别学者因缺少实际调查而产生一些似是而非的认识，如把弓的结构错画为角居中、竹在外。

度和宽度保持不变，那么它的弹力会按弓臂厚度的立方增加。[①]

由此我们可以看出，单木弓弓臂的厚度是影响弓体弹性变化的关键因素。这样如果要制作一个弓臂很宽但不厚的单木弓，其弓力不会有太大的增效。从另一方面来讲，除了弓弦推动箭前进的同时要消耗贮存在弓臂上的能量外，弓臂自身的运动也要消耗一部分能量，所以在同等情况下弓臂越轻，它通过弓弦间接驱动箭的能量就越大。因此，为了减少弓臂的重量，最好使用短而厚的弓臂。但是弓臂厚度的增加又会加大弓臂木材本身内部的压力。这样弓臂就要承受从弓背部起作用的拉力、在弓腹的压力、在内胎的切向力，而大部分的木材都难于同时承受住这些力，即使有能承受住这些力的木材也容易发生断裂。

在中国古代，人们认为桑木和柘木是制作单木弓最好的木材。在自然界中我们很难找到具有理想性能的能经受住拉力、压力和内切力集于一身的单一木材。最好选择几种不同的材料，它们分别能承受拉力、压力和内切力。

中国传统角弓正是以竹、角、筋这三种密度相近的材料黏合而成。从弓的结构上看，铺在弓臂背面的牛筋，其密度比木材稍大并具有很好的抗拉性能。贴在弓腹上的牛角，其密度比木材稍大并具有很强的抗压性能。在内胎的弹性木材桑木或竹具有很好的抗切力性能。

克洛普斯特格对单木弓和复合弓的弓力与张弦关系做过对比实测（图 9-3，见李约瑟，叶山《中国科学技术史·第五卷第六分册》）：图 9-3 中 A 是短而直的单木弓所表现出在张弦的末期变得非常僵硬的曲线。B 是一张单木弓表现出的曲线，几乎成一根直线。C 是带弓梢（绷紧弓弦时，弓梢与弦成一直线）的单木弓表现出在张弦开始时比较硬，后来反而比较软的情况。D 是亚洲复合弓表示出的弯曲程度最大的效果。

从力学上来说，当弓张满弦时，拉力曲线下面的面积是其所储存能量的一种量度。因而从克洛普斯特格的对比实测结果可见，亚洲复合弓是最有效的设计。它们也较易于保持张满状态，并使箭在即将自由飞行之前获得最大的推力。（见李约瑟，叶山《中国科学技术史·第五卷第六分册》）这里所提到的亚洲复合弓，应是指在亚洲区域历史上所特有的由牛角、牛筋、竹等多种材料制成的传统弓简称。就目前笔者所见到的实物如中国、韩国、蒙古、不丹等国的传统复合弓而言，制作方法、形制、选材都很相近。因此克洛普斯特格所对比的结果也部分代表了中国传统牛角弓的力学性能（至于亚洲各国传统复合牛

① 谢肃方．百步穿杨——亚洲传统射艺．香港：香港海防博物馆，2003：18.

角弓的力学性能的细微差别，还有待于采集到各种弓的实物后再进一步研究）。

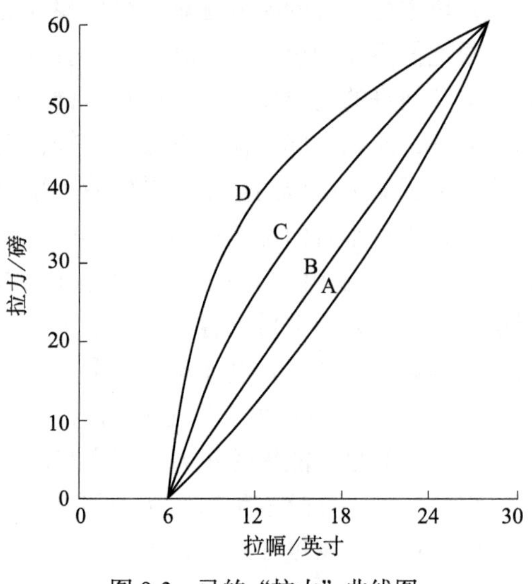

图 9-3 弓的“拉力”曲线图

二、古人对弓体弹性的经验认识

中国发明传统复合牛角弓的时间较早，《考工记》就曾系统地描述过复合牛角弓的制作规范，其“弓人为弓”节说：

> 弓有六材焉，维干强之，张如流水；维体防之，引之中参；维角撑之，欲宛而无负弦，引之如环，释之无失体如环。材美，工巧，为之时，谓之参均；角不胜干，干不胜筋，谓之参均；量其力，有三均。均者三，谓之九和。九和之弓，角与干权，筋三侔，胶三锊，丝三邸，漆三斞。上工以有余，下工以不足。[①]

我们知道做弓的三种材料角、干、筋对弓力均会有重要影响，但要达到像《考工记》所描述的那样“角不胜干，干不胜筋”，即希望这三者能发生均等的作用（称为“三均”），是不容易做到的，因此这种规范性的描述很难说具有实际意义。此外原文中也没有说明“量其力”的方法。对此东汉经学家郑玄在其注中解释为：

---

① 《十三经注疏·卷四十二》.

> 参均者，谓若干胜一石，加角而胜两石，被筋而胜三石，引之中三尺。假令弓力胜三石，引之中三尺，弛其弦，以绳缓擐之，每加物一石，则张一尺。①

唐代贾公彦对郑玄的这段话又做了进一步的疏解：

> 此言谓弓未成时，干未有角，称之胜一石；后又按角，胜二石；后更被筋，称之即胜三石。引之中三尺者，此据干角筋三者具总，称物三石，得三尺。若据初空干时，称物一石，亦三尺；更加角，称物二石，亦三尺；又被筋，称物三石，亦三尺。郑又云假令弓力胜三石，引之中三尺者，此即三石力弓也。必知弓力三石者，当弛其弦，以绳缓擐之者，谓不张之，别以一条绳系两箫，乃加物一石张一尺，二石张二尺，三石张三尺。②

郑玄认为“参均”意指，如干能承担一石重物之力，加角后能承担两石之力，加筋后能承担三石之力，拉弦能拉开三尺。拉开三尺，大致能体现出弓达到满弦时弦与弓腰的距离，与该弓所用箭的长度相近。东汉时的一尺长约 23 厘米，三尺（69 厘米）与出土的汉代的箭长相近。当然，即使是同一时期的弓所用箭长也不是完全相同的，但大致在此范围内应是可行的。

贾公彦在疏中所言：“引之皆三尺，以其矢长三尺，须满故也。”至于“引之皆三尺”的方法，他解释说，“当驰其弦，以绳缓擐之者，谓不张之，别以一条绳系两箫，乃加物”。清代经学家孙诒让在其《周礼正义》中又解为“说文弓部云弛，解也。广雅释诂云擐，著也。谓解弦而别以绳缓著弓箫，必以绳易弦者，恐试时伤弦之力。必缓擐者恐其急而断也。”由此看出，孙诒让认为以绳易弦是为了初试弓力时防止弦受损。有的学者把它理解成了测量弓体的净弹力③，似乎不符合原文本义。因为古人即使为了测其净弹力，易弦并不能影响最终弦满之时弓力的大小。

中国传统角弓的弓力与张弦距离究竟是一种什么样的关系？可以借助于对原北京弓箭大院“聚元号”后代所做的传统弓进行测试，测量三张弓后选出其中一组数据（表 9-1）进行分析，其弓力与张弦距离关系（简称拉力曲线）如图 9-4。

---

① 《十三经注疏·卷四十二》.

② 《十三经注疏·卷四十二》.

③ 关增建. 略谈中国历史上的弓体弹力测试. 自然辩证法通讯，1994，16（6）：51.

表 9-1　弓拉力与拉距关系测试数据表（厘米 / 磅）

拉距	15	17	19	20	22	24	26	28	30	32	34	36	38	40	42	44
拉力		2.2	3.3	4.2	4.9	5.5	6.6	7.7	8.8	9.9	11.0	12.5	14.0	15.5	17.0	17.8
拉距	46	48	50	52	54	56	58	60	62	64	66	68	70	72	74	75
拉力	18.9	19.5	20.0	21.0	21.7	22.0	22.8	23.4	23.8	24.3	25.0	25.8	26.5	27.8	28.7	28.9

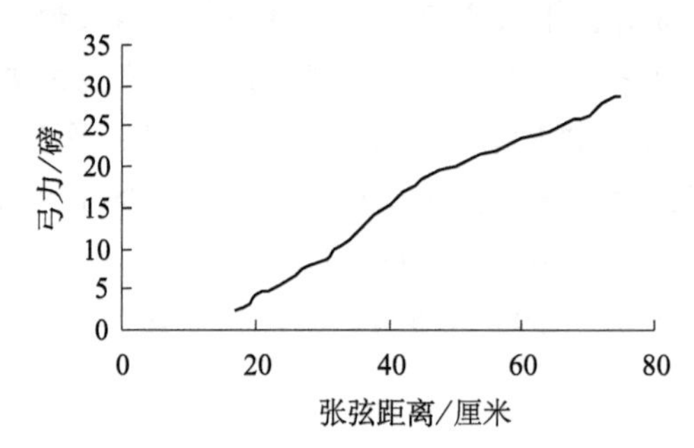

图 9-4　中国传统角弓（弓长 100 厘米）拉力曲图

由图 9-4 可见，中国传统复合弓的拉力曲线不是线性关系。现代比赛用的国际反曲弓也体现出这一特性（表 9-2、图 9-5）。[①] 在图 9-5 中不同的张弦间距上，弓力的增幅是不同的。在现代的射箭运动中，运动员们了解弓的这些特性，对于拉弓、瞄准都是非常有用的。

表 9-2　上海“燕子”牌弓拉力与拉距关系测试数据表（英寸 / 磅）

拉距	9	10	11	12	13	14	15	16	17	18	19
拉力	3.8	7.5	10.6	13.5	15.7	17.6	19.6	21.2	22.9	24.3	25.8
拉距	20	21	22	23	24	25	26	27	28	29	
拉力	27.1	28.9	30.1	31.1	33.1	35.3	37.5	39.2	41.2	43.0	

另外通过上文分析可知，拉力曲线越向上弯曲，那么这张弓的力学性能及可操作性就越好。现代的滑轮弓正是向这个方向努力的结果。滑轮弓是在弓梢的两端分别安装两个偏心滑轮，通过复杂的挂弦方式以达到较佳的力学效果，滑轮弓的拉力曲线如图 9-6 所示。从中可以明显看出其向上弯曲的程度，因此滑轮弓具有较佳的力学性能，现代普通的反曲弓是无法与它相比的。

① 数据来源于中国国家体育总局。

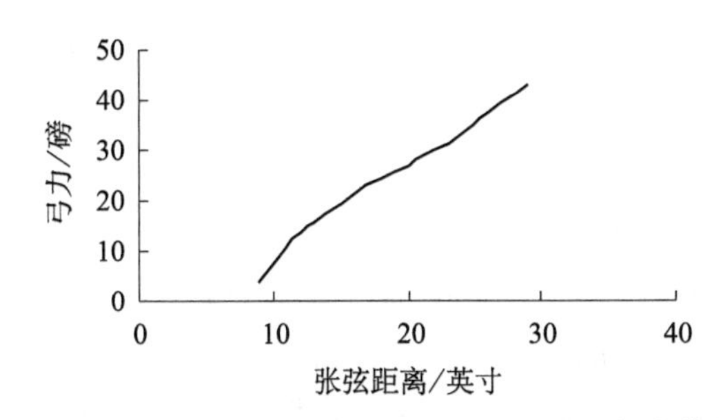

图 9-5　上海“燕子”牌弓（弓片长 71 厘米）拉力曲线图

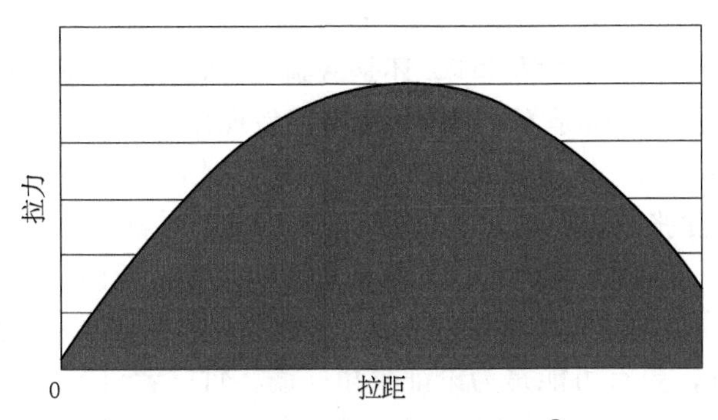

图 9-6　国际滑轮弓的拉力曲线[①]

传统弓全凭手工制作，制作每一张弓所选用材料及配比的细微差别，都会影响弓的力学效果。即使是同一个国家的、同一型号的传统弓，它们的力学性能也不尽相同。对这种纯手工制品进行精细的力学测试，测试结果存在一定的差别完全是可以理解的。

做弩时所用弓体的材料种类很多，有用单一木料制作的单木弩，有用多层竹片或木材叠制的弩。其力学性能不能一概而论。广西巴马的两位瑶族制弩师傅说，产生力量的部分主要在扁担上。[②] 虽然他们没有实测过扁担能产生多大的力量，以及弓力与张弦的关系，但根据他们对上弦时感觉所需的力量（与日常生活中所能提重物的轻重相比）变化情况的描述，可以看出弓力的增加与张弦的距离不是线性关系，而是拉开弩的距离越大，弓力增加得越快。

通过上文对中国传统弓的弹性进行分析与实测，可以简单看出传统角弓的力

---

① 此图可反映出滑轮弓力学性能的整体特征，随弓体上设置滑轮组的情况不同，拉力曲线会有一些变化。

② 仪德刚，张柏春．广西巴马县瑶族制弩方法的调查．中国科技史料，2003，24（1）：80.

学效果。中国古人为改善弓的性能积累了很多对于弓力弹性的认识。如何评价他们认识弓力与张弦关系的水平，前人已多有论述。问题讨论的焦点是中国古代是否发现了弹性定律？

老亮在他的《材料力学史漫话：从胡克定律的优先权讲起》里把东汉郑玄对《考工记》的注等表述，看作是中国古人早于胡克（R. Hooke，或译成虎克）1500 年前发现了弹性定律的有力证据，并引用多位院士的话加以强调。[①]

很明显，通过老亮的介绍，多位专家学者对郑玄发现弹性定律深信不疑。在 1990 年中国大百科全书出版社出版的《力学词典》在解释"弹性定律"时，已加入了郑玄在这方面做出的贡献。

但无论从弓体本身的力学性能，还是从制弓匠对弓体的感觉来说，郑玄认为张弦与弓力呈线性关系都是不准确的，更何谈发现弹性定律？从实际测量的结果（图 9-4）中可以看出它们不是线性关系。在笔者对北京的做弓者调查时，杨文通师傅认为弓力随张弦的不均匀性变化，正是每位射手都熟悉的复合弓比单体弓好用之处。所以，东汉时期的郑玄的描述并没有能正确反映出弓体的力学性能，他的注文仅表明他对弓体的弹性有一定的直观印象。同时，郑玄对"量其力，有三均"的理解，更有可能是为论证牛角、筋、竹三者对产生弓体的弹性作用相当。在制作传统弓时，竹胎加工好先粘牛角，过一段时间后再粘牛筋，因此在每粘一层弹性材料后弓体的弹性都会得到相应增加。也许古人会在每粘一层弹性材料后测量弹力增加的程度，就如同郑玄在理解《考工记》原文时所描述的那样。

在人类历史长河中，由于弓箭在世界各地发明与使用的普遍性，不仅中国古人对弓力的弹性问题有感性认识，其他国家的制弓师傅在制作及使用弓箭时也同样不会回避这些问题，只是这些经验形成文字资料并保存下来的很少。

另外，郑玄的解释是从文字本身出发，加上个人的理解而形成的一种观点。而弹性定律的发现是胡克在实验的基础上得出的正确理论。有人把郑玄的"量其力，有三均"等看成是弹性定律的近似结果，但这种近似与胡克从实验出发得出结论在本质上是不同的。

弓体的弹性变形不能满足弹性定律，而且，要实际分析弓体的力学性能，其实是一个非常复杂的问题。

---

① 老亮 . 材料力学史漫话：从胡克定律的优先权讲起 . 北京：高等教育出版社，1993：序 .

早在 19 世纪 30 年代，很多西方的科学家和工程师都对此做过深入的研究。在拉弓射箭时，弓体的弹性变化是非均匀的。首先，弓体的形状一般是从中间到两梢由粗到细、由厚到薄的不规则变化；其次，在弓体的两头都有向后弯的弓梢；最后，在拉开弓时，随拉弦距离的增加，通过弓弦作用在弓体上的拉力会不规则地增加等。这些因素制约了对弓体弯曲变化的性能进行准确的分析。因此很多学者通过建立相应的理想化模型加以分析。这些模型的建立可以从理论上近似地确定力学性能好的弓应满足的参数，如弓臂的长度、弓高的长度、解弦后弓臂的形状、弓臂在每一处弯曲的程度、弓臂的质量、弓梢的形状及质量、满弦长度、弦的质量、弦的弹性、箭的质量等等。

例如 Hickman 的静态模型（图 9-7）即是一种较典型的模型。它是把可弯曲变形的弓臂看成是理想化的弹性材料，并以弓把为中点产生转动。

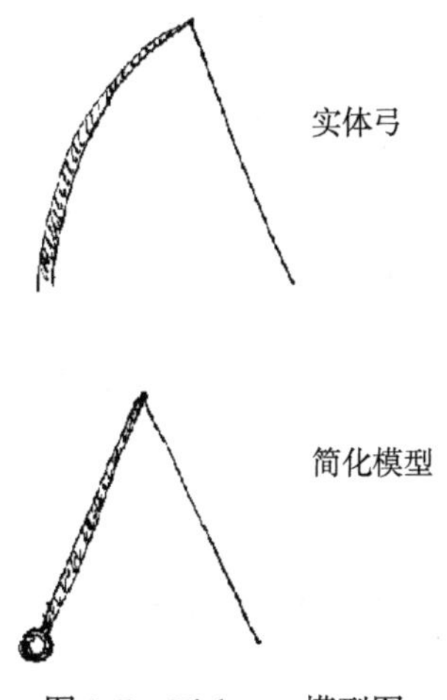

图 9-7　Hickman 模型图

根据力的合成与分解定理，可推出水平拉力 F 与三个可变夹角之间的关系。还可以做进一步的推导，找出水平拉力与水平拉距之间的关系。在实际的射箭过程中，弓体与弓弦都会同时运动，并且随拉弦和放弦运动方向的不同，呈现出不同的拉力曲线。

通过以上分析可见，仅采用简化的方法，对理想化的弓体模型进行力学上的计算已很复杂。因此可推知如欲计算出中国传统复合牛角弓准确的拉力与其他参数的关系，会更加复杂。由此我们可以看出，如简单地把弓体的弹性变化理解成符合弹性定律是过于简单化了。

第四节 小　　结

弓力的大小是直接关系到箭射的远近的主要因素。弓力与箭的射程之间的关系，按现代的力学知识不难算出。但在经典力学出现以前，要得出其准确的关系是不可能的。因为影响射程的因素有很多，且都难于被精确测量，如弓力的大小、弓力发挥的效果、箭体的形制、空气阻力的大小等等。

中国古人在射箭实践中也观察到箭的射程与箭的轻重及弓力之间的关系。他们的最直观经验就是：箭越轻，箭射得越远；弓力越大，箭射得越远。对于箭的轻重如何影响射程，古人有自己的经验：在明朝《武编》中记有“旧法，箭头重过三钱则箭去不过百步，箭身重过十钱则弓力当用一硕。是谓弓箭制”。这说明了箭头的轻重与弓力的配比及射程情况。这里虽没有给出弓力、箭重与射程的准确关系，但他们还是从经验出发得出了一些实用的结论。

为追求取得远距离的射程，必须加大弓弩之力。加大弓力的方法一般有两种，一种是单纯地增加弓臂的厚度和强度，另一种是增加弩上弓体的数量（如古代发明的多弓床弩）。对于弓力与射程的关系，古代有些智者曾在实践中观察并思考过。如宋代江少虞在《事实类苑》的“德量智识”里记载了魏丕在这方面的经验：

> 旧制床子弩止七百步，上令丕增至千步，求规于信。信令悬弩于架，以重坠其两端，弩势圆，取所坠之物较之，但于二分中增一分，以坠新弩，则自可千步矣。

文中提到，旧床子弩的射程为七百步，皇帝命令将其增加至一千步，即射程要达到原来的 1.43 倍，近似于 1.5 倍。设计者采用“于二分中增加一分”的办法来提高弓力，使新弩的弓力达到原来的 1.5 倍。这就是说，在设计者的心目中，弩的射程与其弓力亦存在一种线性关系。根据上文记载中的数据，关增建曾以现代的力学知识做过计算[①]，证明了射程与弩的弓力具有一定线性关系，从而印证了原文的记载是切实可行的。在中国古代文献中有很多记载弓弩的弓力和射程的描述，以显示它们的威力巨大。对射程的记载要特别注意是指有效射程还是指

① 关增建．略谈中国历史上的弓体弹力测试．自然辩证法通讯，1994，16（6）：50-54.

最大射程。弓箭的射程与抛石机、火炮等射程的概念并非完全等同。通常抛石机和火炮只要把石块或炮弹抛到较远处即能发挥其杀伤力，而箭被射到目标处的同时还要具备一定的速度才具有杀伤力，这就限制了箭的有效射程达不到它的最大射程。如《通典·弩部》云：“弩，古有黄连、百竹、八担、双弓之号，今有绞车弩，中七百步，攻城拔垒用之；擘张弩，中三百步，步战用之；马弩，中二百步，马战用之。”其中的射程都应是有效射程。弓的最大射程可达 300 米以上，有效射程通常在 150 米左右，正所谓“杀人百步之外”。

在古代文献里记载弓弩射程的内容，有时并不准确，甚至还有夸张的成分。古代文献里很少有单纯记载弓弩最大射程的描述，更少见到古人对弓弩射程与发箭角度等相关知识的认识等内容。

第十章

关于郑玄发现“弹性定律”的争论

第一节　认知方法的更新

科学史学界对力学知识的研究，通常是以研究经典力学的发生及发展为主。但纵观人类力学知识整体的发展情况，除了我们应十分关注经典力学产生后的理论力学知识外，还应加强关注其他两种力学知识的发生模式：直觉物理学知识和实践力学知识[①][近似的提法见于梅森《自然科学史》导言中所述：科学主要有两个历史根源：一个是技术（或工艺）传统，一个是精神（或哲学）传统]。

直觉物理学知识广泛存在于任何文化传统中，并以人类自身的行为获得的经验认识为基础。诸如人体对自然客观事物的感知（包括对天体及自然运动的感知、对客观物理存在方式的感知等）、人体对自身力学特性及身体行为等的认识。这些直觉的物理学知识不仅构成了人类实践活动的基础，而且还构成了力学科学理论论据的基础。比如对杠杆原理的众多验证中，人们一般不需要证明而是默认：如果杠杆的一端臂抬起，那么另一端臂不可能会再抬起，而是一定会下降。这种直觉的物理知识广泛地被人们所共享，并在古希腊的自然哲学家及中国古代思想家的脑海中不断得到升华，他们对诸如落体运动、抛体运动及天体运动等都做出过相当多的讨论。

① 关于力学知识发生及发展的阶段及模式参考中德马普伙伴小组的研究课题。

实践力学知识是基于工匠们在制作及使用各种生产工具时，在实践中应用的力学知识。与直觉力学知识不同，这类知识不再广泛地被人类所分享。它与那些从事生产和使用工具的专业人群紧密相联，并伴随着历史顺序而发展。通过直接参与使用特定工具的生产过程或口头讲解，实践者的专业知识被历史传承下来。在文艺复兴时期建设大规模工程项目的背景下，人们普遍认为实践力学知识对前经典力学的出现具有重大意义。

在不同的地域或不同的历史时期，力学知识的这三种发生模式或各有优势，或相辅相成（图 10-1）。

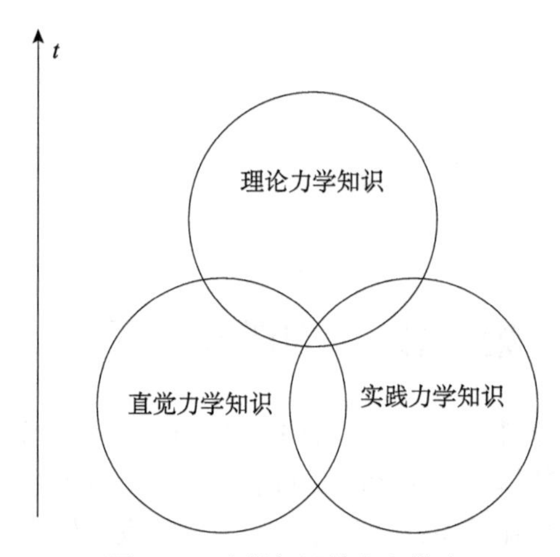

图 10-1　力学知识的发生模式

理论力学知识的产生，正是源于直觉力学知识及实践力学知识在人类的思想认识中得到不断的升华，从达·芬奇开始到伽利略那里得到了飞跃。对于弓弩力学性能的初步认识也多见于达·芬奇的手稿里。他思考过如何使弩的力量不断增加，从而草绘过把多个弩串联在一起的图案；设想过把弩弓弧形设在何处时，发力效果最好；并试图对拉弦过程产生的力学效果加以分析等。有学者认为这是达·芬奇对理论力学的产生应该做出的但没被注意到的巨大贡献，因为达·芬奇的这些手稿在他去世后几百年才公布，而那时经典力学已经产生了。[①]

与西方不同，中国古代更为多见的是直觉力学知识和实践力学知识，或者说在中国古代没有形成系统的理论力学知识，因此更谈不上中国古人发现什么现代

① 可参见 Foley V, Soedel W. Leonardo’s contributions to theoretical mechanics. Scientific American，1986，255（3）：108-113.

科学意义上的弹性定律了。如果认为郑玄曾发现了弓体的拉力与拉距呈正比的比例关系，那也是理由不充分的。因为郑玄仅指出了 1 石张 1 尺、2 石张 2 尺、3 石张 3 尺这三个定点的拉力与拉距的关系，而没有推论 1.5 石、2.5 石或 1.25 石、1.75 石等能张几尺，即郑玄并没有给出一个成比例的结论。即使郑玄说了“每加物一石，则张一尺”，也仅对几个定点而言，因为弓在满弦时的拉距通常超不过 4 尺。因此仅凭那三个间隔较大的定点数量关系不能断然下拉力与拉距呈线性变化的结论。

第二节　关于“郑玄发现弹性定律”的争议

弹性定律是物理学中的一个基本定律，是由英国实验物理学家胡克在研制弹簧钟的过程中总结出来的。老亮先生于 1987 年提出我国东汉经学家郑玄在对《考工记》做注释的过程中即发现了弹性定律。经过他的介绍，多位专家学者对郑玄发现弹性定律深信不疑，[①]笔者等结合多年的弓箭制作田野调查，于 2005 年发表了《弓体的力学性能及“郑玄弹性定律”再探》，对《考工记》及郑玄记述的弓体弹性测量问题进行了详细的说明，认为郑玄的解释不属于发现弹性定律的范畴。[②]刘树勇等则针对笔者的论点，撰文坚持认为郑玄比胡克早 1500 多年发现弹性定律。[③]

此后，因《考工记》在科学史上的特殊价值，学界对这一问题仍时有争论。如关增建等曾谨慎表示，“每加物一石，则张一尺”的说法，很容易让人将其与表示弹性形变的胡克定律相联系。如果古人沿着这个方向继续发展下去，发现弹性定律也不是不可能的事情。[④]胡化凯先生则认为：这种表述与英国物理学家胡克对于弹性定律的论述相似，但无论是《考工记》的作者还是郑玄和贾公彦，均未达到像胡克那样对于物体伸长量与其受力呈线性正比关系的清醒认识。而且事实上，弓的伸张量与其受力也不满足严格的线性比例关系。因此，尽管郑玄和贾公彦对于弓体弹性的描述很有意义，反映了古人对于弹性的一定认识，但仍然不

① 朱华满，陶学文．郑玄是否发现了胡克定律．力学与实践，1994（4）：68-69.

② 仪德刚，赵新力，齐中英．弓体的力学性能及“郑玄弹性定律”再探．自然科学史研究，2005，24（3）：249-258.

③ 刘树勇，李银山．郑玄与胡克定律——兼与仪德刚博士商榷．自然科学史研究，2007，26（2）：248-254.

④ 关增建，赫尔曼译注．考工记：翻译与评注．上海：上海交通大学出版社，2014：45.

能将其与胡克弹性定律等量齐观。胡克是自觉探索物体弹性变形与受力的一般规律，而郑玄和贾公彦仅仅是就事论事去解释《考工记》。他们的出发点和认识背景有很大差别。[①]但孔德有、王维维、武家壁等学者依然认为郑玄可与胡克齐名，他们均发现了弹性定律。[②]

在2015年召开的物理学史学术会议上，笔者得知刘树勇先生拟一同参会，便准备了这个报告并希望与他当面交流。可惜他没能如期参会，但刚好有戴念祖等学界前辈与会，笔者在会议上宣读了这篇文稿，希望得到他们的指教。戴先生在会议中对拙文进行了非常细致的点评，鼓励后学之余，戴先生还表示学术争鸣需要跟进讨论。笔者最近检索文章发现，持郑玄发现弹性定律的观点者还有不少。反思学者们就这一问题的争论，除了各派学者所持有的编史观不同外，个别学者对于郑玄针对弓匠经验的解释还不是很清楚。近几年来，笔者进行了大量的筋角弓复原实验，除了维持之前发表的愚见外，希望再从工匠传统的角度上再补充一些说明，借此来回应刘树勇先生。

传统筋角弓是以筋、竹、角三种密度相近的自然弹性材料黏合而成的。从弓的结构上看，铺在弓臂背面的牛筋具有很好的抗拉性能，贴在竹或木制弓胎上的牛角具有很强的抗压性能。可以很自豪地说，中国古人早在两千多年前就能想到把这三种自然弹性材料完美地黏合在一起，从而获得大形变区间的强大弹力，是一项伟大的发明创造。根据《考工记·弓人》记载的相关内容可见，这项令人叹服的精巧制弓术早在两千多年前就很成熟。

自然界中能够发生纵向形变较大的弹性材料并不多见，仅就动物的筋丝而言，要想人为地把筋丝拉长，并想得出拉长量与弹力的关系式在古代是很难做到的。第一，筋丝的拉长量本身很小，如果把筋丝泡在水里，其伸长量并不是弹力所致，当不考虑；第二，在现代的弹簧秤发明以前，很难测量到筋丝等自然材料发生纵向形变而产生的弹力。胡克恰恰是从实验弹簧或橡皮筋等现代材料等那些可以产生大的纵向形变量物而发现弹性定律的，当然对于要验证一个定律而言，他需要对这个定律的适用范围进行限定和推广。而从自然弹性材料的横向形变所产生的弹力与形变量的关系上得出弹性定律是很难实现的。刘树勇先生却认为：

---

① 胡化凯．物理学史二十讲．合肥：中国科学技术大学出版社，2009：18.

② 孔德有，王维维．胡克、郑玄与弹性定律．现代软科学，2006（2）:47-48；中国力学学会．中国力学学科史．北京：中国科学技术出版社，2012：49；武家璧，夏晓燕．《考工记》制弓技术中的“成规”法与弹性势能问题 // 石云里，陈彪．多学科交叉视野中的技术史研究：第三届中国技术史论坛论文集．合肥：中国科学技术大学出版社，2015：316-324.

相比之下，郑玄却先指明了弹性限度。从文字上看，郑玄在这点上比胡克的叙述更具科学性。①

没有需求就没有创造。胡克生活的年代正是人们热衷于探索包括弹簧钟在内的各种机械装置的时期，也正是经典力学日趋成熟、现代弹性材料广泛运用的时代。人们需要知道如何获取更精准弹力的方法，才可能会想到它是否与弹性材料的形变量有关，或关系多大。胡克针对这个问题做了反复的实验，从而得出了弹性定律。弹性定律一经发现，就被广泛运用在各种由现代弹性材料提供的动力机械设计领域。试想一下，如果说郑玄发现了这个规律，在现代弹性材料没有问世之前，它的用处应该是微乎其微的。古人测试弓弩弹力一般通过人力拉感、坠重、杆秤称量等三种主要方法，但这些测试均是以拉满弓弦为准，不需要也没有必要知道形变过程中弓体弹力的精准数值，更何况弓臂横向形变是较为复杂的过程。可以说，即使郑玄致力于这个"弹性定律"的实验研究，这也是个难于完成的任务。

郑玄的"每加物一石，则张一尺"的提法完全是他对古人为什么要选择筋、竹、角这三种弹性材料，以及这三种材料的弹性效果做出的说明性文字。所以，无论是在后期的文字中，还是在现实的生活实践中，均难发现有什么技术革新是通过这个所谓的"郑玄弹性定律"指导的记载。这与阿基米德提出的杠杆原理的发现过程不同。阿基米德首先把杠杆实际应用中的一些经验知识当作"不证自明的公理"，虽然在《墨经》里我们也能找到很多与这些公理相似的文字表述，但阿基米德却能从这些公理出发，利用假设和运用几何学知识通过严密的逻辑论证，得出了杠杆原理。阿基米德据此原理还发明了投石机、引重装置等。

传统筋角弓制作过程中，笔者常根据牛角片的密度、薄厚来确定成品弓的回弹效果。牛角片原初的自然弧形，以及它具有的弯曲形变期间中段弹性强于后段的特点，是射手们喜欢"过劲儿无劲"筋角弓这一特点的原因。但光靠牛角片是很难做出一把好弓的，牛角片需要有竹木弓胎进行支撑，这样才能保证牛角片在发生大的形变时不轻易发生折断。如果需要提高弓体的弹力，单纯地增加竹片的厚度也行不通，因为竹纤维本身的强度是有限的，竹片太厚同样会增加断裂的危险，并且它只能与原竹同体使用。而动物的筋丝刚好补充这一项功能。所以说，这三种弹性材料的结合是古人教给我们的一项非常完美的技术。

刘树勇先生表示：在古代所处的经验科学阶段，所谓"科学发现"要符合3

① 刘树勇，李银山．郑玄与胡克定律——兼与仪德刚博士商榷．自然科学史研究，2007，26（2）：250.

个条件：A 有相当的与该发现有关的生产经验或观察实践；B 有文字对此生产经验或观察结果作出总结；C 该总结与近代科学形成后的某一科学原理或理论（或定义、定理、概念）相符或近似……就郑玄而言，他关于《考工记》的注文，如前所述，符合条件 B、C。也就是说，郑玄以文字总结了造弓经验及弓干材料的线性弹性定律，并且其总结与后来的胡克定律相吻合。至于 A，一般地讲，周、秦、汉时期民间与宫廷作坊中已有大量而丰富的造弓实践。[①]

第三节 小 结

亚里士多德在他的《形而上学》里强调“求知是所有人的本性”，并把“知”的问题摆在了最为突出的地位。他在这部重要著作的第一卷里区分了经验、技艺和科学，认为低等动物有感觉，高等动物除了感觉之外还有记忆。从记忆中可以生成经验，从经验中可以造就技艺。经验是关于个别事物的知识，技艺是关于普遍事物的知识。拉弓变形过程中拉力逐渐增大，这属于直觉的经验。技艺高于经验，因为有经验者知其然而不知其所以然，而技艺者知其所以然，故技艺者比经验者更有智慧、懂得更多。郑玄并不疑惑拉力随拉弓弦过程增大的事实，但其目的是解释好的弓匠如何可以把“筋、干、角”三材匹配均匀。根据亚里士多德的理解，技艺并不是最高的“知”，最高的“知”是能探索出技艺背后的道理即自然哲学（亦即我们今天所说的“科学”），毫无疑问弹性定律属于科学的范畴。

---

① 刘树勇，李银山．郑玄与胡克定律——兼与仪德刚博士商榷．自然科学史研究，2007，26（2）：251.

第十一章

西学东渐中“势”含义的传承与演变

在前面的章节中，我们探讨了“势”字之源，考察了古人用“势”描述与力、能量等相关的自然现象，而且对“势”在其他领域中的含义及其变化进行了简要阐述。鉴于当前对西学东渐中“势”含义传承与演变的梳理和探究较为鲜见，我们在本章将对明末清初以及晚清西学东渐过程中的科技著作进行梳理，考察“势”在受到西方近代科学知识冲击时，其含义的传承与演变情况；探寻当时中国知识分子如何运用“势”表述西学知识；同时探究在跨文化的知识传播过程中，中国知识界与西方传教士在对“势”字的运用中采取什么样的方式进行纳古吐新，并将其应用于近代力学和电学。

第一节　两次西学东渐中“势”概念的传承

在中国的传统文化中，“势”由生活语言逐渐演化为蕴含人文、社会、自然等多领域的抽象概念有其独特的文化传承与演变。通过前文对中国古代“势”的探讨，我们知道中国古人将生活、生产中的“势”含义进行了扩展和升华。一方面把自然界中各种力的现象如浮力、重力等用“势”来表达；另一方面又把自然现象中的流水所蕴含的“能量”或“动量”用“水势”来描述。同时，古人还常用“势”描述事物的“形状、状态、式样”；用“地势”描写地形高下之义；亦用“势必”表示一定或不可逆转的趋势；等等。明末西学传入后，“势”的这些传统含义尽管受到不同程度的影响，但其“形状、状态、式样”“地形高下”“能量”“一定、势必”等含义依然传承并沿用至今。下面我们将以两次西学东渐中经典科技著作中的“势”术语为对象，考察“势”传统含义的传承和应用。

明末西学东渐时期，由德国传教士邓玉函口述，明朝学士王徵笔述、绘图所著的《远西奇器图说录最》，是系统介绍西方力学和机械知识的中文译著，尽管书中介绍的力学知识多是西方经典力学诞生之前的伽利略力学体系，但是它对其后西方科学知识在中国的传播有着深远的影响。我们对该书中有关“势”的应用进行考察，试图探寻中西文化交融中“势”含义的传承情况。如该书第五十八款介绍：水来平冲于闸，求其冲势之重若何？如上求水柱法，止以所冲闸面高低，作 ae 垂线，垂线平行至 i，相等，即从垂线上面之 a，斜行至 i，则是水冲半柱之重，其余多水，俱无干也。原文“冲势之重若何”谓平衡状态下的压力是多少，此“势”乃状态，“重”即力。而且该书卷一绪论对力艺的“表性言”和“表德言”进行了界说，简要探讨“力”与“重”；可以说，王徵和邓玉函对“势”和“力”的认识相对清晰，在此用“重”表示力，“势”表示状态。另外，书中第六十四款言：轮势多端，论其辋有长有侧（图 11-1）。

分析原文和图 11-1 可知，这里的“轮势”多样性不仅指轮毂长短，还指轮毂的大小和轮辐的长短、数量，因此该“势”乃样式、形状，是沿用传统含义。从《远西奇器图说录最》一书中的“势”用法，亦可以看出这一时期人们根据“势”的具体使用情况赋予其不同含义，反映出人们对“势”的认识和使用逐渐成熟。此后十余年，方以智在其《物理小识》一书中有多处用到“势”，内涵相当丰富，但多数还是沿用中国传统文化观念中的“势”概念。如书中所言：喻皓有营舍法，欧阳归田录，开宝寺塔，喻皓所造，势倾西北。皓曰：风吹百年当正。讲述北宋初年，喻皓建造开宝寺塔，然塔初建成时，其身略向西北倾斜；对此，喻皓解释：京师地平，且多刮西北风，塔身略向西北倾斜可以抵抗风力，约一百年塔身即可被风吹正。“势”在此表示塔身倾斜的“状态、姿势”，依然传承古人对其含义的认识和应用。

第二次西学东渐时期，晚清学者和西方传教士们再次合作引入西方科学知识；而且这次西学传播的科学知识面广量大，译著品种繁多，影响深远；并由以往的传教士口述、中国学者笔述的模式逐渐转向中国学界独自翻译撰写。在第二次西学东渐过程中，中西文化的碰撞与交融给晚清学术和社会均创造出一个新景象。不过，尽管西学传播影响了晚清整个学界，但是中国两千多年的文化传统依

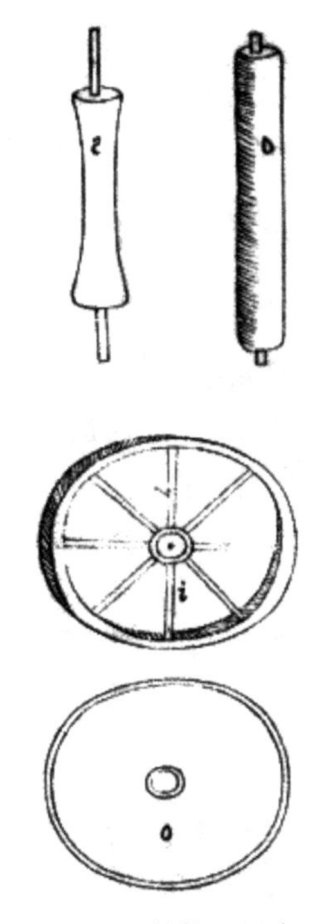

图 11-1　"轮势"示意图

旧根深蒂固，我们通过对这一时期科技译著中"势"含义的探究，可看出当时国人对本土文化的继承和发扬。

譬如艾约瑟和李善兰合译《重学》一书所言：面阻力与他力异体，无动势此力不生，动势愈大此力愈生，如图甲乙为地平面时，面阻力不生，乙角愈大面阻力愈多，面阻力自无至渐多恒有阻重之能至斜下时，乃阻力已满，定率不能更增一相阻耳（图 11-2）。

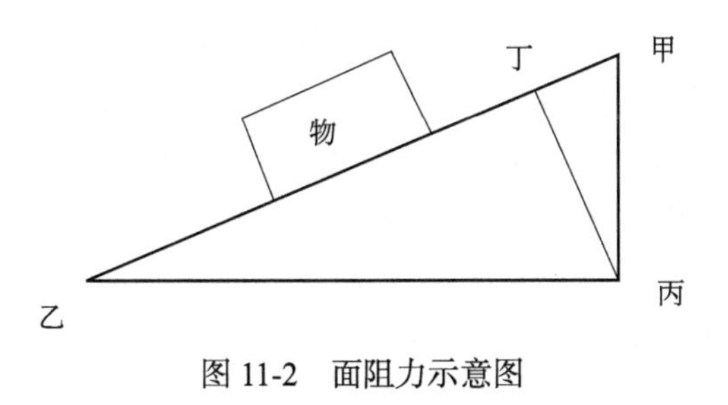

图 11-2　面阻力示意图

根据原文语境分析可知，“动势”在此表达“运动趋势”之义，亦即“势”延续其在中国传统文化中“趋势”的含义。另见，军事译著《兵船炮法》第五、第六两卷中的“势”字，归纳起来有“偏势”“势易侧动”“船势”“图势”等等。例如该书所云：（来复枪缘起）凡光滑炮管，必有弹隙泄漏药气，致减送弹之力，且弹在炮管跳跃数次，及出炮口，又必改变方向，渐知是炮管光滑之弊，是时洋枪已改用后开门法。令枪管窄于弹径以免弹隙泄气，然弹出时仍复改变方向，于是始作诸直槽于枪管内，其横剖形如第一百三十一图。铅弹之径如尖锋内径，其后屡经试验，知斜槽者更胜于直槽，于是遂造来复线，令弹在炮管，已循线旋动，及出枪口后，仍不改其旋动之势（图 11-3）。

圖一十三百一第

图 11-3　来复枪枪口剖面图

我们对原文分析可知，“不改其旋动之势”意指来复枪的子弹在出枪口后的运动状态或运动趋势不变，此处“势”蕴含运动“状态或趋势”之义，依然是对“势”传统含义的沿用。由上述案例分析易知，在融合中西文化传统的同时，尽管由“势”组成的新术语不断被创造，如“轮势”“动势”等，然其内涵包含“式样”“状态”“趋势”之义，依然继承了传统文化观念中的“势”含义。从丁韪良的译著《重学入门》中，我们同样可以看到对“势”传统含义的沿用，如书中言：（地形如匾球之故）地形如球，而南北稍扁，以直径论之，则南北不如东西之大，欲求其故，亦离中之力使然也……其形势东西稍长，南北较缩，谓地形如匾球，即此故也。文中讲述地球形状如球，但是南北两极稍扁，且南北直径小于东西直径，究其原因是离心力的作用，因此造成地球形状东西长，南北稍短。由语境分析知道，文中“形势”指“形式”，表示地球的形状。

此外,《格致质学启蒙》中亦有类同用法，譬如：所谓定质物，五金与木石等类即是，体段恒一式，有外来之力相加，欲更变其体式，本物必出有拒抵力，形势坚强不屈，巨细不变，惟遇大力加来，本体抵力不能胜，不得已而折裂破坏矣。统观这段文字，可知“定质物”即今日的“刚体”，讲到五金和木石也属于“刚体”，它们的状态恒定，有外力施加时，刚体自身会产生抵抗力，其形状保持不变；当遇到强大的外力且自身抵抗力不足时，刚体会折断破坏。原文中“一式”“体式”“形势”用语，尽管字、词不同，但均表达“形状”之义。另外，可以看出，晚清时期人们已经认识到刚体及其一些性能，但由于当时的物理学术语尚不完备，“刚体”这一术语未定，人们选用“定质物”来定义体积、形状均不发生改变的物体。我们通过上文的分析可知，这里“形势”表示物体的形状、状态之义。又见《力学课编》所言：定静之势有三，曰安，曰危，曰无择，今分论之，一曰如物所居之势，虽微扰之，而物仍自还其本位，则其定静之势为安。分析可知，此处所讲“定静之势有三”乃指物理平衡的三种状态，“安”即物体的稳定平衡，“定静之势”指稳定、平衡状态，则“势”即状态之义。

统观上述案例分析，我们可以看出晚清时期“势”与“式”有时也在混用或通用，尽管通过西方科学的传入，人们对“势”的认识更为深入，应用也更灵活，但其含义的运用依然脱离不开对中国传统文化的继承和延续。

除上文讲到的“势”有“状态、形状、趋势”等含义外，“势”的传统含义中亦有“地形高下”之义，西学东渐中该用法也依然存在。如方以智在《物理小识》中言：磁针指南何也？镜源曰：磁阳，故指南……舶商言：大秦西海偏丁位。则中土在昆仑东，彼海在昆仑西，其气随地势而少变者乎？此处“气”乃中国古代哲学用语，指一切事物组成的基本元素，亦指宇宙间一切事物运行或变化的能量或动力，原文“地势”意指地形高下，该含义在前面章节探讨古人对“势”的认识和应用时已讲述过，可见“地势”的传统含义在明末西学传入后仍在沿用。

在第二章中，我们发现“势”在表达古代力学知识中隐含的能量之义时，多是用于描述自然界现象中的能量，譬如“火势”“水势”等。然而16世纪末以来，随着西学的传入，人们开始用“势”表达人造物工作时所产生的各种能量，不过“势”隐含自然界现象中的能量之义仍在沿用。如《远西奇器图说录最》言：先为大立轮，层累而上，为三有齿之轮，与三龙尾车，上端轮齿各相合，柱下为平轮，轮之齿，各以立板作之，外端弯曲如杓（勺）样，向水势冲处，水冲其杓，杓杓相推，则大立柱自转，而三龙尾车自然依次而上水矣。我们对原文语境分析可知，“向水势冲处”指将（平轮）放置在水流动能或重力势能较大的地方。当然，原文水势不单包含能量的大小，还有水流方向，即流体动量，因此，该“水势”不仅有“动能、重力势能”之义，也蕴含“动量”之义。

另外，《物理小识》中亦用“水势”来表达流水动力中所隐含的势能，例如：（水行洊势）习坎言：洊，至。佛言：滴滴相续而成，水浸在下流，然有江汉涨浸月余，而金陵、淮吴不浸者，可知其洊矣。至于流迅而激引之，则水不自知其上下，惟其闭于筒内而有出路耳，闭于地中吸上山顶更何疑焉？暄曰：物空浮疾，水涌水迟，故外浮者恒倍于内，中流者恒迅于边，流行之水力于停贮之水，湍激之水力于流行之水。丁光涛先生对“水行洊势”的解读为“洊势，即流动的水可以再现其高度”，且认为该段内容描述的过程涉及了水流的高度—速度—高度的转化，或者说势能—动能—势能的转化。[①]《易·坎》言：“象曰：水洊至，习坎。”王弼注曰：“重险悬绝，故水洊至也。不以坎为隔绝，相仍而至，习乎坎也。”看来，水在遇到险阻时，会出现洊至。“洊”即水由高到低而下。方以智借用“佛言”描述流水在遇到险陷阻碍时，由上而下、由高到低的情形。同时，他还讲到急流中的水流方位，只有在其“闭于筒”方可知流向、出路；旨在说明水流在遇到险阻时，更能显其力量；由此，进一步提出“闭于地中吸上山顶更何疑焉？”方以智在“水行洊势”小节中，尽管只在小标题中用到“势”字，然小节内容无不详尽叙述水流的潜在力量。此外，揭暄在对该小节的注释中讲到“水面流速大于水底流速，河道中间的流速大于岸边水流速度”，且“流动的水比静止的水能量大，而湍急的流水能量更大”，这更为清晰地表达了水流潜在的能量。用当今流体力学知识来讲，即水的流速不同，其动力势能亦不同。方以智在对流水的描述中不言水“势”，却尽显其“势”；且此“势”隐含水流动力势能。由以上“水势”描述的自然现象中的流水动力势能，可见“势”的传统含义仍被传承，而且人们在日常生活中也会用到“水势、水头”等词语。

“势”的另一种用法“势必”，自古有之，即使两次西学东渐亦未改其初衷，且沿用至今。《远西奇器图说录最》有言：转木亦必少少斜转而上，有铁叉之长杆势必起一斜齿而自出其上矣（图 11-4）。

原文“势”与“必”连用表达“一定”之义，该“势”做助词，用于加强语气或起强调作用。原文“势必”谓之不可逆转的趋势，蕴含不可抗拒之义。该用法在晚清科技译著中，亦有之，如《格物测算》云：问电之储力何谓也，答电之未生，如水之在海面，平不流；电之既生如水之在山，势必下趋。水蓄之愈高其

① 丁光涛.《物理小识》中的流体力学. 物理学史，1991（1-2）：23-27.

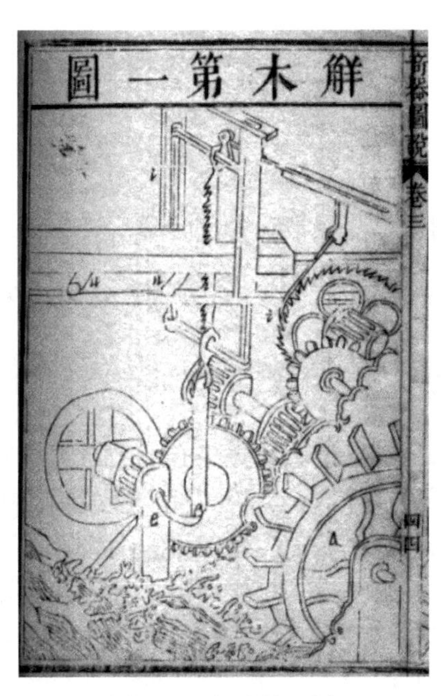

图 11-4　解木第一图

力愈大，电储之愈浓其力亦愈大。丁韪良所撰《格物测算》电学卷用“势”表达了电学中的不同现象或概念，其中在描述电的储力时，讲到“电之既生如水之在山，势必下趋”；用水之蓄力类比电之储力大小，文中“势必”即“一定”，表达不可逆转的趋势。又如《电学须知》曰：云中电气，遇地面异性电气，势必相合。将合时，如路中遇高房危墙等，必传电行过，而后入地。此处讲述雷电的产生及其危害和避免雷电伤害的预防措施；并提出“云中电气”与“地面电气”异性，因此“势必相合”，反映出人们对雷电产生的原因以及异性电荷相吸的特性认识，此处“势必”亦表示“一定”的含义。同一时期的其他译著以及我们当下日常生活中，“势必”应用也非常广泛。

在中国古代算术典籍中，尽管“势”表达“比值、比率、关系”的含义曾在《九章算术》和刘祖原理中均有，但是随后的文献典籍中很少见“势”的该含义。不过，时隔千年后的晚清学者在学习和传播西方科学知识时，却用到“势”的这一含义，如《力学课编》言：机器皆有蹍力者也，然取便蒙求，尝以无蹍力论，即$\frac{(\text{重})\left(\frac{\text{重}}{\text{程}}\right)}{(\text{力})\left(\frac{\text{力}}{\text{程}}\right)}$等于一，故$(\text{力})\left(\frac{\text{力}}{\text{程}}\right)=(\text{重})\left(\frac{\text{重}}{\text{程}}\right)$，或$\frac{(\text{重})}{(\text{力})}=\frac{(\text{力程})}{(\text{重程})}$。$\frac{(\text{重})}{(\text{力})}$之率，

名曰机器之势，如（重）大于（力），此机器为得势，（重）小于（力），此机器为失势。如（重）等于（力），是为机器之敌势。原文"躍力"指"摩擦阻力"，并且将"$\frac{（重）}{（力）}$之率"即"$\frac{（重）}{（力）}$的比值、比率"，命名为"机器之势"，"势"在此指"比率""比值"，沿用"势"在中国古代应用不甚广泛的"比值、比率、关系"这一含义。同时，原文又讲"$\frac{（重）}{（力）}$"大于 1 时，称机器为"得势"；"$\frac{（重）}{（力）}$"小于 1 时，称机器为"失势"；"$\frac{（重）}{（力）}$"等于 1 时，称之为"敌势"，即重与力大小相等，势均力敌。"势"字"比率、比值、关系"含义由古算术借用到力学著作中，反映出在中西文化交融过程中，译者们智慧地选用中国传统文化中"势"字已有的内涵来表达新知识体系中的术语或概念，也体现了晚清学者对本土文化中"势"含义的传承和深刻理解以及他们对"势"的灵活运用。

此外，我们对西学东渐部分科技著作（1580—1910 年）中"势"含义的传承情况做了统计，见表 11-1。

表 11-1 "势"含义的传承

大致时间	著作名称	名词术语	中文内涵
17 世纪	武备志	（此器）势短	样式、样子
		贼势（外振）	气势、威势
		势力（雄大）	能量、力量
		势顺、势逆	情形
		以风为势	条件、助力
	远西奇器图说录最	冲势	状态
		轮势（多端）	样式、形状
		水势	动能、重力势能（定性）
		势必	一定、不可逆转的趋势
	物理小识	因血势而利导之	趋势、走向
		水行溶势	动能、重力势能（定性描述）
		地势	地形高下
		势倾西北	状态、姿态
	璇玑遗述	势迫而急	形势
		水势	动量、重力势能（定性）
19 世纪	重学	体势	状态
		动势	运动趋势
	谈天	新势	式、样式

续表

大致时间	著作名称	名词术语	中文内涵
19 世纪		体势	状态、相对位置
		诸势	趋势
	克虏伯炮操法	势更猛烈	威力、力量
	兵船炮法	偏势、弹势	运动状态
	西学考略	水势	水流方向、趋势
		势甚恢宏	气势
		绕势	形状、形式
	格物测算	势必	一定
		吸移之势、下趋之势	趋势
		水势	水流趋势
	电学须知	势必	一定
	火器略说	势亦雄	能量（定性描述）
		（力猛）势速	冲量
		势之迅烈	动量（定性描述）
	重学入门	势必	一定
		形势	形状、样子
	汽机入门	（随往反之）势	运动趋势
	汽机发轫	车之行势	运动趋势
	重学须知	起重之势	状态、趋势
		势必	一定
	格物入门	地势	地形高下
		风势	风力
		水势	水流方向、趋势
	重学浅说	观线之势	趋势
	格致精华录	地势（高下）	地形高下、走向
		欲前之势	运动趋势
		势至均	力、重
	格致总学启蒙	水势	能量、动能、重力势能（定性）
		阻隔者之势	趋势
	格致质学启蒙	形势	体式
		中止势	趋势
		水势	能量、动能、重力势能（定性）
20 世纪	最新高等小学理科教科书	四散之势	趋势
	近世物理学教科书	欲离开之势	趋势
	力学课编	情势	趋势、形势
		之率，名曰机械之势	比值、比率
		得势、失势、敌势	大于 1、小于 1、等于 1

统观上文所述“势”传统概念的沿用可见，尽管人们受到西学东渐西方科学知识的影响，但“势”概念在很大程度上依然传承了本土文化内涵，诸如生活中的“势必”，生产实践中的“式样”“状态”“趋势”“水势”等等。另外，西学东渐中，“势”概念的确发生了变化，其内涵在力学、电学、军事等译著中均有新的扩展。

第二节　晚清科技译著中“势”含义的演变

第二次鸦片战争失败后，以学习西方坚船利炮和科学技术为中心内容、以求强求富为目标的洋务运动因之而起；而且围绕着这一运动，19 世纪 60 年代至 90 年代，翻译、介绍西方兵工文化、科学技术，成为中国输入西学的主体部分。[①] 此次西学知识的输入较之明末清初面更广、量更大，因此在中国知识界及社会各层的影响更为广泛，对中国传统文化观念影响也较大。我们以这一时期科技译著中“势”的含义为例，考察发现传统的“势”逐渐被赋予新内涵；而且晚清知识分子与西方传教士在合作翻译西学书籍时，他们采用中国本土文化中的“势”创造新的科技术语以介绍西方科技知识，其突出表现在力学、电学等科技译著中，譬如用“等势三角形”表达“相似三角形”，用“圆势”表示“矢高”，用“月势”描述“月球引力”，用“势力”表达潜在的能量之义（此时期的“能量”已由传统的定性描述逐渐转向定量计算），亦用“电势”表示“电动势”或“电位”等等。足见，第二次西学东渐中，由“势”创造的新术语越来越多，其含义变化也愈加丰富多彩。

一、力学译著中的“势”

我们知道翻译是用一种文化解读另一种文化，它是一种跨文化交流。李善兰和艾约瑟合作翻译的《重学》是晚清时期传入我国的系统介绍经典力学的著作，译者在该书中对“势”的运用较灵活，并赋予其新含义，如书中记载：如图甲乙为杆之无定方向，寅丙卯为地平线，巳甲寅、午卯乙为二垂线，若甲乙杆当平于地平时，巳午二重既相定，则巳午之比，必同于丙乙、丙甲之比，以等势三角形言之，丙乙、丙甲与丙卯、丙寅同比例，故巳午与丙卯、丙寅亦同比例，所以在

① 熊月之．西学东渐与晚清社会．修订版．北京：中国人民大学出版社，2011：16.

无定方向亦定于丙点（图 11-5）。

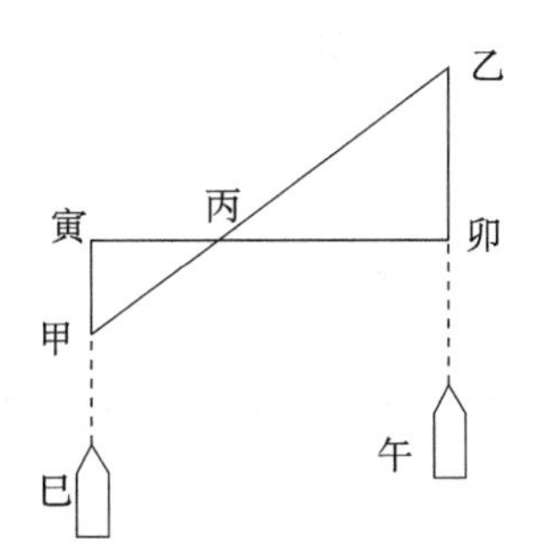

图 11-5　等势三角形示意图

原文采用等势三角形讲述杠杆平衡原理，图 11-5 中寅卯为地平线，甲乙是绕丙点动态变化的杆。甲、乙两端分别挂有巳、午两个重物，当甲乙处于平衡位置时，$\frac{\text{巳}}{\text{午}}=\frac{\text{丙乙}}{\text{丙甲}}$，根据相似三角形定律，$\frac{\text{丙乙}}{\text{丙甲}}=\frac{\text{丙卯}}{\text{丙寅}}$，则$\frac{\text{巳}}{\text{午}}=\frac{\text{丙卯}}{\text{丙寅}}$。甲乙杆在重物巳、午的作用下绕定点丙转动。对原文语境分析可知，这里的“等势三角形”即“相似三角形”之义，用“等势”表达“相似”的含义，而且在《重学》全书中，与此义相同的“等势”多达 20 处。在中国传统“势”含义中，用“等势”表达“相似”之内涵，鲜有所见。这不仅引入了西方科学知识，而且扩充了中国传统文化中一些字、词的内涵。

另外，在没有“曲率”概念的情况下，古人用“圆势”表达曲面的方法在算术中鲜见，但在西学东渐的科技译著中可见此用法，如《增订格物入门 · 水学》所言：“问水平测量与地球圆势相符否？答：水平苗头既平且直，而地球面凸，若两处相距过远，其间则与水平不符，如图甲乙丙为地球面，甲丁为千里镜所视直线，若甲丁相距十里，则丙丁相差七尺有余，必除此七尺余之数方为球面真平（图 11-6）。

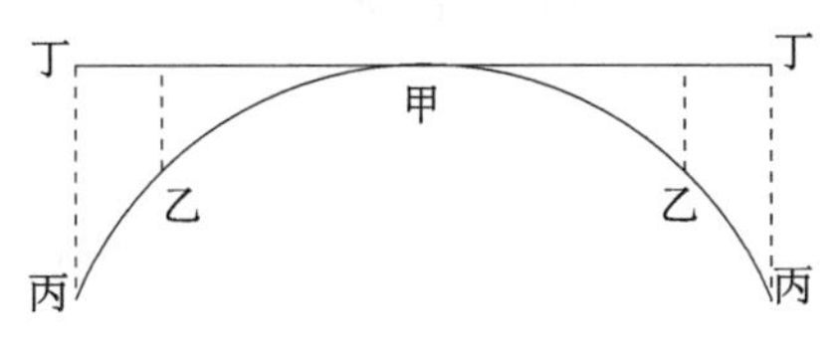

图 11-6　“地球圆势”示意图

原文讲述水平测量与地球曲面是否相符的问题，如图 11-6 举例给出相距甚远的甲、丙两处，丙在水平面投影为丁，测量得知甲丁相距十里，丁丙相距七尺余，由此可知，水平测量的甲丁并非球面甲乙丙，而丁点铅垂线以下七尺余处的丙点才是球面真平处。可见相距过远的两处，水平测量距离与地球曲面不相符，此处“圆势”指地球曲面走向、趋势。尔后，史砥尔在《格物质学·静水学》中也用到“圆势”，但其含义有所不同，如书中讲述：静水之面，似为平面，幅员不广……若幅员宽广之处，则必计及地之圆势。圆势每英里约为8英寸，相距任若干远，以里数之平方乘8寸，即得地之圆势（如相距2英里，则圆势为8×2^2=32英寸……）。若按华尺计之，则地之圆势，每里低下8分，相距任若干远，以里数之平方乘之即得。（图11-7）

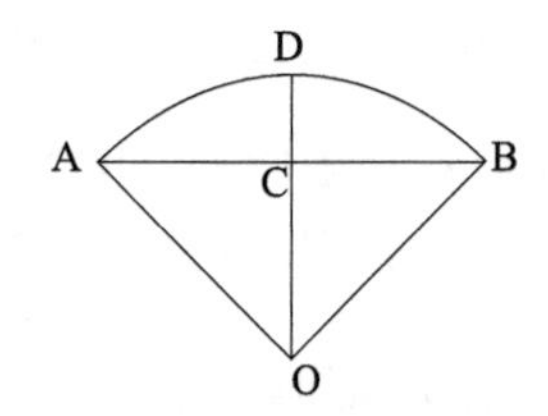

图11-7　圆势求解示意图

这段文字与《增订格物入门·水学》中讲到的“水平测量与地球圆势相符否”问题一样，均说明幅员辽阔之处，水平面与地球曲面不同；不过这里“圆势”的含义更明确，从图11-7可以看到，“圆势”指矢高h_{CD}；而且给出“圆势”的计算方法，即相距一英里的两地“圆势”为8英寸，相距n英里，则“圆势”为$n^2\times8$，同时原文还给出华尺计量下“圆势”的计算方法。尽管两段文字都在讲述相距甚远的两处水平距离与地球曲面距离不等，但是两处所用“圆势”含义不同，《增订格物入门·水学》中的“圆势”定性描述地球曲面走向、趋势，《格物质学·静水学》中的“圆势”定量表达矢长、矢高。① 可见，在晚清中西文化的交流与会通中，传统观念中的“势”含义逐渐宽泛、多样化。我们从晚清学者用“势”表示“速度”的含义也能看出其应用的灵活性。

在中国传统文化中，很少见到人们用“势”表示“速度”的含义。但我们在晚清的科技著作中可以看到该用法，如《重学入门》中讲道：“（测炮子之疾徐）问此理何用？答即如火枪之铅丸，放出之快，难以目力度之。纵知铅丸能及若干远，仍不知放出之势也。惟以长绳悬木而击中之，则铅丸入木，催木动几何之远，傍设度数，即可算而知之。由语境分析可知，原文中“势”表达速度的含义。原文讲到要测量火枪中的铅丸出膛后的速度，由于铅丸出膛后速度快、射程

① 感谢特古斯教授提供的帮助，该句中“势”解读为“矢高”之义得益于特老师的指导。

远，难以目测其速度大小。另外，即使知道铅丸的射程，也难以知道它的速度。因此采用长绳悬木，以铅丸射击，根据悬木的重量及单位时间内运行的距离测量悬木的动量，并根据动量守恒定律来计算铅丸的速度。丁韪良用动量守恒定律计算铅丸的速度，并选用中国传统文化中的“势”表示“速度”，又用“动力”表达“动量”，一者说明晚清时期，中国力学知识中尚未有“动量”概念；二来反映出这一时期，学者对“势”的灵活运用，也反映出“势”含义的丰富多样性。

自古以来，人们常用“势”表达自然现象中存在的各种力和能量；随着历史文化的发展，晚清西学传入时，“势”表示力和能量的用法依然存在，但“势”的含义却因其所在的语境和所要表达的知识的不同而存在很大变化。譬如丁韪良在《格物入门·力学》中言：问上弦下弦皆有小潮，其理何解？答如图甲为日，乙为地，丙为月，朔望有大潮，由日之助月，以致两潮相加；上下弦时，日横在旁，差九十度，其力不但不助月反分月势，以致两潮相减，故每月初八、二十三，其潮最小。（图 11-8）

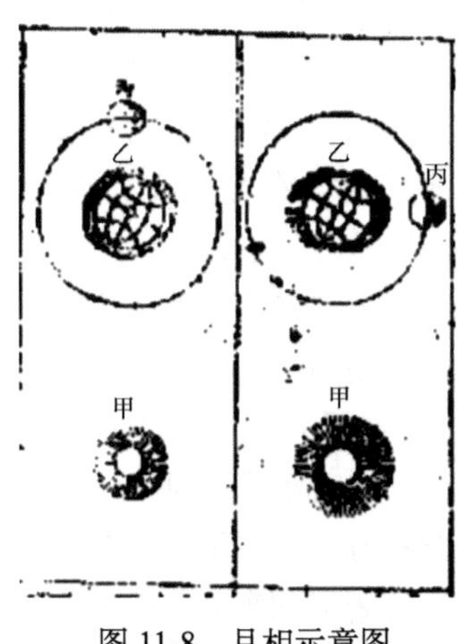

图 11-8　月相示意图

原文讲道，上、下弦月时出现小潮，朔望时出现大潮，同时解释了产生的缘由。对于潮汐的认识，古已有之，如东汉王充在《论衡·书虚》中言：“涛之起也，随月盛衰，小大满损不齐同。”不过王充仅仅描述了潮汐现象，并未究其原因。一千七百多年后，法国数学家拉普拉斯用万有引力定律从数学上证明了潮汐现象产生的原因，即潮汐是海水受到太阳和月亮的相互作用，且主要受月亮引力作用而产生。如今我们知道，引起海水涨落的引潮力与日、月、地三者的位置关系密切相关；同时明白太阳的引潮力虽不大，却能影响潮汐的大小，时而与月球形成合力，相得益彰，时而形成斥力，相互牵制抵消。如图 11-8 中左侧所示日、月、地三者的位置关系在同一直线上，太阳和月亮在同一方向或正相反方向对地施加引力，产生大潮；如图 11-8 中右侧所示三者的位置关系成 90°，月球的引力与太阳引力对抗相斥，产生小潮。通过对潮汐成因的分析可知，原文所言“其力不但不助月反分月势”中的“月势”乃是“月球引力”之义，同时根据原句中“力”与“势”的对应亦可知“势”即“力”，因为“古书有上下文异字而同义者”[①]，所以文中“势”有引力的含义。第二章中曾讨论过五代王朴用“势”描述星体间相互运动趋势，而《格物入门》中“月势”是“月球引力”的含义，由此可见，同样用“势”描述星体间相互作用，但在不同时代语境中，其含义也不尽相同；同时反映出人们对“势”含义的认识更加丰富多样，且运用也更加广泛灵活。

又如《格致质学启蒙》中用“势”表达渗透力、相互作用力之义：（液质渗力）设余等以指撮干土块，或白糖块，移于盛水之杯水面上，使糖块土块之下端，与水适相遇，少顷，水即令土糖等块，全体俱湿，或以西国吃墨之渗湿纸，或以棉线灯芯，手提之直立，使其下端入水，水即将其湿向上渗去，高传于水面之上。更将或糖块或渗湿纸之下端，移而就之于水银面，不见有似水之渗湿力矣……水银不似水之与糖、土等物，有互相连合势。由原文小标题“液质渗力”及文中讲到的水土、水糖相溶可知，该段文字主要讲述水土、水糖的相互渗透作用；并用水银与水做比较，发现二者存在很大差异，水与糖、土之间存在渗透力、黏着力，能够相溶；而水银则与糖不相溶。可见文中“互相连合势”即互相连合的作用力，因此，“势”在这里表达“渗力、作用力”等含义。对于物质极性或结构的相似相溶原理，尽管在晚清尚未明确，但人们已认识到不同物质间具有相互连合作用，并将其称为渗力，用新词组“连合势”来表达此义。

我们在第二章探讨“势”的造字渊源时，已看到“势”本就隐含自然界现象中的能量之义，且古人常用之。不过中国传统文化中“势”潜在的能量之义多用于定性地描述如“火势”“水势”等自然现象，然而在晚清西学东渐时期的科技译著中，“势”隐含的能量之义扩展于表达机械运动、物质转化等过程中的动量、动能、热能等含义；同时，人们还尝试将“势”定量化，并开始计量其大小。例如《力学课编》所言：巨炮之弹为害烈，手枪之弹为害轻。盖巨弹之质多，其动之势猛，故为害烈；枪弹之质少，虽速率同于巨弹，而其动之势微，故为害

① 俞樾，等．古书疑义举例五种·卷一．北京：中华书局，1956：1.

轻。如所动之质，为一定积之质，动以一定速率，则其动之势，名曰储力；故储力者，用以名一物所动之势也。原文讲述巨炮弹比手枪子弹危害大，其原因是巨炮弹比手枪的子弹质量重，在速率相同的情况下，巨炮弹的“动之势猛”，手枪子弹的“动之势微”，因此，它们的危害有轻重之分。这里还讲到“动之质”为“一定积之质”，而且“动以一定速率”，说明“动之势”与“质量”“速率”有关，原文同时将“动之势”命名为“储力”，用“储力”表示“一物所动之势”。此处由巨炮弹和手枪子弹的“动之势”，归纳出一般物体的“动之势”，命名为“储力”；通过语境分析可知，所谓的“动之势”即“储力”就是现在物理学知识中的“动量”，但在清末物理学译著中，用“动之势”和“储力”来表示物体的动量大小。这一方面说明“动量”概念尚未形成，“储力”一词用法混乱；另一方面反映出这一时期科技术语使用混乱、不规范、不统一；同时，用“动势”表示动量的含义，还表现出汉字文化的丰富和多样性。

清末学者已认识到人们不单可以运用自然界中的能量，也可以运用人造器械产生的能量，但是学者们并没有“能量”的概念，而是用中国传统文化中的“势力”来表达这种意识。譬如王国维在译文《势力不灭论》中用“势力”表达自然物和人造物中存在的各种能量，因为我们将在第十二章专门论该译文中“力”“势力”和“能量”之间的关系，所以在此不再详加叙述。现在我们对《最新高等小学理科教科书》中的“势力保存”进行考察：物体之所以运动，热光电磁之所以发生，皆势力为之也。运动能变为热，热能变为运动，如是之变动不已，而其中仍有不变者在，失于右则得于左，潜于此则显于彼，而终不失其原量，此即所谓势力保存，实宇宙定律之一也。这段文字中主要讲述“能量守恒”，开篇即言宇宙万物之间存在着一个不变的定律，而且理科学者考察探究的就是这个统辖万象的秩序。至于这个定律是什么，原文并没有在文初告知我们，而是讲到物体的运动、热光电磁的发生都是由于“势力”，而且物体的“运动”可以变为“热”，同样“热”也可以变为“运动”，但在这个变化不已的过程中，却存在着不变的原始能量，这就是存在于宇宙万物间的“势力保存”。原文中很明确地将“热”“运动”解释为“势力”，而且在宇宙万物间，尽管势力变化多端，但其量始终不会减少，“能量守恒定律”在此已呼之欲出，然而最终并未称之为“能量守恒”，而定义为“势力保存”，这也反映出晚清科技译著中，“能量”与“势力”两个概念尚未得以区分，而且“能量”一词在中国传统文化概念中何时出现及其内涵在这一时期是否有所变化等问题，还需我们进一步的探讨。此外，武际可先生在《1920 年以前力学发展史上的 100 篇重要文献》一文中曾讲道，时至 1858 年出版兰金（Rankine）《应用力学手册》，西方学者才把能量与势能区分开来。而在此后近半个世纪，中国在吸收西方科学知识的时候，人们是否认识到“能量”与“势能”的区别仍需探讨，而且对于“势力”与“势能”的区别更需深入探究。

另外，“势”在军事中的运用，古已有之。中国传统文化理念中，兵家学说赋予“势”以“兵势”“威势”“气势”等含义，表示敌对两军兵力及气场之间的抗衡，亦用于反映战事、战况的不可抗拒之力。然从第二次西学东渐起，随着西方坚船利炮和科学技术的输入，人们逐渐将“势”用于表达军备枪炮所具有的威力及其潜在的能量之义。如《火器略说》所言：此炮即以嘉立之名名之，纳弹重七百四十四磅，受药一百一十四磅，其力甚巨，其势亦雄。以九寸铁甲当之，一轰之间，无不摧坚洞开。原文主要讲述普鲁士使用的新制火炮性能特点，放出的能量非常强大，足以射穿九寸厚的铁甲。故这里的“势”隐含“能量”之义，其义已由中国古代传统的自然现象中的“能量”引申到军械中，表达火炮的杀伤力及火药爆炸时释放的能量。

又如《爆药纪要》讲道：爆药势力之实数，难于试验而得之，最难得者，齐发爆物之势力……白替罗推算，爆药交互变化所成之热若干，所成之气若干，两数相乘得所求之数，比较而得压力之略数。炸药的爆炸性能，目前主要由爆容、爆速、爆热和爆压表示。该节主要讲述炸药爆炸性能中的爆热和爆压测试不易得。尽管在这里用“爆热”“爆压”过于拔高当时的描述，但根据行文字里行间传达的信息可知，原文的确在表述炸药爆炸时所释放的能量，并按白替罗的推算，炸药爆炸时释放热量且产生气压，二者的乘积即为爆炸压力。虽然他的这种计算方式存在问题，但足以表明当时人们试图在测试炸药爆炸释放的能量。同时，可以看出能量的概念表述及其大小测量在当时均不清晰，甚至有些存在明显错误。

我们通过对以上文本的分析可以看出，在中西文化交融过程中，晚清学者对本土文化中“势”内涵的深刻理解和对“势”含义的灵活运用，中国传统文化中“势”字内涵的扩充和演变，以表达新知识体系中的概念和术语。

二、电学译著中的“势”

西学东渐中，“势”含义的演变最为突出地体现在电学译著中，引入新的术语“电势”表达“电动势”“电位”“电位差”等义。如《格物测算·电学卷》有言：问计算工力，电池与外路之阻力、储力较不同，应如何计算？分析该节文字中的问答，可以得知晚清时期“电势”“储力”“电力”等电学概念分别对应的现代物理术语，见表 11-2。

表 11-2　术语对照表

《格物测算》术语	现代物理术语
储力	电压
势、电势	电动势
电力	电流
阻力	电阻
工力	电功
每分时工力	电功率

另外，《格物测算》一书中将“外电路之储力”与“电池之储力”之和命名为“电势”，在晚清译著中尚属较早；同时可以看出，尽管这一时期的电学术语尚不确定，但是人们已经认识到内、外电路的“储力”与“电势”之间的差异及相互关系。这也反映出丁韪良在传播西方电学知识时，能够用中国本土文化中的“势”创造新词语“电势”来表达电学术语概念；还体现出中西文化的交融与会通不仅有利于西学的传播，也扩充了中国传统文化中“势”的含义，使其愈加丰富多样。

同样是“电势”这一术语，然在《格物质学》中却有着不一样的内涵。例如：摩擦或他法，令物体惊动发电，谓之有电势……多有正电之体，曰高电势。多有负电之体，曰低电势，电气放尽，则曰 0 电势，地面之电势为 0 电势。现代静电学中，电势又称电位，指单位电荷在电场中某个位置时的电势能。原文中对“电势”的定义，尽管与现代电学中的定义表达方式不同，但它们所表达的内涵相似，且均具有相对意义；同时，文中还给出何为“高电势”“低电势”“0 电势”，并取地球为标准位置，地面电势为“0 电势”，这些定义和解释与现在静电学中的“电势”概念已很接近。不过，此处“电势”一词与《格物测算》中的“电势”所指内涵不同，“电势”在此乃指“电位”，即电场中的单位电荷所处位置的电势能；而《格物测算》中“电势”指电路中的电源“电动势”。晚清时期，“电势”一词在不同译著中的不同内涵，从侧面反映出，当时科技术语的不统一、不规范；同时体现出不同文化间的知识传播与交流存在很大差异，不过这种差异也丰富了中国传统文化。

尔后十余年，人们用“电位”直接表达两导体之间的位置势能。如《近世物理学教科书》所言：水由高处向低处流，则成工作，电气有电位之差，亦可以成工作……电气流动，而两体之电位，归于一致。文中将电气与水类比，认为电气与水流相似，位置差的存在可以产生工作即有能量的产生。《近世物理学教科书》一书的电学部分，并未出现“电势”“电势能”等词，而采用术语“电位”“电位之差”表达电气具备做功能力。

西学东渐中，在丁韪良《格物测算》译著中，出现“电势”一词，即现代电学术语“电动势”，用于表示电之储力大小。傅兰雅的译著《电学须知》并没有沿用“电势”的概念。《格物质学》一书尽管用到“电势”这一词语，表达“电位、电位差”之义，却与《格物测算》中的“电势”含义截然不同。《近世物理学教科书》中则直接采用“电位”“电位之差”词汇表示电荷在静电场中由于电气位置不同所产生的能量差，即电势差。这些不同术语对电学知识的表达，反映出晚清西学传播过程中存在的科技术语不规范、不统一问题，更深层次地体现出中西文化的差异以及相互之间的交流会通有待进一步深入，尤其是近代西方科学与中国传统文化的碰撞需要更深入的交融。

除以上案例分析外，我们对科技译著中“势”含义的演变做了如下统计，见表 11-3。

表 11-3 “势”概念的演变

著作名称	名词术语	中文内涵
重学	等势三角形	相似三角形
格物测算	电势	电动势
重学入门	相触之势	动力、动量（定量化）
爆药纪要	（爆药之）势力	能量（定量化）
格物入门	月势 圆势	月球引力、作用力 地球曲面走向、趋势
格致质学启蒙	连合势	渗透力、作用力
格物质学	电势 圆势	电位、电压 矢高、矢长
势力不灭论	势力	能量、自然界的各种“力量”
最新高等小学理科教科书	势力保存	能量
力学课编	动之势	储力

无论是文本分析，还是统计表，均反映出“势”随着历史车轮的前进，其含义及应用在时代语境中逐渐变化并愈加丰富多样。

第三节　小　　结

在两次西学东渐的科学文化传播中，中国知识界对西学的引进存在两种截然不同的态度。首先，明末清初的西学东传，也称为第一次西学东渐，传教士在该过程中积极、主动推荐并翻译西方科学知识，中国知识分子多数在被动接收；而且西学传播无论是知识层面，还是传播范围都比较狭窄。其次，晚清时期，尤其是第二次鸦片战争失败后西学传播，即第二次西学东渐，清政府及中国知识分子开始积极主动引进西方科技知识，办西学书院、翻译西方科技著作、开办工厂等；同时引进西学基础知识和应用技术知识，在社会中的传播较之于第一次西学东渐更为广泛，影响更大、更深远。

本章基于这样的历史背景，对两次西学东渐“势”含义的传承和演变进行分析，得知中文物理名词跟其他科学名词一样，随西学引进而开始大量产生新的术语，同时也有部分译名假道日本而传进中国。但是同样可以看到，第一次西学东渐时期，中国知识分子用中国传统中已有的“势”术语来介绍西学，主要继承了“势”的传统含义；第二次西学东渐中，晚清知识分子和传教士在传承中国传统文化观念下“势”含义的同时，逐渐有意识地创造“势”的新术语，以传播西方科学知识，这不仅方便人们对西方科技知识的学习，同时也扩充了“势”的含义，使其更加丰富多样。

第十二章

西学东渐中与“力”相关的概念演变

我们在第一章已探索中国古人对“力”的传统认识和描述，而且讨论了当时人们对“力”与“重、功、劲、运动”等概念及“力”泛化的认识；由此我们了解到古人以直觉思维的方式在探索大自然现象时，对“力”形成一种感性知识，随着历史文化的发展，这些认识中的部分知识在文人志士的笔墨下又逐渐被提炼为富有哲理性的知性知识。同时，我们在第二、十一章中系统梳理中国古代“势”的相关知识和西学东渐中“势”含义的传承与演变，由此人们能较全面地看到“势”在中国自然知识界中的萌芽、形成、发展和演变过程，并了解到古人对“势”与“力”关系的认识存在的联系和差异。以上讲到的这些认识皆在中国传统文化知识的模式下形成，至于西学东渐中“力”与“重、功、能、势力”等概念的关系如何，正是本章所要探讨的重点。

第一节 “力”与“重”“功”“能”概念的相互关系

在中国传统文化意识中，人们多借用“重量”的单位来衡量“力”，但并没有真正认识到它们的概念区别和数量关系；另外人们对“力”与“功”的认识也仅处在直觉的、感性的阶段，尚未达到知性认识。但是，明末以来，随着西方科学知识的传入，中国的知识分子开始认识到“力”与“重、功”等概念的区别，由于受传统文化的影响，对这些传入的西学知识的认识和描述依然存在着模糊问题，尤其对西方自然科学知识中的概念、术语的表达，则存在一定的混乱，经历几代中外学者和传教士们的共同努力才逐渐达成共识，最终形成统一定名。本章在此梳理两次西学东渐“力”与“重、功、能”等概念之间的关系及演变过程，以期展现中国的力学概念发展情况。

德国阿梅龙教授，对晚清科技译著中“力”与“重”的关系有所研究。他首先讲述明末以来传入中国的西方力学知识中 Mechanics 术语的翻译情况；其次，探讨“重学”和“力学”在中西方力学知识中所表含义，以及与“力”相关的如 force、dynamics、cohesion 等术语翻译情况，并结合明末至晚清的译著和人物思想与《墨经》力学诸条进行对照，展现出当时西学中源说的范围之广；此外，还讲述西方力学思想对当时政界的影响。①

阿梅龙在文中探讨早期传入中国的西方力学术语的创造情况，强调跨文化翻译的科学知识存在术语混乱问题；并梳理出“重学”“力学”“静力学”等术语在翻译中的区别及其应用脉络。他先从传入中国的第一本西方力学书籍——《远西奇器图说录最》——开始介绍，指出该书作者创建新术语“重学”用于译 mechanics；并结合译者邓玉函的学识背景得出“重学”一词的词源解释；还指出“重学”和“力艺”分别用于表示西方的 mechanics 和 statics。我们知道，这里的 mechanics 指的是伽利略和牛顿之前的力学知识。

“重学”术语在《远西奇器图说录最》中应用之后，也相继出现在其他西方科学译作中。然而，明末清初耶稣会士的翻译计划结束后，术语“重学”的应用也告一段落，直到 19 世纪西方更先进的力学知识传入中国，术语“重学”作为 mechanics 的译名再次被引入中国，其中最显著地出现在上海墨海书馆的译著中；而且在 1860 年左右，“重学”作为标准术语来译 mechanics，且用于表示一门学说的定义，并很快得到广泛传播。不过，丁韪良出版的《格物入门》七卷本将“重学”一词的采用中断，书中关于 mechanics 的内容被命名为“力学”，该书开始介绍 statics（静力学）、dynamics（动力学）原理。此后，丁韪良在《格物测算》中讲，力学就是指重学。事实上，19 世纪 80 年代，“重学”依然被广泛用于翻译 mechanics；而且“重学”不仅用于译 mechanics，也用于翻译 statics。这可能与之前李善兰和艾约瑟精心制定的一套力学术语系统有关，即 dynamics 译

① Amelung I. Weights and forces: the reception of western mechanics in late imperial China // Lackner M, Amelung I, Kurtz J. New Terms for New Ideas. Western Knowledge and Lexical Change in Late Imperial China. Leiden: Brill, 2001: 197-232.

为“动重学”，statics 译为“静重学”。因此，一些学者认为在传入中国的西方科学著作中，重学和力学指的是同一事物，例如再版的丁韪良的《力学入门》，又称《重学入门》。

众所周知，在 19、20 世纪交替时期，很多学科的术语标准受到来自日译本书籍的影响。即使有权威的标准字典也没有成功解决术语定名问题，直到 20 世纪 30 年代，力学命名体系中的力学（mechanics）、动力学（dynamics）、静力学（statics）等术语才被应用到标准字典的编译中，且其中一部分术语沿用至今。

接下来我们将要探讨“力”与“功、能”的关系及演变。在第一章中，我们了解到中国古人将“治功”称为“力”，这里的“功”指功绩、功效、功业、功劳，是人们对“力”与“功”的感性认识。对于“力”与“能量”的关系，古人鲜有直接探讨，他们更多是用“势”来描述与“能量”有关的自然现象，这一点我们从第二章可以看到。然而本章着重探讨西学东渐中“力”与“功、能”的关系，通过解读这一时期的科技著作可知，西方力学知识的传入使人们对“力”与“功”“能”的认识更加清晰，不仅从感性认识上升到知性认识，且给出“力”与“功”“能”的计算公式，达到理性认知，当然这些得益于科技翻译及其传播。不过此时尚未给出“能”的准确定义，仍然用与“力”相关的术语来表达“能”，但它们之间的数量关系是准确的。

我们首先考察《物理学》中对“力”和“功”“能”的表述和计算。该书言：力之作用分说之如左三项，第一工程，工程 work 者，谓其能胜之抵阻也，即等于抵力与动路相乘之积是也……运动之储蓄力，有一力施之于某物体，不唯能胜其抵阻，又施此物体以速率，则某物体一变其景象而生运动，如是者乃其所运动之实重率，自具作工之能……位置之储蓄力，有一力施之于某物体上，而全费其工程，以胜其抵阻，如是则物之全体或其质点必变化其位置，而该物体常有欲复原位之性，至其阻碍一除，则顿复原位，且前所已费之工程，仍复生出。

这段文字主要讲述“力”的三种作用：一是做功；二是转化为动能；三是转化为势能，而势能又分为重力势能和弹性势能。我们分析原文首先可知，所谓的“工程”（work）即做功，功的计算公式为力与路程的乘积，亦即 $W=F\cdot s$。接着文中又给出“力之效验”的定义和计算方法，即功率 = 力 · 速率。其次，原文给出“运动之储蓄力”（Kinetic energy）的概念和计算公式，“运动之储蓄力”即是我们现在所讲的“动能”。原文在阐述“力之作用”时，最后讲到“位置之储蓄力”（Potential energy），即“势能”，不仅给出它的定义，而且举例说明其存在于哪些现象中，还讲述“位置之储蓄力”与“工程”（work）、“运动之储蓄力”

之间的转化关系。由于19世纪末20世纪初，“能量”概念在晚清学界中尚未形成，学界对其表达多采用与“力”相关的词汇，我们从图12-1可以清楚地看到这一点。

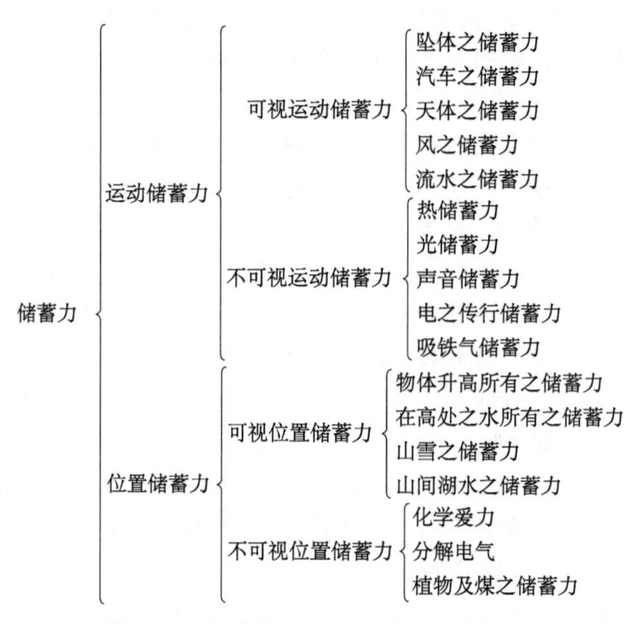

图12-1 《物理学》中“能量”的不同表达

通过对《物理学》中有关“能量”概念的词语进行归类整理（图12-1）可以看到，这一时期“力”与“能”的概念混在一起，而且所有与“能”相关的术语也混在一起，多用“储蓄力”来表达不同效果的“能”，尽管这些概念比较通俗，但却烦琐，尚未形成准确、可读性强的专业术语。

同样译自日本教材的《近世物理学教科书》，相比《物理学》中所用术语就很简练，而且该书中计算公式更接近现代物理学术语的表达方式。如书中所言：高处之水，现在虽为静止，而将来能成工作，即其流下之际，能运转水车，冲破堤防。又如飞行之弹丸，可以破铁舰，轰城堡，亦其所成之工作也。凡能成工作之物体，皆具有能力，名曰运动能力，如高处之水等所具之能力，系由位置使然者，名曰位置能力，能力在物体间，可以互相授受又能变其状态，例如引弓射箭，引弓之际，弓具位置能力，至箭射出时，则弓之位置能力顿失，而箭受之以飞行，即成运动能力。能力之量以物体所能成之工作测之，例如（一）……凡具m质量之物体，而在h高处，则其所具之位置能力，以绝对单位计之，为mgh。

（二）运动能力之大小，亦可以同法求之。

根据原文语境可知，所谓“能力”即物体所具有的能量，既包括动能，也含有势能。如“凡能成工作之物体，皆具有能力”，在当时的文化语境中，“工作”义为“做功”。由此可知，凡能做功的物体，皆具备“能力”即能量，而且不同状态的物体所具有的能量也不同，且有“运动能力”“位置能力”之分，同时它们之间能够相互转化。随后该书在卷三·流体部分给出“位置能力”和“运动能力”之间的转化关系及计算公式。《近世物理学教科书》已开始用“能力”而非“储蓄力”表示“能量”，而且其计算公式也均用字母表示，既简练又准确，逐渐走向专业化、规范化；充分体现出19世纪西方物理学理论，尤其是力学知识的表达是建立在数学基础上加以研究的。

此外，《近世物理学教科书》还介绍了电学中存在的“能力”。原文以水因位差可以成工作来类比“电气有电位之差，亦可以成工作”，并举例说明两个带不同电荷的导体间有电位之差，存在“位置能力”，若二者连接，则“电气流动”即电荷运动，从而产生“能力”，出现放电火花、发声、生热等现象。这里所言“电位之差”即“电势差”，相应的“位置能力”即“电势能”。以水类比电的方法与中国的传统文化息息相关，更与中国传统的类比、关联思维方式密切相关。

同时，本章对《物理学语汇》中与“力”“能”等相关的术语进行了简单梳理，见表12-1。

表12-1 《物理学语汇》中的相关术语

英文	《语汇》	现代术语
Difference of potential	电位差	电势差
Dynamics	力学	动力学
Force	力	力
Horse power	马力	马力
Potential electric	电位	电势
Potential energy	位置之能力	势能

汉语物理名词的统一编订经历了从开创到形成初型，从民间促成到政府主管，由西方传教士为主体到中国学者主持的复杂历程。[①]《物理学语汇》由清末学部审定科编撰，是清末由官方机构编译、审定并发行的物理学辞典。术语代表一

① 刘寄星．汉语物理学名词统一编订的早期历史．物理，2013（6）：409-414.

门学科最基础、最本质的概念。随着19世纪西方物理学的快速发展，尤其是能量、热、光、电和力学等物理学术语越来越明确，晚清学界也深受影响。我们通过表12-1亦可看出，这一时期的力学、电学和能量等术语较之先前的概念相对通俗、简练、可读性强，且较接近现代物理学术语。因此，从这些术语的翻译可以侧面看出，晚清西学教育的效果和学界对西学知识的学习热情。

第二节 “力”与“势力”的关系：以《势力不灭论》为例

前文探讨了中国传统文化中用“势”表达与力、能量相关的自然现象和晚清西学译著中“势”的含义变化。通过以上考察，我们发现古代“势力”一词除在军事或兵法书籍中出现外，二字较少同时出现，而且发现在古人的观念中“势”比“力”的作用或气场更大、更恢宏，影响也较广泛。另外，古人对“势力”的意识多是感性、直觉的，鲜有理性、逻辑的表达。清末，王国维所译《势力不灭论》中“势力”概念贯通古今中西文化，此译语不仅反映中国传统意识中的“势”或“能量”之义，而且表现出西方近代科学知识中“力”与“能量”的关系；该译文中的“势力”一词既体现中国古人的感性知识，又兼容西方近代科学中的理性知识。

一、《势力不灭论》的翻译背景

清末民初学者王国维所译《势力不灭论》是中国近代学术史上较早将西方科学知识中的能量守恒原理引入我国的科技译作之一，目前国内对该译文的研究及著述有不少；另外，日本学者钱鸥撰有《“势力”一词与『势力不灭论』》一文，探讨《势力不灭论》的翻译背景、英文底本、英译本与德文本的关系，以及近代辞书中的“力、势、势力”、能量守恒在中国的几种译法等问题。鉴于以前著述对《势力不灭论》的翻译背景和底本考察存在不同看法，本章重新考察该译文的背景，并对照英文底本探讨译文中“力”与“势力”的关系及区别。

王国维，字伯隅、静安，号观堂、永观，生长于晚清浙江海宁一个书香世家。自幼国学基础坚实，青年始学新学，矢志于读书治学，一生涉猎广泛，对哲学、美学、心理学、教育学、文学、古文字学、史学、文献学、考古学等均有专门研究，与梁启超、陈寅恪、赵元任并称清华国学研究院“四大导师”。本章在此引述王国维《自序》，观其在1898年至1903年的学习、工作情况，即《势力不灭论》的翻译出版背景：

> 二十二岁（1898年）正月，始至上海，主时务报馆……二月而上虞罗君振玉等私立之东文学社成，请于馆主汪君康年，日以午后三小时往学焉。汪君许之，然馆事颇剧，无自习之暇，故半年中之进步，不如同学诸子远甚。夏六月，又以病足归里，数月而愈。愈而复至沪，则时务报馆已闭，罗君乃使治社之庶务，而免其学资。是时社中教师为日本文学士藤田丰八、田冈佐代治二君。二君故治哲学，余一日见田冈君之文集中，有引汗德、叔本华之哲学者，心甚喜之。顾文字睽隔，自以为终身无读二氏之书之日矣。次年（1899年）社中兼授数学、物理、化学、英文等……又一年（1900年），而值庚子之变，学社解散。盖余之学于东文学社也，二年有半，而其学英文亦一年有半。时方毕第三读本，乃购第四、第五读本，归里自习之。日尽一二课，必以能解为度，不解者且置之。而北乱稍定，罗君乃助以资，使游学于日本。亦从藤田君之劝，拟专修理学。故抵日本后，昼习英文，夜至物理学校习数学。留东京四五月而病作，遂以是夏归国。自是以后，遂为独学之时代矣。[①]

由上述《自序》可知，王国维在东文学社的第二年（1899年）开始学习英文、数理化等知识。1900年发生庚子事变，东文学社因此解散，与之同时王国维翻译了亥姆霍兹的《势力不灭论》，随后王氏回家自修英文。事变平息后，王氏赴日留学。

王国维回国后协助罗振玉编辑《教育世界》杂志；后经罗振玉推荐，王氏于1903年到南通任教；同年，他翻译的《势力不灭论》出版在樊炳清编辑的《科学丛书》第二集上。见图12-2、图12-3。

王国维于1900年夏（六月）翻译《势力不灭论》时，其学习英文时间仅一年半；但1903年《科学丛书》上刊载的《势力不灭论》所体现出译者的中文及英文水平却相当娴熟，这一点我们将在下文关于汉译本和英译底本的对比中看到。不过，我们由王国维《自序》可知，1900年东文学社解散后，王氏归乡，自学英文；后留学日本，专修理学，且“昼习英文，夜至物理学校习数学”，经过这番理学和英文的认真学习，王国维基本上掌握英语这门语言工具；加之自幼

① 王国维．王国维自述．文明国编．合肥：安徽文艺出版社，2014：4-6.

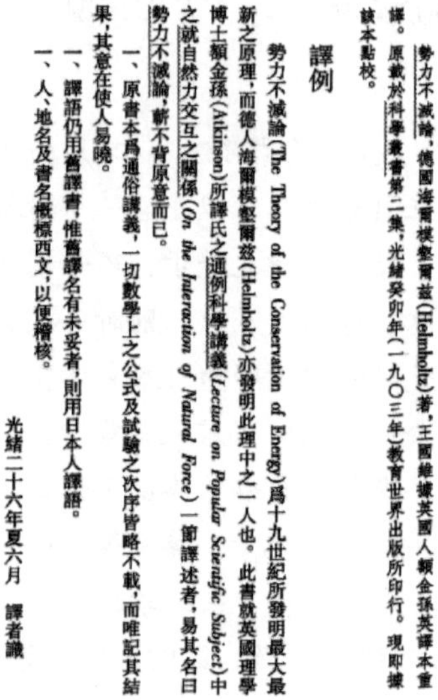

勢力不滅論，德國海甭模壑爾兹(Helmholtz)著，王國維據英國人頞金孫英譯本重譯。原載於科學叢書第二集，光緒癸卯年(一九〇三年)教育世界出版所印行。現即據該本點校。

譯例

勢力不滅論(The Theory of the Conservation of Energy)爲十九世紀所發明最大最新之原理，而德人海爾模壑爾兹(Helmholtz)亦發明此理中之一人也。此書就英國理學博士頞金孫(Atkinson)所譯氏之通例科學講義(Lecture on Popular Scientific Subject)中之就自然力交互之關係(On the Interaction of Natural Force)一節譯述者，易其名曰勢力不滅論，蕲不背原意而已。

一、原書本爲通俗講義，一切數學上之公式及試驗之次序皆略不載，而唯記其結果，其意在使人易曉。

一、譯語仍用舊譯書，惟舊譯名有未妥者，則用日本人譯語。

一、人、地名及書名概標西文，以便稽核。

光緒二十六年夏六月　譯者識

图 12-2 《势力不灭论》译例①

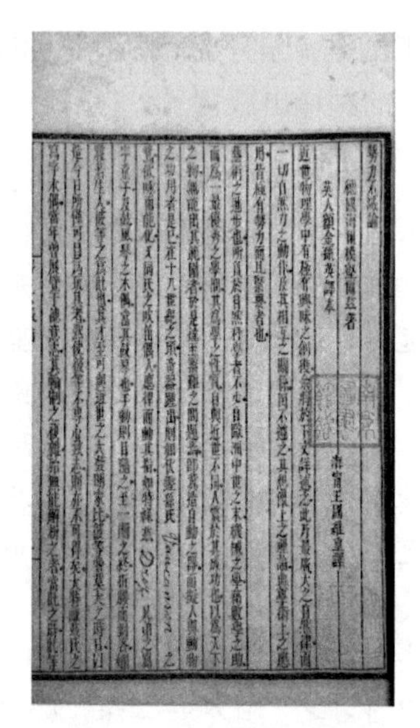

图 12-3 《势力不灭论》南京图书馆藏

国学基础好，因此经其修改、出版的《势力不灭论》与最初译本有一定区别，受到日本物理学知识、概念的影响；通过对比译文和英文底本不难看出，《势力不灭论》无论是知识层面还是语言层面，皆体现出译者深厚的学术底蕴。

二、《势力不灭论》中的“力”与“势力”

中国本土文化中，“势”乃“力”和“能量”的结合体。在考察《势力不灭论》中的“力”与“势力”之前，我们首先简要介绍《势力不灭论》与《物理学》之间的渊源。《物理学》于 1900 年由江南制造局出版，乃藤田丰八所译日本学者饭盛挺造的书籍。我们由王国维《自序》中得知，王氏于 1898 至 1900 年在东文学社学习期间，师从藤田丰八和田冈佐代治，加之王国维在《势力不灭论》译例中讲“译语仍用旧译书，惟旧译名有未妥者，则用日本人译语”，可见王国维在 1900 年翻译《势力不灭论》时，受到藤田丰八等日本学者的影响，同时也会受到藤田丰八翻译的《物理学》影响。由此推断，王氏在翻译过程中，同时参照日译本的相关书籍，因此在术语选取上，部分采用“日本人译语”。

① 房鑫亮，邬国义．王国维全集．第 17 卷．杭州：浙江教育出版社，2010. 感谢代钦教授提供该书纸质版本。另外，该版本《势力不灭论》与南京图书馆藏本在内容上除仅有的几处标点不同外，其余内容一致；而且标点不同处并不影响文意理解。

日本学者钱鸥考察中国学术界对王国维所译《势力不灭论》的研究现状，认为该译著在中国近代物理学史界未引起相应的关注，并提出：为何王国维译作“势力”“势力不灭”？既然应为“力的守恒”，为何王国维不译为“力”而非译为“势力”呢？我们通过前文对“势”和“势力”的探讨知道，“势力”乃中国传统文化中的本土词汇，“势”在中国传统文化中原本表达自然现象中的力和能量之义。随着古汉字和历史文化的发展，“势”由单音节字发展为“势力、权势、兵势”等双音节或多音节词语，用于表达人文精神层面的力量、能力、能量等义，而王国维用“势力”译 natural forces，实属借用中国本土文化中的“势力”来表达近代物理学知识“能量”，这无疑是回归“势”的本义，即力和能量。另外，通过前文对中国古代“力”和“势”相关知识的探讨，我们知道“势”原本蕴含“力和能量”之义，而中国传统文化中没有明确的“力”和“能量”概念，但“势”却同时蕴含这两层意思。因此，古人在描述自然现象时，对既有力又有能量的状态或现象则用“势”来表达，至于政治、军事、经济、社会、文学艺术等领域中的“势”，都是古人从自然、物质世界引申借鉴而来。但是，目前人们被这种人文精神的“势”灌输，而遗忘“势”原本就是“力”和“能量”的结合体。

此外，钱鸥试图通过对《势力不灭论》的中文、英译底本及德文本的对比，梳理该译著中“势力”和“势力不灭”术语的翻译情况，但是我们发现其在文中更多是列举日本早期辞书中对 force 和 energy 及“力、势、势力”的翻译应用。

《物理学》一书中，藤田丰八采用“储蓄力”表示日文中的“力”，用“储蓄力不灭”翻译日文中的“保存”。同一时期的《势力不灭论》中，王国维则直接采用中国传统文化中的“力、势力”翻译 force 和 power。

第三节 《势力不灭论》的术语翻译

术语是科学的灵魂。[①] 科学术语用于表述各种现象、状态、过程、关系、特性等的不同名称，是标志科技领域内一定概念的词语。术语翻译的方法有音译、形译、意译、音意兼译和借用。本节对《势力不灭论》中英词汇进行了对照，见表 12-2。

① 黄忠廉，李亚舒．科学翻译学．北京：中国对外翻译出版公司，2004：1.

表 12-2 《势力不灭论》中英词汇对照表

英文	《势力不灭论》	现译
natural forces	自然力	自然力
influential	势力	有影响的、有势力的
perpetual motion	自动不息	永恒运动
motive power	动力	（原）动力
development of force	力之发生	生产力
work	操作	功
mechanical force	机械力	机械力
driving force	动力	驱［传，主］动力
power of a machine	机械之力	机械功率
horsepower	马力	马力
gravity	重力、引力	重力、（地心）引力
weight	重	重量、重力、引力
unit of work	操作之单位	工作单元、功单位
acting force	力	作用力
great force	势力	巨大的力量
motion	动力、力	（物体的）移动、运动、（天体的）运行
resisting force	抵抗力	阻力、抗力
working force	操作力	作用力
living force	活力	活力
vis viva	活力	活劲、活势、工作能力
force of the motion	动之势力	运动力
tension（of springs）	（弹条之）张力	张［拉，牵］力、膨胀力
power	力	力、动力、能量、功率
force	力、势力	力、势能、强度、压强
original force	原始之力	原动力
moving forces	动力	（活）动力
heat	热	热、热度、热量、热能
electricity	电	电、电力、电流、电荷
light	光	光、光源、灯
magnetism	磁气	磁性、磁力、吸引力
chemical forces	化学之力	化学力
mechanical processes	机械之力	机械过程
natural process	自然力、自然之动	自然程序
mechanical actions	机械之力	机械作用

续表

英文	《势力不灭论》	现译
mechanical work	机械操作、机械力	机械功
strong pressure	压力	（强大的）压力
force of attraction	引力	引力
affinity	爱力	【化】亲和势
carbonic acid	炭氧气	碳酸
water power	水力	水力
perpetual motion	自动不息之机	恒动、永动、永恒运动
chemical affinity	化学上之爱力	化学亲和势
on the conservation of force	势力不灭论	力的守恒
fuel	石炭	燃料
the nature of heat	热之性质	热之本性
Nature	宇宙	自然界、大自然、造物主
universe	宇宙	宇宙、太虚
celestial spaces	太虚	天空
planetary system	日系	行星系
attractive force	引力	引力、吸引力
gravitation	引力	重力、引力作用、万有引力
centrifugal force	离心之力	离心力
nebulous sphere	星气之球	星云团
attraction	引力	引力
body’s force	身体之势力	体力
meteorological	流星学	气象的、气象学的
mechanical theory of the planetary motions	日系之重学理论	行星运动的机械理论
influence	势力	感应、静电影响

首先，我们从表 12-2 可以看出，王国维在译文中用同一汉语术语表达不同的英文词，如 influential、influence、force 均用“势力”表示，acting force、power、force、motion 译为“力”。其次，我们可以看到，同一个英语单词或词组被译为不同的汉语，譬如：natural process 被译为“自然力”“自然之动”；force 既被译为“力”，又被译为“势力”，用于表示“能量”之意；motion 既被译成“力”，又被译为“动力”。足见，王国维在翻译时，对术语的运用相当灵活自如。

同时，译文中存在古今差异较大的术语翻译。例如，affinity 译为“爱力”，carbonic acid 译为“炭氧气”，fuel 译为“石炭”等。此外，也有贴合现代的译名，如：heat“热”、electricity“电”、light“光”、horsepower“马力”、weight“重”、gravity“重力”等。

然而，统观英文全文，没有出现energy一词，更多的是force、work、process、power、influence等词。其中，对“力”的介绍采用force、power等；对热、功则用含force、work或power的复合词；而且文中的force不单指力，更多地指所蕴含的能量或做功。无论从英文标题还是其全文，均不难看出，王国维用“势力”来翻译force的缘由。王氏在译文中并非采用直译，而是在对全文理解的基础上，认识到英文底本中所讲force实指“能量”或“功”，因此，他选用中国传统文化中的本土词语“势力”来译force。

第四节 小 结

本章内容主要是在前文的基础上探讨西学东渐中与“力”相关的概念演变情况，探究晚清科技译著中“力”与“重、功、能、势力”的关系及演变。首先，探讨西方科学传入中国的早期,“力”与“重”术语的关系及使用情况，梳理“重学”“力学”“静力学”等术语在翻译中的区别及其应用，发现跨文化翻译的科学知识存在术语混乱问题。当然，这与晚清学者们对正在处于快速成长阶段的西方力学知识发展脉络并不清晰有关。另外，在19、20世纪交替时期，很多学科的术语标准受到来自日译本书籍的影响。同时，简要介绍了阿梅龙教授对“力”与“重”关系的研究情况。

其次，以科技译著《物理学》和《近世物理学教科书》为蓝本，考察“力”与“功、能”的关系，可知西方力学知识的传入使人们对“力”与“功”“能”的认识由感性认识提升到知性认识，且给出“力”与“功”“能”的计算公式，达到理性认知。尽管“力”与“能”之间的数量关系是准确的，但此时尚未给出“能”的准确定义，仍然用与“力”相关的术语来表达“能”，用词烦琐，未形成准确、可读性强的专业术语。另外，从《近世物理学教科书》中可以看出，此时开始用“能力”表示“能量”，而且其计算公式也均用字母表示，既简练又准确，逐渐走向专业化、规范化，体现出19世纪西方力学知识的表达是建立在数学基础上的；此外，还发现这一时期的力学、电学和能量等术语通俗、简练、可读性强，较接近现代物理学术语。

最后，通过考察王国维所译《势力不灭论》及其英文底本，探讨该文中

“力”与“势力”的关系。王国维不但对西方科技知识有所掌握，还对西方文学也颇为了解，他在翻译英语科技著作时，能灵活自如地用西方科技和文学知识进行注解，足见王氏对英语这门语言和文化的了解程度，同时也充分体现了他学习西方科技知识过程中本土文化意识的再现。

本章通过对“势”的探究，首先，发现近代西方力学知识传入后“势”的“自然力”之义逐渐淡化。其次，可知“势”在中国本土文化中，从古至今均未有一个明确单位，即单独的一个“势”并没有形成像力、功等一样的物理单位。另外，自古以来人们都是先有物质意识，再有精神意识。因此，对于“势”的造字本义及其引申到人文社科中的含义也不例外，同样是由物质层面进而发展到精神层面，而且“势”用于描述自然界现象中潜在的“力”和“能量”的含义一直没有中断。晚清时期，随着西方科技知识的传入，它的应用更广泛，不仅用于表示自然现象，而且用于表达人造器械所具有的力或能量。

第十三章

晚清力学译著中的符号系统 *

晚清中国物理学逐渐发展成为一门独立的学科，并与其他学科知识一样自成体系地传播。在此期间，传播知识的重要途径仍然是翻译书籍。随着西学东渐的大潮，西方传教士接踵而至。当时除了传教士翻译出版一些西书外，京师同文馆、江南制造局翻译馆也翻译了许多新书，包括近代物理、化学、数学、教育学等等。其中，李善兰与西方传教士合译的《重学》《谈天》和丁韪良的《格物入门》《格物测算》四书，对中国物理学的发展产生了重大影响。译者丁韪良和清末数学家李善兰等在翻译西方著作方面做出了不朽的功绩，极大地促进了我国物理学的发展，但是受中国传统的影响，在翻译时并没有沿用西方的字母符号，而是考虑到中国读者的接受心态，把原书中的一些符号改为“中式”符号，大部分用汉字符号代替了西方的算学符号。在许多著作中存在“一符多义，一义多符”的现象，因此译著往往难于理解。下面以《重学》静力学部分中出现的符号为研究重点，与同一时期的其他著作中出现的符号对比分析，研究探讨晚清力学译著中的符号系统。

第一节　晚清著作中出现的字符符号

晚清物理著作中应用的字符符号主要有“天干地支”和“二十八宿”，阿拉

---

* 高俊梅，仪德刚 . 晚清力学译著中的符号系统 . 力学与实践，2010，32（6）：102-105.

伯数字用汉字表示。"天干地支"是我国古代计量时间常用的干支计法，"干支"是"天干"和"地支"的合称。天干包括甲、乙、丙、丁、戊、己、庚、辛、壬、癸。地支包括子、丑、寅、卯、辰、巳、午、未、申、酉、戌、亥。"二十八宿"是我国古代为了观测天象及日、月、五星的运行，选取二十八个星官作为观测时的标志，称为"二十八宿"。译著中选取了其中的部分字符，如"角、亢、氐、房、心、奎"。后来天干、地支对应 26 个英文字母的前 22 个，X、Y、Z、W 用"天、地、人、元"代替。

《重学》一书在静力学部分运用的符号有：天干地支，二十八宿中的房、斗、奎等和天、地、人、物及对应的带有不同小标的字符，如"甲$^{|}$、甲$^{\|}$、乙$^{\prime}$、乙$^{\prime\prime}$、甲$_{一}$、甲$_{二}$、甲$_{三}$、寅$_{一}$、寅$_{二}$、寅$_{三}$、寅$_{四}$等。

《谈天》与其他书相同的部分就是有甲乙丙等天干地支字符，也有加小标的字符，不同的是许多图中在字前加"口"，如"呷、⿰口乙、⿰口丙、叮、⿰口戊……"，如图 13-1（《谈天》四 地理 二十七页），图中的每一个字符都加有"口"字旁，但在表述时，却都把偏旁去掉了。

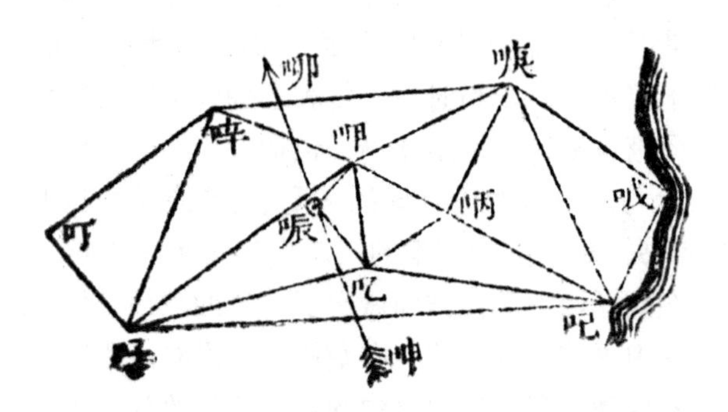

图 13-1 《谈天》中的造字法

《格物入门》物理学部分出现的符号一律用天干，没有一个地支和二十八宿的符号，更没有加小标的字符。

《格物测算》物理学算法部分出现的符号有天干和地支，偶尔会有加小标的字符出现。右上角加的撇号会由一个增加到四个或更多，再没有其他形式的字符出现。

由于李善兰和西方传教士丁韪良的文化背景不同，他们的译著中出现的字符符号的表示也有很大的区别，丁韪良为了让西方的知识在中国迅速传播，并且能完全接受，完全沿袭了中国的传统表示法，应用了天干地支和上标。而李善兰在传统表示法的基础上进一步升华，创造出许多新的小标和字体，改变了中国传统力学符号的表示法，具有一定意义。

第二节　部分字符代表特殊的意义

在《重学》静力学部分，出现的字符甲乙最多，丙巳次之，丁、戊、庚、寅、卯再次之，其余的如己、未、申、子、丑、天、地、人、亥等应用较少。《格物入门》一书中，只用到了天干中的一些符号，出现的概率基本是按从甲到癸依次减少。《格物测算》用到了天干地支中的一些符号，出现的概率基本是按从甲到亥依次减少。其中部分字符代表特殊的物理意义。

在《重学》第一卷中，杠杆的三要素描述为："杆有三点曰力点、重点、倚点，加之力处为力点，所悬之处为倚点，加重之处为重点。"力点、重点、倚点即为现在的动力作用点、阻力作用点、支点。在译著中，各个字符的用途并不是唯一的，下面以"巳、己、卯、寅、甲、乙、丙、丁、庚"几个字符为例举例说明。

一、"巳"的应用

1."巳"表示作用力

《重学》静力学部分表示力的字符有"巳、午、未、申"等。《格物入门》用"甲、乙、丙"表示力，没有出现上面的任意一个字符。现在物理课本的作用力是既有大小又有方向的，而在以上两本译著中，力与力的大小不分，一个字符有时表示既有方向又有大小的力，而有时只表示力的大小。以"巳"为例，如图13-2：盖第一车仅能变力之方向，不能助力，故手加于巳亦任重四分之一。此图的"巳"是指手对绳子施加的向下的拉力，既有大小又有方向。又如图13-3：索平行，则得正力，若斜加，则费力……假如物重六百斤，巳力一百斤，凡加力于滑车，其方向或与索正交，或与索平行，则得正力，若斜加，则费力。又如图13-4，巳是既有大小又有方向的。

另有一种情况，"巳"仅表示力的大小，一般在计算中体现最为明显，如"巳乘庚寅等于午乘庚卯"，在各卷这样的例子很多。

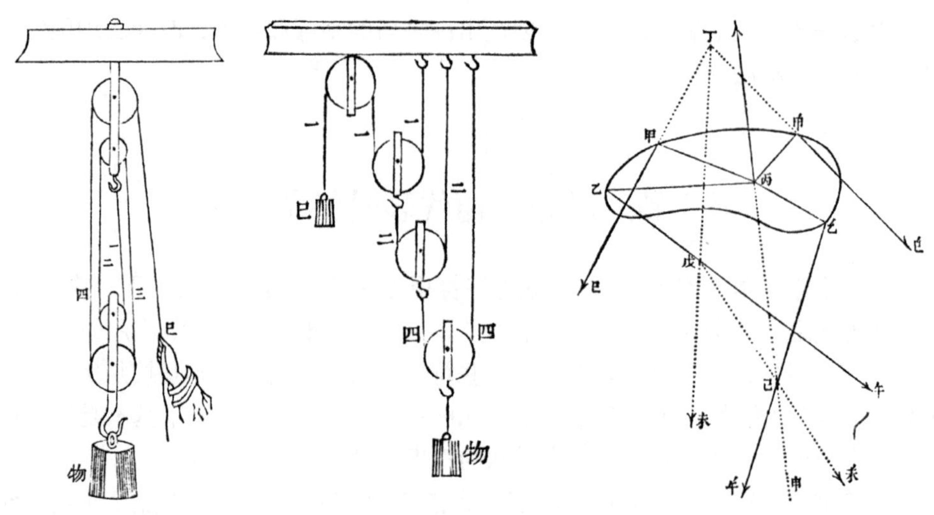

图 13-2 《重学》记号法例 1　图 13-3 《重学》记号法例 2　图 13-4 《重学》记号法例 3

2. “巳”表示悬挂的重物

如图 13-5：巳为权，有一定重悬于杆，可任意进退。欲知盘中物重若干，则进退其权。权就是现在所说的秤砣，巳指的就是秤砣这一物体。又如图 13-6：如图，丙为轮轴心，巳重在轮轴寅点垂线上……巳物任上下，重心不动，盖巳庚物连线一如杆也。巳重指作用在轮轴上的拉力的大小等于巳的重力，后边的“巳物任上下”明显表示巳指一个物体。

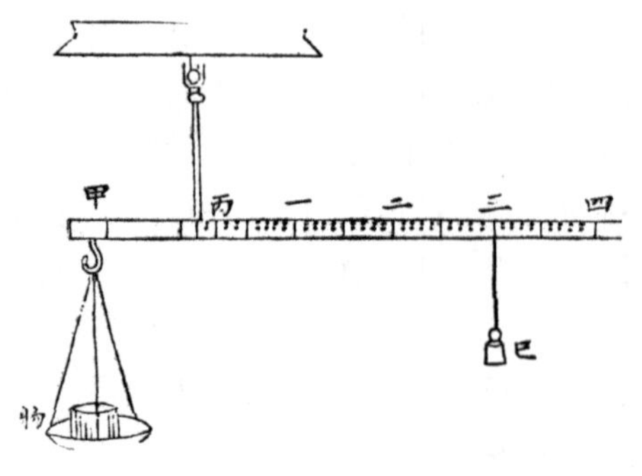

图 13-5 《重学》记号法例 4

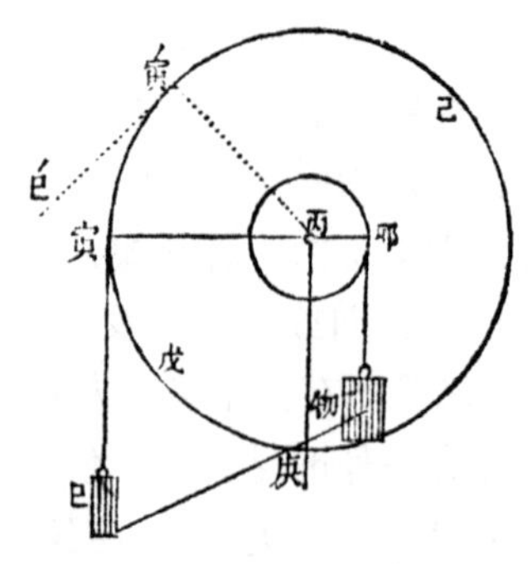

图 13-6 《重学》记号法例 5

3. “巳”表示质点

如《重学》卷五第二款的标题“有巳午二质点，求重心”。“巳”还有许多其他的应用，在第六卷应用较为广泛，如与午合用表示杆的两端；表示圆心；与丙合用如丙巳、丙午表示斜面；还有表示作用力的。

二、“己”的应用

“己”表示直杆或曲杆的支点，即书中的倚点。

《重学》卷首中杠杆的支点基本都用己表示。如图 13-7：如图，直杆甲乙凭于倚点己，乙为重点，物即重物也。甲为力点，巳为小重。不再一一列举。

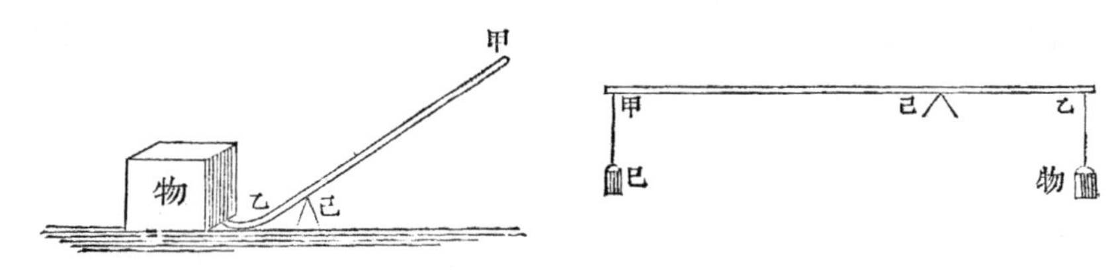

图 13-7 《重学》记号法例 6

图 13-8：甲乙丙丁二杆及轮周廓联为一体转动于中心己，己点为全体内诸分之公倚点。这两句话的“己”都表示轴（即支点）。

也有特殊情况，如图 13-9：如图己为轮，卯为轴，轴心为轮轴之公倚点。这里“己”表示轮。

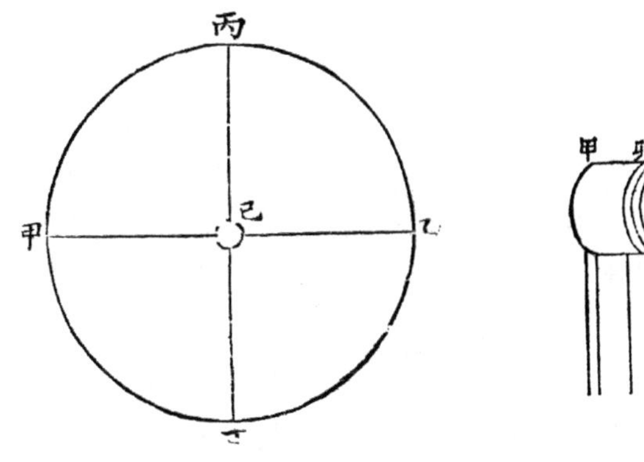

图 13-8 《重学》记号法例 7

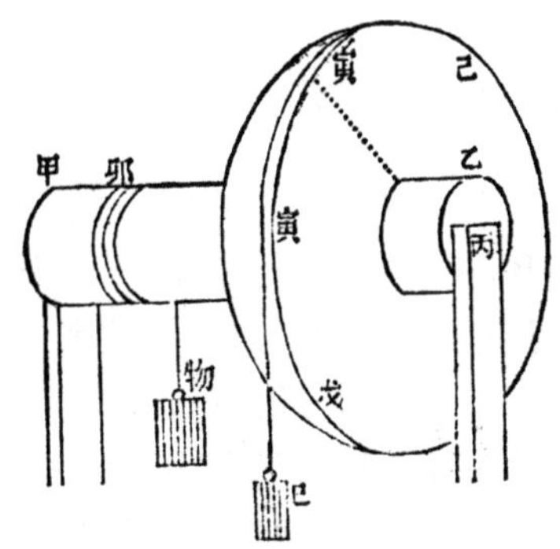

图 13-9 《重学》记号法例 8

需要指出的是，“己”在静力学中，一般仅在卷首表示上面两种情况。

三、“寅、卯”的应用

“寅、卯”在《重学》各卷各图中，大都同时出现在直交或相切的情况下，都有垂直关系。

卷一所有图都符合这一关系。又如图 13-10（卷二第一款第一图）：作丙寅丙卯两线与二力方向线成直角；卷三第二款第一图：作丙寅、丙卯与二力方向线成直角。

第七卷第二款第一图（图 13-11）：先以长面寅卯切于戊己。在其他各卷都有这样的例子。

有特殊意义的一种情况就是与支点合起来表示力臂。如图 13-12：甲乙为杆之无定方向，寅丙卯为地平线，巳甲寅、午卯乙为二垂线。此图，丙为支点，丙寅、丙卯是支点到力的作用线的距离，分别是两个力臂。

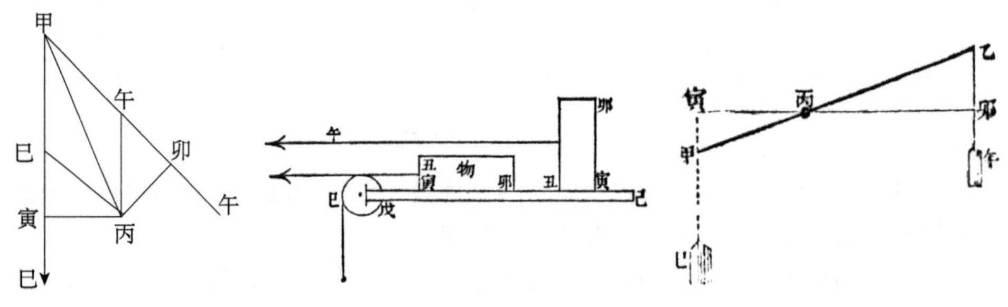

图 13-10 《重学》记号法说明 1　　图 13-11 《重学》记号法例 9　　图 13-12 《重学》记号法例 10

四、“甲、乙、丙、丁”的应用

“甲、乙、丙、丁”的应用最为广泛，在每一本译著中都大量出现，如现在的“A、B、C、D…”一样，在《格物入门》《格物测算》两本书中体现最为明显。它们一般没有固定的应用范围，有时在某一书或某一卷代表特殊的意义。

“甲、乙”表示作用点。

《重学》卷首论杆这部分甲乙都表示作用点及一个动力作用点、一个阻力作用点。论轴这部分出现分歧，但是也有两个图表示作用点。在卷二、卷七等都出现这种表示。

“甲”表示坐标系的原点。

《重学》卷五有一图（图 13-13），类似于直角坐标系的三维坐标，甲天、甲

地|、甲人|为相互垂直的三条直线，甲为三线的交点，相当于现在的原点“*O*”。

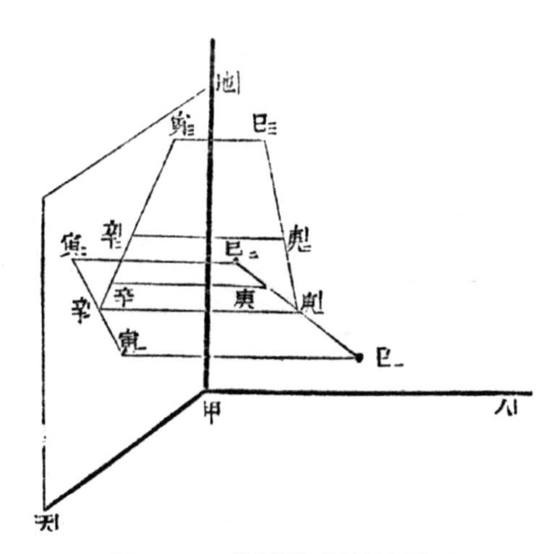

图 13-13 《重学》记号法例 11

“甲、乙、丙、丁”表示图形的顶点。

在《重学》和《格物入门》《格物测算》三本书中，甲乙丙代表三角形的三个顶点，甲乙丙丁代表四边形的各个顶点，各卷都出现。

“甲、乙、丙、丁”表示物体。

如《重学》卷四用“甲、甲一、甲二、甲三、丙一、丙二、丙三”表示滑轮。卷一杆的各个图，杆的两端都用甲乙……。《格物入门》“甲、乙、丙、丁”表示轮轴、铅丸、日、月、地、木架、滑轮、杯中的水……。甲乙丙丁的用途非常广泛。不再一一列举。

“丙、丁”的特殊应用。

丙在三角形、四边形中与甲乙同时出现，下面阐述其他的特殊应用。

上面提到《重学》卷首用“已”表示支点，从卷一开始，以后大部分用“丙”表示支点，如卷三前三个图及卷一的一些图都用丙表示轮轴的轴心，及轮轴的支点。卷六第三款第二图：甲乙为天平活动于丙轴，二铜盘悬于甲乙……其他卷中也有出现。

《格物入门》杠杆这部分大都用“丁”来表示支点。论器助力部分问：杠杆数具相连何如，出现了两个和三个杠杆相连的情况，图中一律用“甲丙”代表杠杆，“丁”代表各个杠杆的支点，要想单纯地用图中的字符表达具体的某一杠杆或某一支点是根本表达不清楚的，还必须进一步补充说明。

五、"庚"的应用

《重学》静力学部分大都用"庚"来表示重心。

如《重学》卷六（图 13-14）：乃于丙丁线上区庚点为杆之重心。卷六表示重心的字符还有辛、丙、壬和子，但是庚的应用最多，其他两个应用很少。

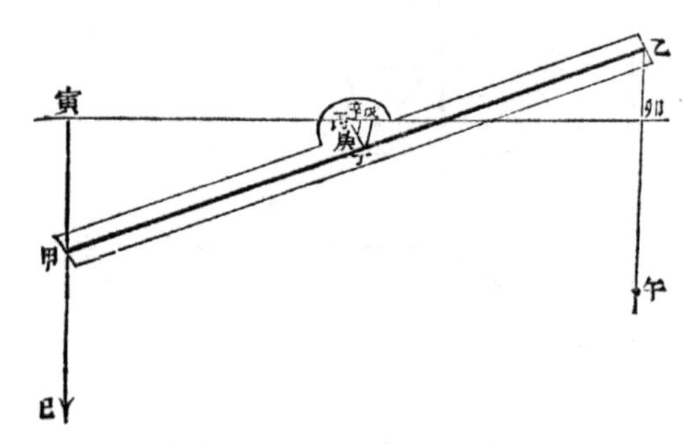

图 13-14 《重学》记号法例 12

又如卷五求重心，基本所有的重心都用庚表示。一般带有小标的庚不表示重心，但有一特例，如第二款的第二图。

以上只选了其中的一部分字符进行了探讨，其他的不再一一列举。

通过研究以上的字符可以发现，晚清各译著中出现的字符表示并不一致，各个字符出现的概率、表示的意义也不会完全相同，对于一些物理量的表示也处于不统一状态，但是在每一本书中或者某一卷中还是有些规律可循的，在物理学的初步发展阶段，出现这种情况是在所难免的。随着对物理学研究的不断深入和数学符号的"西化"，各符号的应用规律、物理意义才逐渐清晰明了、趋于一致。

第三节　加不同小标和不加小标的相同字符的应用方法

《重学》一书多次出现了带小标的字符如甲Ⅰ、甲Ⅱ等，往往遵循一定的规律。现以《重学》和其他几本书中的图形为例，就下面几种情况做简单的总结。

一、字符以轴对称形式出现

如《重学》卷三劈这一部分图中（图 13-15），丙与丙Ⅰ、戊与戊Ⅰ、物与物Ⅰ、

亥与亥|同时出现在同一图中，这些字符相对于三角形底边的垂直平分线互相对称。

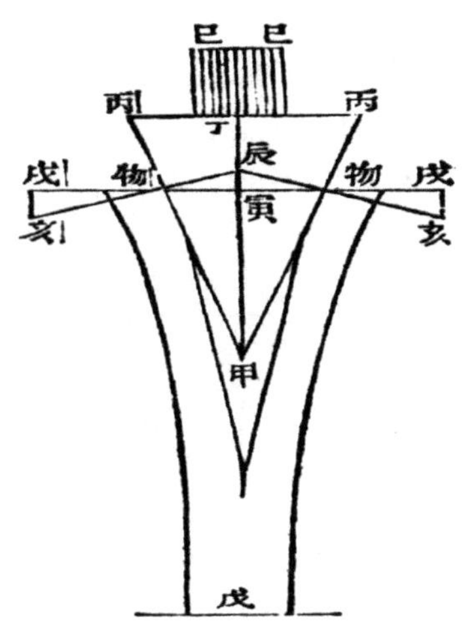

图 13-15 《重学》记号法例 13

二、字符在下面两种情况互相对应

在受力变化前后，字符互相对应。

如卷三轮轴这一部分（图 13-16），寅与寅|，表示轮上的两个不同作用点，又如第二卷第三款第四图（图 13-17），甲午|和甲午都是作用于同一点甲点的两个力，互相对应。

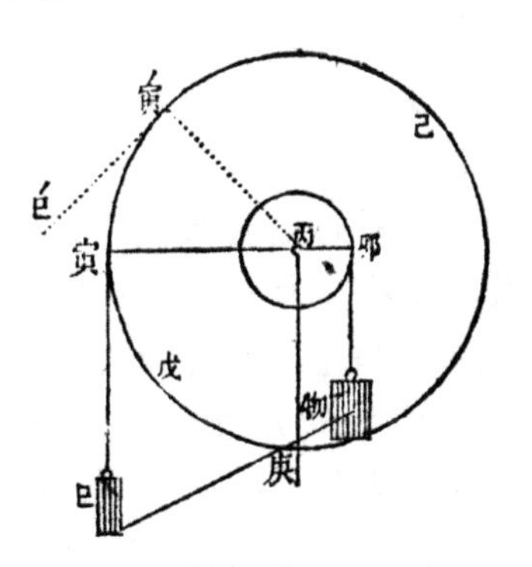

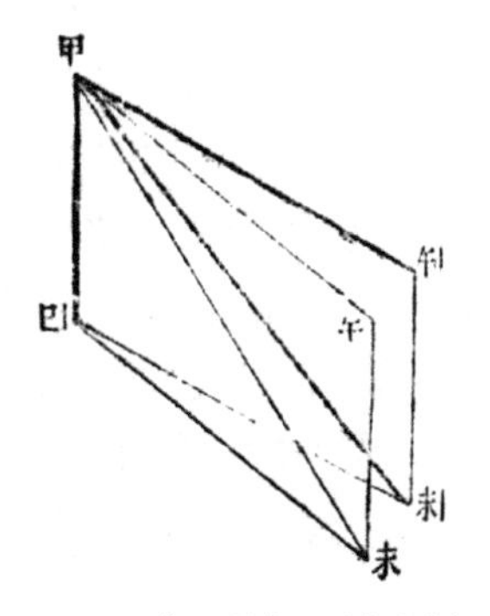

图 13-16 《重学》记号法例 14　　　图 13-17 《重学》记号法例 15

《谈天》测量部分有图中出现了两个环，外环上的字符为“呷、吃、呐、叮、哦……”都有“口”字旁，内环对应出现的都没有偏旁。而在文中外环的符号都去掉偏旁，直接用“甲、乙、丙、丁、戊”，内环却加上了小标。

当物体位置变化或表示一条直线的两端时，字符互相对应。

如图 13-18，文中叙述了甲丙丁为等边劈之半（等边三角形的一半），向下运动后对应图形为甲|丙|丁|，与甲丙丁各点也是前后对应的。

图13-19中庚|庚、辛|辛为从庚和辛引出的垂线。显然庚和庚|对应，辛和辛|对应。

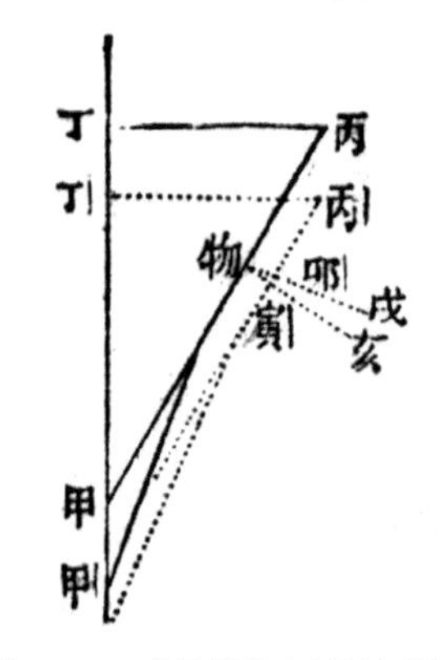

图 13-18 《重学》记号法例 16

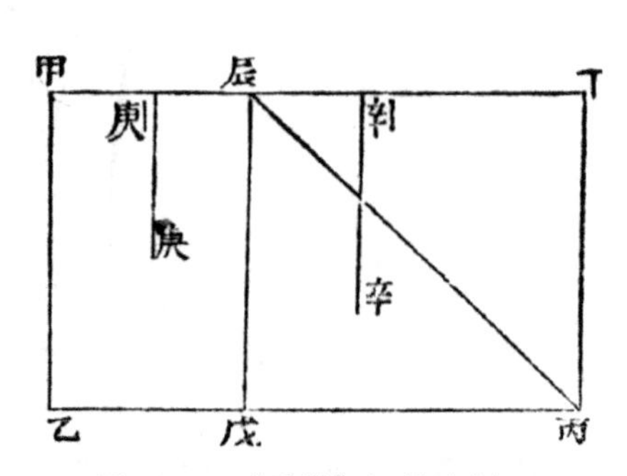

图 13-19 《重学》记号法例 17

字符代表同一类物体，同一类意义。

图13-20出现了四个滑轮，其中一个是定滑轮，有三个动滑轮，分别用甲$_{一}$、甲$_{二}$、甲$_{三}$表示。图 13-21 的定滑轮有三个，分别为甲$_{一}$、甲$_{二}$、甲$_{三}$。这两个图虽然动滑轮和定滑轮应用的字符不同，在其他滑轮组中也有这种情况，但是，在同一图中带有不同小标的相同字符，代表的物体是同一类型。

又如卷五各图中多次出现了寅$_{一}$、寅$_{二}$、寅$_{三}$、寅$_{四}$，巳$_{一}$、巳$_{二}$、巳$_{三}$、巳$_{四}$等，如图 13-22：设庚为诸点之定点，则庚必为重心，欲求庚点，先取甲点，因巳$_{一}$、巳$_{二}$、巳$_{三}$、巳$_{四}$诸点相定，即有等数。显然，为了计算庚点，取了四个质点。这四点在计算时，有相同的意义，所代表的也是同一类型。

卷六最有代表性的是图 13-23（论桥环相定之理），丙$_{一}$、丙$_{二}$……都表示建立桥环时，用的“截口劈体诸石”（横截面为劈形的石头），文中：用截口劈体诸石，相切成桥环，如丙$_{一}$、丙$_{二}$……人$_{一}$、人$_{二}$……”，分别表示从丙$_{一}$、丙$_{二}$……各劈的重心引出的向上的抵力（即支持力），与现在的力不同的是没有箭头代表向上的力的方向。

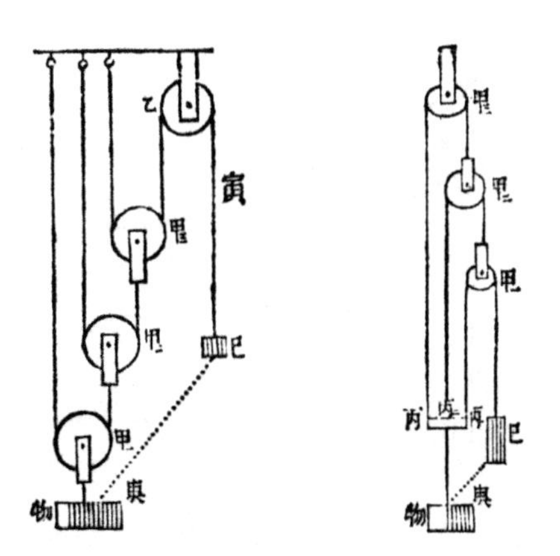

图 13-20 《重学》记号法举例 18　图 13-21 《重学》记号法举例 19

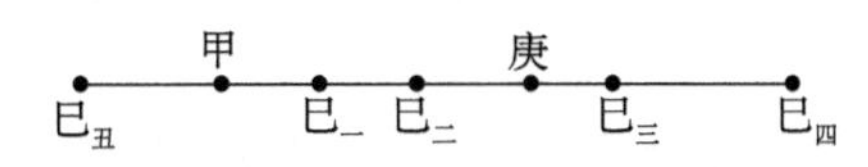

图 13-22 《重学》记号法说明 2

《格物测算》重心这部分有图 13-24：如图，甲为日，乙为星绕日而行，设日星之重心在丙。加有不同小标的乙是同一颗星星运行的不同位置，而加小标的丙都是太阳与这颗星星在各位置的重心。图中位于一条线上的“乙、丙”加的小标依次对应，一目了然。

《谈天》有图 13-25：“甲、乙、丙、丁、戊”是一艘船位于不同的五个位置，“呷、吃、哂、叮、哎”是另一条航道的五个位置。在行进的过程中，先后顺序一致。图中的“呷、吃、哂、叮、哎”与其他图加上标的用法类似。

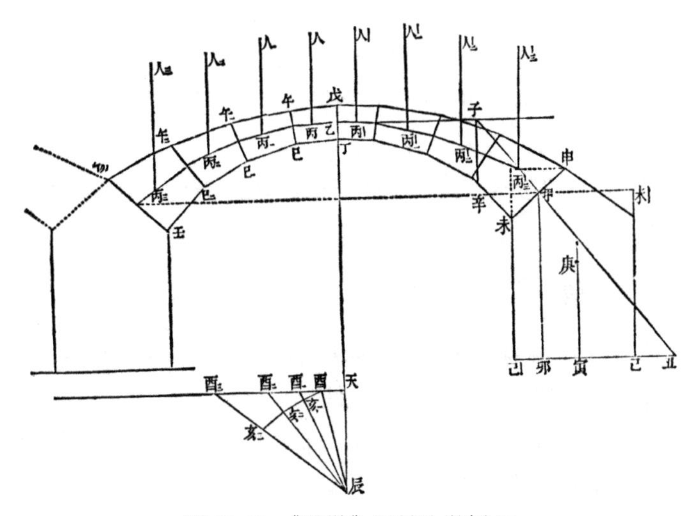

图 13-23 《重学》记号法举例 20

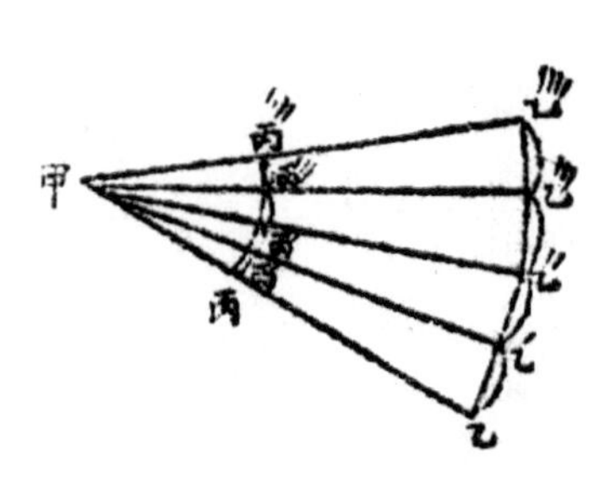

图 13-24 《格物测算》记号法举例

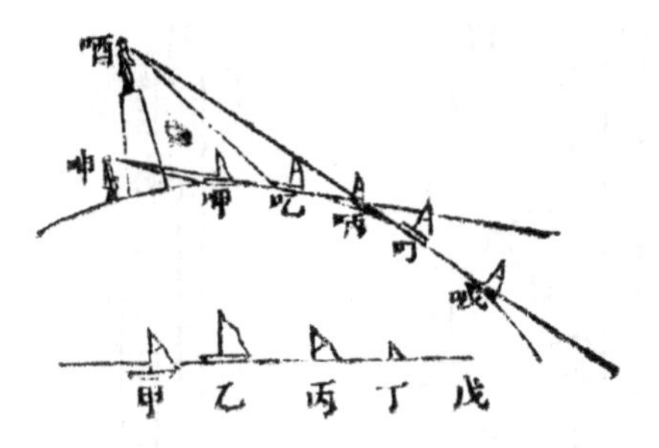

图 13-25 《谈天》记号法举例

以上所有特点不能在同一图中得以体现，一图一般只体现其中的一个或两个特征。

第四节　各译著图中的字符还有以下几种情况

一、《重学》图中的字符出现以下几种情况

（1）卷一的小标一律都用上标，而其他各卷有的用上标，也有的用下标，还有的在右边加小标。

（2）《重学》同一个图有完全没有小标的；有的有小标，但是都是上标，或都是下标；还有各种小标都有的。《谈天》《格物测算》只有上标。

（3）《重学》卷六前某一角用三个字符表示，但是到了第六卷，出现了用二十八宿的房、斗、奎等来表示一个角。

（4）《重学》卷一、卷六、卷七各有一图标出了表示力的方向的箭头，其他图中没有出现。

二、字符符号比较

《格物入门》《格物测算》的字符符号比较相似，小标也比较单一。《谈天》则出现了自造的字符“呷、吃、呐、叮、哎”。

总之，李善兰的《重学》《谈天》和丁韪良的《格物入门》《格物测算》在符号的应用方面有不同的风格。李善兰与传教士合作，克服了许多困难，打破思想的禁锢，创译了许多符号表示法。他创造的那套现在看来很笨重的符号体系在较

长的一段时间内被中国人沿用，直到辛亥革命以后才被废弃，而直接代之以国际通用的符号体系。从此，中国物理才终于实现符号化，并与世界接轨。[①] 而丁韪良本来就既懂西文又懂中文，许多著作由他亲自翻译、编写，他大部分沿用了中国传统的字符表示，如《格物入门》一个图出现同一个字符三或四次。

第五节　小　　结

通过以上研究，首先，我们认为虽然晚清译著中出现的字符符号不如现代简明、直观，缺乏“统一化，规范化”，但是，李善兰不仅创设了许多数学符号，在字符符号的创建和应用方面也经过深思熟虑，反复琢磨，创造出自成体系的一套符号表示法，对中国物理学的发展做出了巨大的贡献。只是由于闭关锁国的政策或物理本身发展的原因，这套符号体系没有得到进一步的改进和提高，因此不可避免地最终退出历史的舞台。其次，各译著中出现的图未必出自一个人之手，因为同一位作者一般遵循相同的规律，往往不会在不同的章节或同一章节用不同的符号表示法。最后，李善兰等中外译者缺乏研讨，必然造成每个译者所创用的符号存在与众不同的表示法和“一符多义”“一义多符”的现象，为中国物理学的发展设置了许多障碍。已故的数学史家梁宗巨先生说过：一套合适的符号，绝不仅仅是起速记、节省时间的作用。它能精确、深刻地表达某种概念、方法和逻辑关系。一个较复杂的公式，如果不用符号而用日常语言来叙述，往往十分冗长而且含混不清。[②] 所以，我们必须总结历史经验教训，在当今多元化的时代，与时俱进，不能固步自封，才能使先进的科学技术得到快速发展。

① 徐品方，张红．数学符号史．北京：科学出版社，2006.

② 梁宗巨．世界数学史简编．沈阳：辽宁人民出版社，1980：134.

第十四章

晚清译著中数学符号与物理知识

晚清从西方传入了大量的物理学知识，其中大量数学符号的运用对物理知识的传播起到重要作用。数学符号的完善促进物理学的发展，物理的发展也要求数学符号不断完善。笔者收集到比较有代表性的是《重学》《格物测算》《格物入门》《增订格物入门》《力学课编》等。笔者对照了这几本晚清时期的科学著作，不同时期有各自特点，数学符号的翻译和演变，与物理学知识的学习和吸收相辅相成。至清末，一些数学符号已摒弃了中国传统符号，采用西方数学符号来进行运算，与今天甚至完全相同。笔者主要比较了不同物理著作中数学符号的区别与演变，解读数学符号在物理计算中的应用，体会数学符号的演变对我国物理学知识发展的影响。

第一节　运算符号的演变

严格来讲，中国古代的物理知识都采用汉字语言来描述，没有符号系统，也没有符号运算。在这些物理著作中，运算符号也有一个演变的过程。在现代物理计算中运用最多的计算符号是“+”“−”“×”“÷”。18 世纪初的数学百科全书《数理精蕴》已采用了西方的运算符号“+”“−”“×”“÷”①，但之后翻译的这些

① 查永平 . 中西数学符号之比较与不同结局 . 科学技术与辩证法，1998（6）：39-43.

物理著作中，这些符号却有不同的表示方法。

（1）在《重学》中“+”用“⊥”表示，“−”用“⊤”表示，有时也用汉字“较”表示，例如“丙点抵力等于午巳之较”。“×”用“乘”，“÷”用“约”表示。在这本书中，“较”的用法有些混乱，有时表示“÷”，有时也表示“−”。这本书翻译较早，古代中国没有形成统一的数学符号表示，西方的数学符号还没有被广泛接受，导致数学符号表示有些混乱。

（2）在《增订格物入门·力学》（三章卷五）中没有涉及公式计算，所以没有符号表示，叙述分别用汉字“加”“减”“乘”表示“+”“−”“×”，“÷”通篇都用“分”表示。而在《格物入门》中，则全用汉字“加”“减”“乘”“除”。这里出现一个问题：《增订格物入门》出版应比《格物入门》晚，为何“÷”的表示又改为“分”？这也说明西方数学符号在传入中国后，发展和普及使用时并不是直接被人们一直使用，而是中间有反复，不过还是因为西方的符号使用简洁、方便，最终被推广流传下来。

在《力学课编》中已经使用符号“+”“−”“×”“÷”，与今天物理数学运算中表示相同。

从符号的使用规律上看，当时西方数学符号的传入对我国产生了很大影响。同时这些书籍中，文字都沿用中国传统的竖版从右向左排列，但物理计算公式按从左向右横写，这也是受到西方书籍的影响，这样表述可以使物理量之间的关系更加清晰，便于理解。

第二节　数字表示的区别

中国传统的数字用算筹来表示，这就导致计算复杂，不易被大众接受，也因此限制了物理知识的发展和在群众中的传播。同时小数和分数以及角度的表示在各书中也有很大的变化。

一、数字写法

古代中国一直用算筹表示数字，后来采用汉字表示数字。晚清的物理译著中，前期翻译的有用算筹和汉字表示数字，后期翻译的已经采用阿拉伯数字表示。在《重学》中，数字还没有引入阿拉伯数字，数字表示在有些卷采用汉字，如“一百二十”，而在第二卷中用中国古老的算筹表示，如“‖ ≡”表示“23”。在《格物入门》和《增订格物入门》中，都用汉字表示数字，例如“三百五十四”。但在《力学课编》中数字已采用现今通用的阿拉伯数字。历史上阿拉伯数字曾多次传入我国，但都没有推广采用，直到《西学启蒙》后才广泛采用。①

二、小数表示的区别

中国传统表示小数没有小数点，加点是西方的表示方法。《重学》中，有时小数前无零位有小数点，如卷六的“. 六三四”；有时小数前有零位但没有小数点，如卷二的“〇二”。这说明在翻译的过程中，中西双方的传统文化在相互交织，共同影响。同时在同一书中表示方法不同，笔者认为有可能各卷翻译不是出自同一人手笔。后来随着数学符号的推广使用，其他书中小数的表示方法都与今相同，既有零位也有小数点，这时中国传统的表示方法已退出历史舞台。

三、分数表示异同

在中国古代已开始使用分号，但表示是分子在下、分母在上。在《重学》中表示分式即是如此，与今正好相反。而在《力学课编》等书中，已受到西方数学符号的影响，采用分子在上、分母在下的表示方式，这样的好处是表述方式逐渐向西方过渡，最终使西方数学符号被广大中国人接受，这对正确理解知识和与世界知识的接轨都有极大的好处。

四、角度表示的区别

各书中涉及制图及计算都用甲、乙、丙、丁、戊、己、庚、辛、壬、癸十个天干，子、丑、寅、卯、辰、巳、午、未、申、酉、戌、亥十二地支；天、地、人、物及角、亢、氐等二十八宿代替西文和希腊字母。通常情况下，天干和地支表示的是已知数，还采用中国传统的“天元术”中的天、地、人、物表示未知数，而角、氐、亢表示的是角度。《重学》与《格物入门》与今大致相同，用对应图上的三个字符表示，例“甲丙乙”角。有时表示对应关系也可加角标，汉字旁加“丨”表示有方向的线段，而在汉字上面加“'”或加“"”的，表示该点的不同位置，如我们今天数学作图中 A 和 A' 的关系。这些字符在当时的物理和数学上普遍应用，直到被 26 个英文字母代替。《重学》在前面几卷，都用三个字

① 沈康身. 中算导论. 上海：上海教育出版社，1986：4.

符表示角度，但是后面也有用二十八宿中的角、奎、氐等一个字符表示一个角。这也有可能是由多人翻译造成的。

用形式化的数学语言，即符号形式，表示数学中的各种量、量的关系、量的变化以及在量之间进行推理和演算，这是物理发展的必要条件，同时，在问题的陈述、推理过程以及定量计算中，运用简明的数学符号可以大大简化和加速思维的进程。

第三节　物理量单位制表示的异同

物理学是一门实验科学，它的理论建立在实验观测上。实验观测离不开物理量的测量，为了定量地表明观测量值的大小，对于同一类物理量（例如长度），需要选出一个特定的量作为单位。在晚清的这些物理学著作中，有的沿用中国古代的物理量单位，但随着西方的物理量单位的传入，各书中物理量单位随之也有一些变化。

重量单位的表述在各书中略有差别。这些书有一个共同之处，即力与重量、质量都采用一种单位表示。计算时，一般采用古代传统的“斤”“两”作单位，但不同的书中有些许区别。《重学》中，力与重都用“斤”“两”作单位，如“一斤力”“一斤重”等在书中比比皆是。《格物入门》中力与重都用“斤”“两”作单位，但有一处采用“磅”做重量单位，并作解释“十二两为一磅”，这里是为读者提供信息参考，方便读者阅读，也为读者与西方知识接轨打下很好的基础。在《增订格物入门》中，重量单位有“两”，有“觔”（jin）同“斤”，还有“噸”同“吨”。长度和时间的单位在各书中比较统一，长度在各书中用“寸”“尺”“丈”表示，时间用秒。当时由于整个物理学知识的发展还不深入，有的物理量没有单位，比如速度，只有计算数值，没有物理单位。

在《重学》中，李善兰译书时创立了很多的名词，包括物理的和数学的，也有一些是直接使用传统术语。一些有关计算和物理的名词与今使用的名词有一些不同，另外还有一些是名称相同但含义不同，在卷一中出现“斜率”这个名词，原文“设路斜长十尺，高一尺，则其斜率为十分之一”，按原文斜率为直角三角形的高与斜边的比值，我们现在的斜率为对边与邻边的比值。这也说明当时的认识还有限，知识还不十分准确。

第四节　解题方式的对比

在这几本书中，除《重学》和《格物测算》中定量计算比较多，用到等式计算、比例式计算、微积分计算等方式，其他书中采用公式计算很少，大都用语言描述。《重学》主要是介绍经典力学的一些知识，各卷基本都采用一样的写法。首先给出物理概念，有些章节（如卷一）然后给出公论，无须证明。有些章节没有公论，只有定理。每一款中先说明定理内容，再作图解释，最后举例带入具体数字计算，对每一个定理都做出很详细的说明，使读者便于理解。这样的写作方式与同是晚清的翻译著作《格物入门》等有很大不同，后者相对理论性较弱，知识也没有很系统，多是采用一问一答式解释一些物理常识，更注重科普实用，是科普读物。而《重学》更注重理论而且系统，也是我国系统翻译出版的力学著作。

一、《重学》和《格物测算》中比例计算比较

在《重学》和《格物测算》中都有比例计算，但是表示的形式有很大的差异。《重学》中采用四率表示，没有比例式。《格物测算》中用“：”表示比例。

《重学》中涉及比例计算时都分四率，例如涉及力和力臂计算时给出的比例图 14-1。

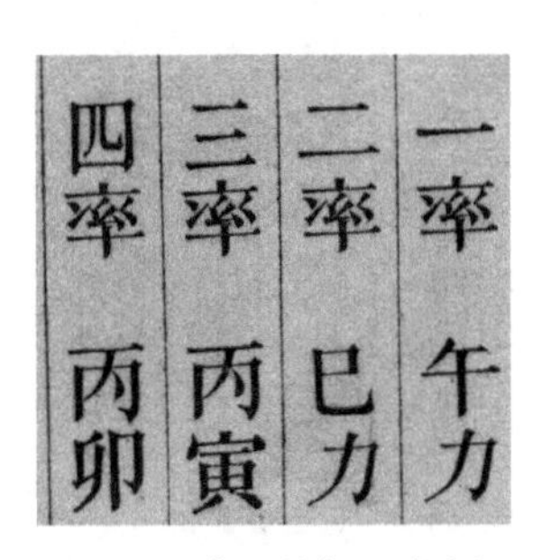
一率　午力
二率　巳力
三率　丙寅
四率　丙卯

图 14-1 《重学》四率例 1

凡是涉及四率计算翻译成今天通用的计算式应写为$\frac{\text{一率}}{\text{二率}}=\frac{\text{三率}}{\text{四率}}$，故上式可得$\frac{\text{午力}}{\text{巳力}}=\frac{\text{丙寅}}{\text{丙卯}}$。又，如图 14-2。

一率 丙寅
二率 丙卯
三率 丁卯 丁乙 午重
四率 丁寅 丁甲 巳重

图 14-2 《重学》四率例 2

四率对应的物理量可分别列对应的比例式，则可得到三个比例式$\frac{\text{丙寅}}{\text{丙卯}}=\frac{\text{丁卯}}{\text{丁寅}}$，$\frac{\text{丙寅}}{\text{丙卯}}=\frac{\text{丁乙}}{\text{丁甲}}$，$\frac{\text{丙寅}}{\text{丙卯}}=\frac{\text{午重}}{\text{巳重}}$，三个式子都有物理意义，都成立。还有一种如图 14-3。

一率 未力 未巳二力和
二率 巳力 巳力
三率 卯寅 卯寅卯丙和
四率 卯丙 卯丙

图 14-3 《重学》四率例 3

四率可分别做比例式，则可以得到两个对应的比例式$\frac{\text{未力}}{\text{巳力}}=\frac{\text{卯寅}}{\text{卯丙}}$，$\frac{\text{未巳二力和}}{\text{巳力}}=\frac{\text{卯寅卯丙和}}{\text{卯丙}}$。

四率的比例计算表示是中国传统的计算形式，虽然这个形式都用汉字表示，但是在物理学中四率对应的物理量可分别得到比例关系式，一个表述式可得到多个比例式，这比现在的比例表示还要简洁明了，在这点上中国传统的算学确实具有优越性。

《格物测算》中，通篇比例的表示和《重学》有所不同，如图 14-4 所示。

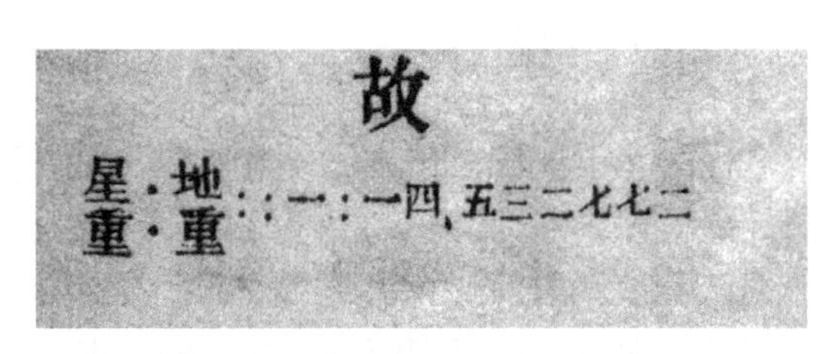

图 14-4　《格物测算》卷一第五页

这里用“∶”表示比，用“∷”表示比例的等于号，所以上式按今表述可以写成$\frac{\text{星重}}{\text{地重}}=\frac{\text{一}}{\text{一四.五三二七七二}}$。

用“∶”表示比，用“∷”表示比例的等于号，这两个符号从西方传入，直到现在在现代数学符号当中仍然在使用。

《重学》和《格物测算》这二者的比例式比较起来，后者的表述更接近现代的表述，也容易理解，同时改为横版的形式更易于书写。

二、《重学》和《格物测算》等式计算比较

在《重学》卷一中用了天元术，先用天元术后用代数，数字有时用“‖”“|”等算筹符号表示，在卷一最后有一段原文：善兰案此书，立述俱用代数法，向未播中土，恐读之卒难明晰，故间入天元一二条，欲学者因此而通彼也。在李善兰等翻译物理著作时，考虑到读者的接受能力，把中国传统的代数方法天元术和西方的代数运算结合起来，使学习者能够融会贯通。《重学》还采用了中国古老的算筹计算，也是为了方便读者理解。全书也只有一卷采用，其他卷定量计算比较少，通常都只给出计算的公式表达式。

（1）《重学》“有等数如下”。

未力＝午力┳巳力，此处出现的“┳”可看作现代数学符号减号，原文“两点抵力等于午巳之较”，因此“较”就表示“┳”，意思是二者之差。

（2）“⊥”表示加号。

二寸⊥$\frac{\text{九}}{\text{二}}$=三尺⊤（二尺七寸⊥$\frac{\text{九}}{\text{七}}$），写成现在的数学表达式为

$$2\frac{2}{9}\text{寸}=30\text{寸}-27\frac{7}{9}\text{寸}$$

通分纳子：$2\frac{2}{9}=\frac{20}{9}$，$27\frac{7}{9}=\frac{250}{9}$。

通分纳子是中国古代的算学方法，在这里也被采用，说明李善兰等在翻译的过程中，未抛弃中国传统的算学方法，并未全盘西化。

在《格物测算》中，传统的算学方法几乎消失了，大都是西方的表示方法，这样使物理公式表述简单、准确，这对理解物理知识的物理意义和与世界物理知识的接轨都是有重要意义的。

三、《重学》和《格物测算》中的微积分计算比较

晚清时，李善兰等人自创了许多数学符号，用“微”的偏旁“彳”表示微分符号，用“积”的偏旁“禾”表示积分符号，用“周”表示“π”等，引进了西方关于一些物理量的精确表述方式。

《数学符号与明清力学知识》提到中国首次使用微分形式描述物理量的问题，该文指出：《格物测算》有对速度和加速度的记法为“速＝彳时／彳路”，“力＝彳时／彳速”，这是明清时期首次对速度和加速度用微分形式表述①。但笔者在《重学》的动重学中发现即有对速度和加速度的记法为“速＝彳时／彳路”即现代公式“$v=\frac{\mathrm{d}s}{\mathrm{d}t}$”，“力＝彳时／彳速＝彳时^{二}／彳^{二}路”即现代公式“$a=\frac{\mathrm{d}v}{\mathrm{d}t}=\frac{\mathrm{d}^2s}{\mathrm{d}t^2}$”。《重学》比《格物测算》出版早约十年，因此笔者认为这是明清时期的物理典籍中较早以微分的形式描述速度和加速度的概念，而不是在《格物测算》中。

在《格物测算》中求解物体的重心公式也用到微积分。由此可见，在这两本书中，运用微积分知识说明物理学内容，大大提高了知识描述的深度。同时书在翻译中没有直接采用西方的字母符号，而是用由汉字自创的符号，这种“中式”的数学符号显然也更易被中国学者所接受。

---

① 白欣，尹晓东，袁敏．数学符号与明清力学知识．自然杂志，2009（3）：168-172.

第五节　小　　结

晚清西方数学符号的传入对我国物理知识的发展起到了很大的作用，符号的使用有助于物理知识简化研究，便于找到其中各物理量的规律。中国传统的物理中数学符号不完整，没有运算符号，无法用独立的式子表达物理内容，西方的数学符号及计算方法的引入改变了我国物理知识多定性描述、少定量计算的现状，使物理知识在中国迅速普及和传播，最终中国传统的数学符号退出历史舞台。

致　　谢

本书是在国家自然科学基金资助项目成果的基础上完成的，特此致谢。在课题的申请和完成阶段，我们师徒都曾得到过恩师胡化凯先生和张柏春先生的悉心指导。胡化凯先生博通经籍，是我学术上的领路人；张柏春先生中西汇通，在力学史研究方面独树一帜。两位恩师研究中国古代力学史独树一帜，并把这些学术积累和思想传授给后学，弟子们受益良多。感谢张柏春先生在中德马普伙伴小组的“中国力学知识发展及其与其他文化传统的互动”课题中带领我参与学术讨论，学生借此完成了博士学位论文。胡化凯先生的博士生张阳阳在读期间参与了本次课题，并合作完成了中国古代生产实践中计量“功”的方法、中国古代描述天体视运动的模型及演化等内容。课题研究期间，我们主要参考了武际可先生、戴念祖先生、王冰先生、关增建先生等诸多前辈的著作，并在一些学术会议中，我们也曾当面请教于诸位。感谢戴念祖先生在百忙之中欣然为拙作写序。曾与在内蒙古师范大学就读的研究生周龙合作完成了宋代测水平技术中的力学实践一章、娄臻合作完成了中国古代对杠杆的直觉经验和实践认知一章、薄芳珍合作完成了晚清译著中数学符号与物理知识一章、高俊梅合作完成了晚清力学译著中的符号系统一章，合作的成果大多数已经独立成文发表。内蒙古师范大学校长云国宏教授以及科学技术史研究院的郭世荣教授、代钦教授、聂馥玲教授和咏梅教授，东华大学的杨小明教授，清华大学的冯立昇教授，北京科技大学的潜伟教授，中国科学院大学的王大明教授，中国科学院自然科学史研究所的关晓武研究员，山西大学的厚宇德教授，美国劳伦斯伯克利国家实验室的敦超超博士等对本课题的顺利结项均给予了全力支持。感谢所有国家自然科学基金同行评委以及那些无法在冗长的致谢名单中罗列的各位同人。拙作的出版得到了内蒙古自治区科学技术史一流学科建设经费资助，特此致谢。

仪德刚

2018 年 10 月